英特尔®FPGA中国创新中心系列丛书

机器学习案例分析
——基于Python语言

王 恺　闫晓玉　李 涛 | 编著

电子工业出版社
Publishing House of Electronics Industry
北京·BEIJING

内 容 简 介

本书共 5 章内容,主要结合目前流行的人工智能编程语言 Python 对机器学习案例进行分析,介绍机器学习的相关理论,并展示使用机器学习方法解决实际应用问题的具体过程。本书包括基础知识、分类案例、聚类案例、回归预测案例和综合案例,力争通过通俗易懂的案例和代码分析使读者快速掌握机器学习的具体应用方法。本书既适合计算机相关专业人员,也适合非计算机相关专业人员阅读。理论性强,较难理解的内容统一放在了附录 A 中,这部分内容适合具备一定理论基础、对机器学习理论推导有兴趣的读者。

本书可以作为我国高校计算机专业学生和非计算机专业理工科学生机器学习入门课程的教材。

未经许可,不得以任何方式复制或抄袭本书之部分或全部内容。
版权所有,侵权必究。

图书在版编目(CIP)数据

机器学习案例分析:基于 Python 语言 / 王恺,闫晓玉,李涛编著. —北京:电子工业出版社,2020.3
(英特尔®FPGA 中国创新中心系列丛书)
ISBN 978-7-121-38181-2

Ⅰ. ①机… Ⅱ. ①王… ②闫… ③李… Ⅲ. ①机器学习 ②软件工具—程序设计 Ⅳ. ①TP181 ②TP311.561

中国版本图书馆 CIP 数据核字(2019)第 279358 号

责任编辑:刘志红(lzhmails@phei.com.cn)　　特约编辑:王　纲
印　　刷:涿州市般润文化传播有限公司
装　　订:涿州市般润文化传播有限公司
出版发行:电子工业出版社
　　　　　北京市海淀区万寿路 173 信箱　邮编　100036
开　　本:787×980　1/16　印张:20.5　字数:448.7 千字
版　　次:2020 年 3 月第 1 版
印　　次:2021 年 10 月第 3 次印刷
定　　价:98.00 元

凡所购买电子工业出版社图书有缺损问题,请向购买书店调换。若书店售缺,请与本社发行部联系,联系及邮购电话:(010)88254888,88258888。
质量投诉请发邮件至 zlts@phei.com.cn,盗版侵权举报请发邮件至 dbqq@phei.com.cn。
本书咨询联系方式:(010)88254479,lzhmails@phei.com.cn。

指导委员会

张征宇　李　华　田　亮　张　瑞

工作委员会

王　恺　闫晓玉　李　涛

PREFACE 序

众所周知，我们正在进入一个全面科技创新的时代。科技创新驱动并引领着人类社会的发展，从人工智能、自动驾驶、5G，到精准医疗、机器人等，所有这些领域的突破都离不开科技的创新，也离不开计算的创新。从 CPU、GPU，到 FPGA、ASIC，再到未来的神经拟态计算、量子计算等，英特尔正在全面布局未来的端到端计算创新，以充分释放数据的价值。中国拥有巨大的市场和引领全球创新的需求，其产业生态的全面性及企业创新的实力、活力和速度都令人瞩目。英特尔始终放眼长远，以丰富的生态经验和广阔的全球视野，持续推动与中国产业生态的合作共赢。以此为前提，英特尔在 2018 年建立了英特尔® FPGA 中国创新中心，与 Dell、海云捷迅等合作伙伴携手共建 AI 和 FPGA 生态，并通过组织智能大赛、产学研对接及培训认证等方式，发掘优秀团队，培养专业人才，孵化应用创新，加速智能产业在中国的发展。

该系列丛书是英特尔® FPGA 中国创新中心专为 AI 和 FPGA 领域的人才培养和认证而设计编撰的系列丛书，非常高兴作为英特尔® FPGA 中国创新中心总经理为丛书写序。同时也希望该系列丛书能为中国 AI 和 FPGA 相关产业的生态建设和人才培养添砖加瓦！

英特尔® FPGA 中国创新中心总经理　张　瑞

2019 年秋

张　瑞

张瑞先生现任英特尔® FPGA 中国创新中心总经理，总体负责中国区芯片对外合作，以及自动驾驶和 FPGA 等领域的生态建设。同时也兼任（中国）汽车电子产业联盟副理事长和副秘书长的职务，致力于推动包括 5G、机器视觉、传感器融合和自主决策等多项关键自动驾驶相关技术在中国的落地和合作。

张瑞先生拥有多年世界领先半导体公司的从业经历。在加入英特尔之前，曾在瑞萨电子和飞思卡尔半导体担任多个关键技术和管理职务。

张瑞先生曾于 2008 年编写并出版过科学技术类图书《Coldfire 处理器深入浅出》一书。

前言

机器学习（Machine Learning，ML）是人工智能的一个分支，它是一门多领域交叉学科，专门研究计算机怎样模拟或实现人类的学习行为，涉及概率论、统计学、逼近论、凸分析、算法复杂度理论等多门学科。机器学习方法可以根据经验数据自动完成模型参数学习，而不需要人为设定规则，大幅降低了人工分析的工作量和难度，已成为目前解决人工智能相关问题的主要方式。另一方面，作为目前流行的人工智能编程语言，Python具有简单易学、免费开源、跨平台性、高层语言、面向对象、丰富的库、胶水语言等优点，不仅大量计算机专业人员使用Python进行人工智能算法快速开发，而且非计算机专业人员也利用Python结合封装好的人工智能算法解决其专业问题。

本书由南开大学计算机学院的教师结合多年教学经验和人工智能教育的发展需要编著而成，可作为我国高校计算机专业学生和非计算机专业理工科学生机器学习入门课程的教材。本书从案例出发，通过具体问题向读者直观展示了利用机器学习方法解决人工智能问题的详细步骤，以及利用Python程序设计语言快速应用机器学习方法解决人工智能问题的具体过程，力争使读者在有限时间内快速掌握每种机器学习方法适合解决的人工智能问题。我们也提供了一些机器学习的理论分析和推导过程，使对机器学习理论有兴趣的读者能够对相关知识有一个初步认识和掌握，为读者学习更深层次的机器学习理论打下了一个良好的基础。

在利用本书学习机器学习相关知识时，建议读者一定要多思考、多分析、多动手实践。当阅读一个具体案例分析时，要认真思考每一个案例的具体解决步骤，从中学习利用机器学习方法解决人工智能问题的一般过程。当阅读案例代码时，要自己梳理程序结构，在计算机上重现该程序的运行结果，通过逐语句执行，并查看变量状态的方式分析各语句的作用。只有这样，才能真正掌握利用机器学习解决人工智能问题的具体方法和流程，也才能真正做到熟练运用机器学习方法解决实际遇到的应用问题。

本书的特色包括：（1）以案例为主线，引入相关知识点，使读者在具体应用中快速掌握机器学习解决人工智能问题的具体方法和流程。（2）强调应用性，同时也给出了必要的机器学习理论及推导，既适合作为计算机相关专业人员进行机器学习的入门读物，也适合对"利用机器学习方法解决人工智能问题"有兴趣的非计算机相关专业人员阅读。

（3）将简单易懂的案例代码分析和理论性强、较难理解的内容分开，方便读者根据实际需求进行相关章节的阅读。

本书包括5章和附录A，下面简单介绍各部分内容。

第1章，首先给出了机器学习的基本概念及分类。其次，从Python编程环境、基本数据类型、分支语句和循环语句、函数、类和对象、文件读写、异常处理等方面使读者快速掌握Python程序设计语言的入门知识。再次，介绍了应用机器学习解决人工智能问题时常用的Python第三方库，包括NumPy、SciPy、Pandas、Matplotlib和Scikit-learn。最后，给出了网络爬虫及信息提取、股票数据图表绘制两个案例分析，使读者快速掌握使用Python解决实际问题的方法。

第2章给出了4个分类案例。首先是员工离职预测案例，分别使用基本线性分类器、最小二乘分类器、感知器和逻辑回归分类器，根据员工对公司满意度、最新考核评估等特征对员工是否离职进行了预测。其次是Iris（鸢尾花）数据分类案例，分别使用k近邻分类器和决策树分类器，根据花萼长度、花萼宽度等特征对鸢尾花的种类进行了预测。再次是新闻文本数据分类案例，介绍了文本分词、去停用词、文本表示与特征选择等，介绍了文本数据预处理的方法和具体实现，并分别使用朴素贝叶斯分类器、支持向量机分类器和Adaboost分类器，对搜狐新闻数据（SogouCS）完成了国内、国际、体育、社会、娱乐等12个频道的分类预测。最后是手写数字图像识别案例，使用BP神经网络，基于MNIST数据集完成了对神经网络模型的训练和测试。

第3章给出了2个聚类案例。首先是人脸图像聚类案例，结合k均值聚类和PCA降维，对ORL人脸数据集的部分类别数据进行了聚类分析。然后是文本聚类案例，介绍了极大似然估计、隐变量和高斯混合模型（GMM）的基础知识，并实现GMM算法完成两类搜狐新闻的聚类分析。

第4章给出了2个回归预测案例。首先是房价预测案例，分别使用线性回归和岭回归模型，对Kaggle上的housing数据集完成了房价预测分析，同时也通过比较展示了不同数据预处理方法和特征选取方法对模型性能的影响。然后是股票走势预测案例，介绍了长短周期记忆网络（LSTM）的基本原理，并利用TensorFlow搭建LSTM网络，完成了股票开盘价、收盘价、最高价、最低价和成交量的预测。

第5章给出了2个综合案例。首先是场景文本检测案例，使用传统文本检测的方法和适当的文本识别库，实现一个能在较复杂的街景中提取文字信息的简易 Demo 程序。作为一个场景文本检测的入门级案例，本案例各处理步骤所使用的方法都比较简单。对场景文本检测问题感兴趣的读者，可阅读近几年 CVPR、ICCV 等顶级会议上关于场景文本检测的论文，以获取相关问题的最新方法。然后是面部认证案例，介绍了 Siamese（孪生）网络的基本原理，基于 TensorFlow 实现了该网络，基于 LFW 人脸数据库完成了模型训练和测试，并搭建面部认证 Demo 程序进行了模型的具体应用方法。通过本章内容，读者应对基于机器学习的人工智能软件系统的构建过程有一个基本的认识。

附录 A 给出了理论性强、较难理解的内容。具体包括逻辑回归分类器原理介绍、自己编程实现决策树分类器、支持向量机的数学推导、Adaboost 的数学推导和代码实现、神经网络的数学推导和代码实现、期望最大化算法和高斯混合模型，以及基于波士顿房价数据集的房价预测代码实现。读者可根据自己的实际需求选择部分内容进行学习。

本书的编写分工如下：王恺负责 1.1 节、第 5 章及附录 A 的编写，并完成全书统稿和定稿工作；闫晓玉负责 1.2～1.6 节及第 2 章的编写；李涛负责第 3、4 章的编写。

在本书的编写过程中，南开大学计算机学院 2019 级研究生马志、卜旺、周可可帮助收集整理了第 2～4 章的案例，南开大学计算机学院 2015 级本科生周睿、龚航提供了场景文本检测和面部认证两个综合案例，电子工业出版社有限公司的刘志红编辑给予了大力支持，在此表示真诚的感谢！

本书还参考了国内外的一些机器学习方面的书籍及大量的网上资料，力求有所突破和创新。由于能力和水平所限，书中出现的不妥甚至错误之处，恳请读者指正。

作者
2019 年 12 月于南开园

目 录

第 1 章　基础知识 ········001
1.1　机器学习简介 ········002
1.1.1　基本概念 ········002
1.1.2　机器学习分类 ········003
1.2　Python 基础 ········005
1.2.1　Python 编程环境 ········005
1.2.2　基本数据类型 ········011
1.2.3　分支语句和循环语句 ········018
1.2.4　函数 ········021
1.2.5　类和对象 ········025
1.2.6　打开、关闭、读/写文件 ········028
1.2.7　异常处理 ········031
1.3　常用第三方库 ········033
1.3.1　NumPy ········033
1.3.2　SciPy ········039
1.3.3　Pandas ········041
1.3.4　Matplotlib ········053
1.3.5　Scikit-learn ········056
1.4　案例分析 ········058
1.4.1　网络爬虫及信息提取 ········058
1.4.2　股票数据图表绘制 ········063
1.5　本章小结 ········069
1.6　参考文献 ········069

第 2 章　分类案例 ········071
2.1　员工离职预测 ········072
2.1.1　问题描述及数据集获取 ········072
2.1.2　求解思路和相关知识介绍 ········073
2.1.3　代码实现及分析 ········076
2.2　Iris 数据分类 ········081

2.2.1　问题描述及数据集获取 081
　　2.2.2　求解思路和相关知识介绍 082
　　2.2.3　代码实现及分析 089
2.3　新闻文本分类 099
　　2.3.1　问题描述及数据集获取 099
　　2.3.2　求解思路和相关知识介绍 100
　　2.3.3　代码实现及分析 113
2.4　手写数字识别 128
　　2.4.1　问题描述及数据集获取 128
　　2.4.2　求解思路和相关知识介绍 129
　　2.4.3　代码实现及分析 134
2.5　本章小结 139
2.6　参考文献 139

第3章　聚类案例 143

3.1　人脸图像聚类 144
　　3.1.1　问题描述及数据集获取 144
　　3.1.2　求解思路和相关知识介绍 146
　　3.1.3　代码实现及分析 150
3.2　文本聚类 162
　　3.2.1　问题描述及数据集获取 162
　　3.2.2　求解思路和相关知识介绍 163
　　3.2.3　代码实现及分析 167
3.3　本章小结 173
3.4　参考文献 174

第4章　回归预测案例 175

4.1　房价预测 176
　　4.1.1　问题描述及数据集获取 176
　　4.1.2　求解思路和相关知识介绍 177
　　4.1.3　代码实现及分析 184
4.2　基于LSTM的股票走势预测 191
　　4.2.1　问题描述及数据集获取 191
　　4.2.2　求解思路和相关知识介绍 192

4.2.3　代码实现及分析 ··· 197
　4.3　本章小结 ·· 204
　4.4　参考文献 ·· 204
第5章　综合案例 ·· 206
　5.1　场景文本检测 ··· 207
　　　5.1.1　问题描述及数据集获取 ···································· 207
　　　5.1.2　求解思路和相关知识介绍 ································· 208
　　　5.1.3　代码实现及分析 ··· 217
　5.2　面部认证 ·· 235
　　　5.2.1　问题描述及数据集获取 ···································· 236
　　　5.2.2　求解思路和相关知识介绍 ································· 236
　　　5.2.3　代码实现及分析 ··· 241
　5.3　本章小结 ·· 275
　5.4　参考文献 ·· 275
附录A ·· 277
　A.1　逻辑回归分类器原理介绍 ······································ 278
　A.2　自己编程实现决策树分类器 ·································· 280
　A.3　支持向量机的数学推导 ··· 287
　　　A.3.1　最小间隔最大化 ··· 287
　　　A.3.2　对偶问题 ·· 288
　A.4　Adaboost的数学推导和代码实现 ························· 292
　　　A.4.1　数学推导 ·· 292
　　　A.4.2　代码实现 ·· 294
　A.5　神经网络的数学推导和代码实现 ························· 298
　　　A.5.1　数学推导 ·· 298
　　　A.5.2　代码实现 ·· 302
　A.6　期望最大化算法和高斯混合模型 ························· 308
　　　A.6.1　EM算法的原理和数学推导 ······························ 308
　　　A.6.2　EM算法估计高斯混合模型参数的数学推导 ···· 310
　A.7　基于波士顿房价数据集的房价预测代码实现 ····· 312

第 1 章

基 础 知 识

机器学习案例分析——基于 Python 语言

1.1 机器学习简介

1.1.1 基本概念

机器学习（Machine Learning，ML）是人工智能的一个分支，它是一门多领域交叉学科，专门研究计算机怎样模拟或实现人类的学习行为，涉及概率论、统计学、逼近论、凸分析、算法复杂度理论等多门学科。利用机器学习方法解决实际问题时，涉及模型结构设计、学习目标（也称优化目标、目标函数或损失函数）设计、优化算法设计等方面的工作。机器学习的目标是根据已有数据（训练数据，也称训练样本）设计模型并学习模型参数，使得学习后的模型能够在未知数据（测试数据，也称测试样本）上展现出较好的性能（具有较低的泛化误差，或具有较强的泛化能力）。需要注意，在进行模型设计和参数学习时只能使用训练数据，而不能使用任何测试数据。

机器学习模型可简单表示为

$$y = f(x;\theta) \tag{1.1}$$

其中，f 是机器学习模型的数学表示（一个映射函数），x 是模型的输入，y 是模型的输出，θ 是模型的参数。模型设计和参数学习过程，实际上就是根据训练数据进行映射函数 f 的设计，并按预先定义的优化目标（如预测输出与目标输出之间的平方误差）进行参数 θ 的学习。模型应用过程，实际上就是根据设计好的映射函数 f 及学习好的参数 θ，对于一个数据通过模型给出其预测输出。例如，对于 2.2 节将要介绍的鸢尾花分类问题，输入数据 x 是由花萼长度、花萼宽度、花瓣长度和花瓣宽度组成的一个包含 4 个元素的特征向量（此时称该数据的特征维度为 4），而目标输出数据 t 则是某个鸢尾花子类（山鸢尾、变色鸢尾或维吉尼亚鸢尾，通常用整数表示不同类别，如 0、1、2 等）；通过设计模型及基于训练数据的模型参数学习，使模型能够根据输入的测试数据 x'，得到预测输出数据 y'，并且 y' 与目标输出数据 t' 应尽可能接近。

在机器学习模型的设计中，需要避免两种情况，即欠拟合和过拟合。如图 1-1 所示，是欠拟合和过拟合的一个简单示例。所谓欠拟合，是指所设计的机器学习模型过于简单，无法表示数据中蕴含的复杂规律。出现欠拟合情况时，机器学习模型在训练数据和测试数据上的性能相近，但均表现较差。所谓过拟合，是指所设计的机器学习模型过于复杂，其能够完美地对训练数据进行拟合，但在训练过程中未使用的测试数据上表现则很差。出现过拟合情况时，机器学习模型在训练数据上性能很好，但在测试数据上性能很差。无论是欠拟合，还是过拟合，都会使得模型在测试数据上表现出不好的性能（较高的泛化误差，或较差的泛化能力），无法满足实际应用需要。因此，如何设计复杂度适中的机器学习模型，使其具有较强的泛化能力（模型在测试集上有较好的表现），是机器学习中一个非常重要的问题。

为了能够在不使用任何测试数据的情况下，设计出复杂度适中的机器学习模型，在实际应用中通常会将可用于训练的数据进一步分为两部分，分别是训练数据和验证数据。**验证数据**仅用于预测模型的泛化能力，而不参与模型的参数学习过程。当可用于训练的数据本身就很少时，通常采用 K 折交叉验证方法来进行模型的设计。所谓 K 折交叉验证，是指将可用于训练的数据近似等分为 K 份，每次训练时使用其中 $K-1$ 份作为训练数据进行模型参数学习，而没有参与训练的那一份作为验证数据，用于进行模型泛化能力的预测。K 份数据中的每一份都用作一次验证数据后，K 次实验结果的平均值即该模型泛化能力的预测依据。

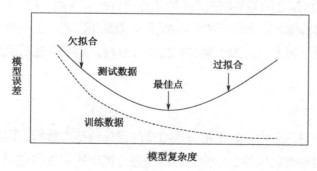

图 1-1　欠拟合和过拟合示例

1.1.2　机器学习分类

从不同的角度，可以对机器学习方法进行不同的分类。从训练数据是否包含目标值的角度，机器学习可以分为有监督学习方法和无监督学习方法；从目标值是不是连续值的角度，机器学习可以分为用于分类任务的方法和用于回归任务的方法。这里简单介绍

机器学习案例分析——基于 Python 语言

一下这些方法的基本概念。

1. 有监督学习

在有监督学习中,每一条训练数据既包含特征向量 x,也包含目标值 t(目标值可以是单个数值,也可以是一个向量)。通过预先设计好的机器学习模型和优化目标函数,根据这些训练数据进行模型参数学习,使得每一条训练数据的特征向量输入模型后,模型能够给出与目标值尽可能接近的预测值(当然,这里也要注意避免前面所提到的过拟合问题),即使得

$$\sum_{s \in S} D(y^s, t^s) \tag{1.2}$$

尽可能小。其中,S 是训练数据集合,y^s 是机器学习模型对训练数据 s 的预测输出,t^s 是训练数据 s 的目标值,D 是某种距离度量函数(如欧氏距离等)。

2. 无监督学习

在无监督学习中,每一条训练数据仅包含特征向量 x,而没有目标值 t。聚类(Clustering)是无监督学习的一个重要应用,其自动根据数据之间的相似度,对数据进行分类,从而发掘数据之间的关联关系(如通过分析社交网站上用户与用户之间的关系,将用户分成不同的群体,以进行相关内容推荐)。除聚类以外,主成分分析这种特征降维方法也采用无监督学习方式。关于聚类和主成分分析,我们会在后面介绍更详细的信息和具体使用方法。

3. 分类

在一个机器学习任务中,如果每一条数据的目标值是离散的,则该任务是一个分类任务。通常用不同的整数代替实际的目标值来进行模型的训练和应用。例如,假设有若干物体的图片,每一幅图片的目标值是狗、猫、轮船、飞机中的一个,则可以将目标值编码为 0、1、2、3,其对应关系是 0→狗、1→猫、2→轮船、3→飞机。我们的任务就是设计并训练模型,使其可以对输入的图片产生 0~3 的整数输出,而 0~3 这 4 个整数分别对应 4 种不同的物体。

需要注意,对于分类任务,通常也使用 One-Hot(独热)向量编码形式表示目标值,One-Hot 是指向量中只有一个元素的值为 1,其余元素的值均为 0。例如,对于前面提到

的图片分类的例子,可以将狗、猫、轮船、飞机这4个目标值分别编码为(1,0,0,0)、(0,1,0,0)、(0,0,1,0)和(0,0,0,1)。

4. 回归

在一个机器学习任务中,如果每一条数据的目标值是连续的,则该任务是一个回归任务。例如,假设要对某种产品的价格进行预测,该产品的价格是连续值,因此,该问题是一个回归问题。需要注意,因为计算机通常用有限的二进制数来表示数据,所以计算机中任何类型的数据实质上都是可数的。通常来说,如果一个任务的目标值在一定精度下可以连续取值,则认为该目标值是连续的。

可见,回归任务和分类任务的区别就在于目标值是连续的,还是离散的。在实际设计机器学习模型时,很多机器学习模型既可以用于回归任务,也可以用于分类任务。

1.2 Python 基础

Python 语言诞生于1990年,由荷兰 CWI(Centrum Wiskunde & Informatica,数学和计算机研究所)的 Guido van Rossum 设计并领导开发。Python 语言具有简单易学、免费开源、跨平台、高层语言、面向对象、丰富的库、胶水语言等优点,已在系统编程、图形界面开发、科学计算、文本处理、数据库编程、网络编程、Web 开发、自动化运维、金融分析、多媒体应用、游戏开发、人工智能、网络爬虫等方面有着广泛的应用。

经过20多年持续不断的发展,Python 语言经历了多个版本的更迭。目前使用的 Python 版本主要是 Python 2.x 和 Python 3.x。但是 Python 3.x 并不完全兼容 Python 2.x 的语法,所以如果没有特殊应用需求,建议使用 Python 3.x 版本。

1.2.1 Python 编程环境

在 Linux、Windows、MacOS 等平台上,都可以安装 Python 语言环境以支持 Python 程序的运行。但由于每个人使用 Python 的应用场景不一样,设置 Python、安装附加包,并没有一个统一的解决方案,这里将给出 Windows 和 MacOS 系统中详细的 Python 安装

机器学习案例分析——基于 Python 语言

说明。Linux 系统的安装细节取决于所用的 Linux 版本，这里不再详细介绍。在正式介绍 Python 环境搭建之前，先给出 Anaconda 的简单介绍。Anaconda 是一个用于科学计算的 Python/R 发行版，支持 Linux、Windows、MacOS 系统，提供了包管理与环境管理的功能，可以很方便地解决多版本 Python 并存、切换及各种第三方包安装问题。使用 Anaconda 可以一次性地获得 300 多种用于科学和工程计算相关任务的 Python 编程库支持。

这里推荐使用免费的 Anaconda 发布版搭建 Python 环境，这样可以减少后续安装 Python 各种包的麻烦，读者可以从 Anaconda 官网的 Download 页面（https://www.anaconda.com/distribution/）下载安装包，如图 1-2 所示。

图 1-2　Anaconda 官网的 Download 页面

单击图 1-2 下方的不同系统图标，可以看到对应系统下最新的安装包，如图 1-3 所示是 Windows 系统下的 Anaconda 安装包。

1. Windows

图 1-3 列出了 Windows 系统中可下载文件列表，推荐下载 Python 3.7 版本。读者可以根据自己的操作系统版本选择下载 32 位安装包或 64 位安装包。安装包下载完成后，按照官网上的安装说明进行安装即可。

安装完成后需要确定所有设置是否正确。单击"开始"菜单，运行 cmd 命令，打开如图 1-4 所示的操作系统的命令提示符界面。通过输入 Python 命令可以启动 Python 解释器，此时进入 Python 控制台，并能看到所安装的 Python 版本信息（图 1-4 中显示的 Python

第 1 章 基础知识

版本是 3.7.3）。

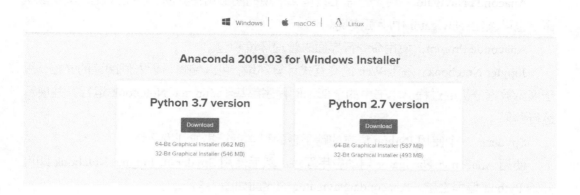

图 1-3　Windows 系统下的 Anaconda 安装包

图 1-4　操作系统的命令提示符界面

提示　图 1-4 中出现警告信息是因为没有激活 Anaconda 的虚拟环境。可以通过 activate 命令进入 Anaconda 设定的虚拟环境。如果 activate 后面什么参数都不加，则会进入 Anaconda 自带的 base 环境。

安装完成后会在"开始"菜单中多出以下几个应用。

Anaconda Navigator：用于管理工具包和环境的图形用户界面，后续涉及的众多管理命令也可以在 Navigator 中手工实现。

Anaconda Prompt：使用命令行界面来管理环境和包。

Jupyter Notebook：基于 Web 的交互式计算环境，可以编辑易于人们阅读的文档，用于展示数据分析的过程。本书中的全部示例程序都基于 Jupyter Notebook 运行，并展示运行结果。

Spyder：一个使用 Python 语言的跨平台的科学运算集成开发环境。

使用 Anaconda Navigator 启动应用程序，然后使用 Spyder 和 Jupyter Notebook 即可开始 Python 编程之旅。Anaconda Navigator 的界面如图 1-5 所示。

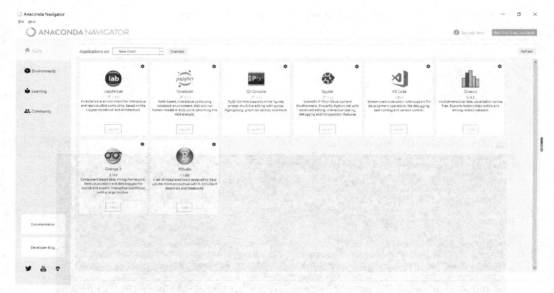

图 1-5　Anaconda Navigator 的界面

2. MacOS

下载 OS X 版的 Anaconda 安装器，命名如 Anaconda3-2019.03-MacOSX-x86_64.pkg。双击 .pkg 文件运行安装器。安装器运行时，会自动将 Anaconda 执行路径添加到系统的 .bash_profile 文件中，该文件位于 /User/$USER/.bash_profile。

第1章 基础知识

可以通过在系统命令行运行 IPython 来确认安装是否正常。

3. Linux

Linux 下的安装细节取决于所用的 Linux 版本，本书不再详细介绍。

> **提示** 如果读者想安装 Anaconda 并不包含的额外的 Python 包，可以通过以下命令进行安装：
>
> conda install package_name
>
> 如果上述命令不起作用，则可以使用 pip 包管理工具进行安装：
>
> pip install package_name
>
> 还可以使用 conda update 命令来更新包：
>
> conda update package_name
>
> pip 也支持通过 --upgrade 标识进行包的升级：
>
> pip install --upgrade package_name
>
> 但是，当能够同时使用 conda 和 pip 进行包安装时，请不要尝试使用 pip 更新 conda 安装的包，否则可能会导致环境问题。

◎ **操作练习 1-1**

请在自己的系统中安装 Anaconda，并通过 Anaconda Navigator 打开 Jupyter Notebook，新建 Python 3 代码文件，并运行：

```
x=5
y=10
print(x+y)
```

【操作步骤】

单击图 1-5 中 Jupyter 图标下方的 Launch 即可启动 Jupyter Notebook，在浏览器出现的界面中选择 New→Python 3，即可新建 Python 3 代码文件，如图 1-6 所示。

运行结果如图 1-7 所示（输入代码后，单击图 1-7 中工具栏上的"运行"即可）。

机器学习案例分析——基于 Python 语言

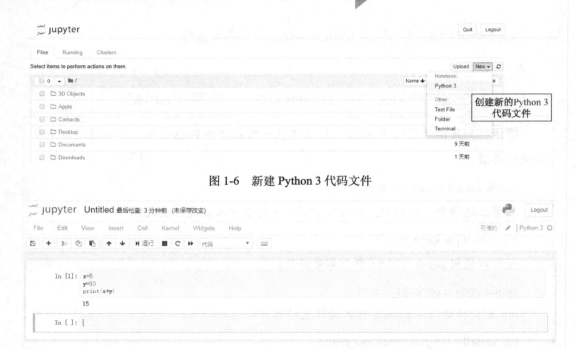

图 1-6　新建 Python 3 代码文件

图 1-7　操作练习 1-1 运行结果示例

> **提示**　在 Jupyter Notebook 中可以选择 File→Save as 将当前界面中输入的代码保存为 .ipynb 文件，该文件中不仅保存了代码，而且保存了运行结果。如果要恢复上次的运行环境，直接打开对应的 .ipynb 文件即可。也可以直接单击左上角 Jupyter 旁边的默认文件名（图 1-7 中所示为 Untitled），直接将该文件重命名（推荐使用该方式）。
>
> Jupyter Notebook 默认保存为 .ipynb 格式的文件，如果需要保存为 .py 格式的 Python 脚本文件，则可以选择 File→Download as→Python (.py)。

Jupyter Notebook 的默认工作路径是当前用户的路径，由于用户路径在系统盘中，因此会有一些操作权限限制。建议读者在使用 Jupyter Notebook 前，重新设置工作路径。

◎ 操作练习 1-2

请将 Jupyter Notebook 的工作路径设置为 d:\jupyter-notebook。

【操作步骤】

（1）在"开始"菜单中运行 Anaconda Prompt，打开如图 1-8 所示的 Anaconda 命令

第 1 章 基础知识

提示符界面，输入命令：jupyter notebook --generate-config。运行后，可看到生成的 Jupyter Notebook 配置文件路径（图 1-8 显示的路径是 C:\Users\admin\.jupyter\jupyter_notebook_config.py）。

```
(base) C:\Users\admin>jupyter notebook --generate-config
Writing default config to: C:\Users\admin\.jupyter\jupyter_notebook_config.py
```

图 1-8　Anaconda 命令提示符界面

（2）使用文本编辑器（如"记事本"等）编辑 Jupyter Notebook 配置文件，在文件中搜索 c.NotebookApp.notebook_dir，在下面加一行，将 Jupyter Notebook 的工作路径设置为 d:\jupyter-notebook，如图 1-9 所示。需要注意，工作路径必须已存在，如果不存在，则无法正常启动 Jupyter Notebook。因此，请在设置工作路径前在 D 盘创建 jupyter-notebook 文件夹。

```
## The directory to use for notebooks and kernels.
#c.NotebookApp.notebook_dir = ''
c.NotebookApp.notebook_dir = 'd:\jupyter-notebook'
```

图 1-9　修改 Jupyter Notebook 工作路径

（3）重新启动 Jupyter Notebook，设置生效。重新完成操作练习 1-1 后，可以在 d:\jupyter-notebook 目录下看到创建的 .ipynb 文件。

1.2.2　基本数据类型

一种编程语言所支持的数据类型决定了该编程语言所能保存的数据。Python 语言常用的内置数据类型包括 Number（数字）、String（字符串）、List（列表）、Tuple（元组）、Set（集合）和 Dictionary（字典）。

1. Number

Python 中有 3 种不同的数字类型，分别是 int（整数类型）、float（浮点类型）和 complex（复数类型）。

整数类型与数学中的整数概念一致。整型数字包括正整数、0 和负整数，不带小数点，无大小限制。整数可以使用不同的进制表示：不加任何前缀为十进制整数；加前缀 0o 为八进制整数；加前缀 0x 则为十六进制整数。

浮点类型与数学中实数的概念一致，表示带有小数的数值。Python 语言要求所有浮点数必须带有小数部分，小数部分可以是 0，这种设计可以区分浮点数和整数。浮点数有两种表示方法：十进制表示和科学计数法表示。

复数类型表示数学中的复数。复数由实部和虚部组成，每一部分都是一个浮点数，其书写方法如下：

$$a+bj \text{ 或 } a+bJ$$

其中，a 和 b 是两个数字，j 或 J 是虚部的后缀，即 a 是实部，b 是虚部。

Python 中提供了 9 个基本的数值运算操作符，如表 1-1 所示。

表 1-1 9 个基本的数值运算操作符

操作符	描述
x+y	x 与 y 之和
x-y	x 与 y 之差
x*y	x 与 y 之积
x/y	x 与 y 之商
x//y	x 与 y 之整数商
x%y	x 与 y 之商的余数，也称模运算
-x	x 的负值
+x	x 本身
x**y	x 的 y 次幂，即 x^y

```
x=5
y=2
print('x/y=', x/y)
print('x//y=', x//y)
print('x%y=', x%y)
print('x**y=', x**y)
```

```
x/y= 2.5
x//y= 2
x%y= 1
x**y= 25
```

图 1-10 算术运算示例

◎ 操作练习 1-3

请按图 1-10 所示输入代码并运行。

2. String

文本在程序中用字符串（String）类型来表示。Python 语言中只有用于保存字符串的 String 类型，而没有用于保存单个字符的数据类型。Python 中的字符串可以写在一对单引号中，也可以写在一对双引号或一对三引号（三个连

第 1 章 基础知识

续的单引号或三个连续的双引号）中。其中，单引号和双引号都可以表示单行字符串，两者作用相同。使用单引号时，双引号可以作为字符串的一部分；使用双引号时，单引号可以作为字符串的一部分。三引号可以表示单行或者多行字符串。

不包含任何字符的字符串，如''（一对单引号）或""（一对双引号），称为空字符串（简称空串）。

在字符串中，可以使用转义字符，常用的转义字符如表 1-2 所示。

表 1-2 常用的转义字符

转 义 字 符	描 述	转 义 字 符	描 述
\（在行尾时）	续行符	\n	换行
\\	反斜杠符	\r	回车
\'	单引号	\t	制表符
\"	双引号		

◎ 操作练习 1–4

请按图 1-11 所示输入代码并运行。提示：在 Jupyter Notebook 的 Python 代码编辑页面中选择 View→Toggle Line Numbers 即可进行是否显示行号的切换。

```
1  s1='Hello \
2  World!'  #上一行以 \作为行尾，说明上一行与当前行是同一条语句
3  #s2='It's a book.'  #单引号非成对出现，报SyntaxError错误
4  s3='It\'s a book.'
5  s4="It's a book."
6  s5="你好！  \n欢迎学习Python语言程序设计！"
7  print(s1)
8  #print(s2)
9  print(s3)
10 print(s4)
11 print(s5)
```

```
Hello World!
It's a book.
It's a book.
你好！
欢迎学习Python语言程序设计！
```

图 1-11 创建字符串示例

如果取消 s2（第 3 行）和 print(s2)（第 8 行）前的注释符，程序会报 SyntaxError 错误。

利用下标"[]"可以从字符串中截取一个子串，其语法格式如下：

s[beg:end]

其中，s 为原始字符串，beg 是要截取子串在 s 中的起始下标，end 是要截取子串在 s 中的结束下标。省略 beg，则表示从 s 的开始字符进行子串截取，等价于 s[0:end]；省略 end，则表示截取的子串包含从 beg 位置到最后一个字符之间的字符（包括最后一个字符）；beg 和 end 都省略，则表示子串中包含 s 中的所有字符。

> **注意** s[beg:end]截取子串中包含的字符是 s 中从 beg 至 end-1（不包括 end）位置上的字符。

Python 中，对字符串中字符的下标有两种索引方式：从前向后索引和从后向前索引。如图 1-12 所示，从前向后索引方式中第 1 个字符的下标为 0，其他字符的下标是前一个字符的下标加 1；从后向前索引方式中，最后一个字符的下标为-1，其他字符的下标是后一个字符下标减 1。

字符串	欢	迎	学	习	P	y	t	h	o	n	语	言	程	序	设	计	！
从前向后索引	0	1	2	3	4	5	6	7	8	9	10	11	12	13	14	15	16
从后向前索引	-17	-16	-15	-14	-13	-12	-11	-10	-9	-8	-7	-6	-5	-4	-3	-2	-1

图 1-12　字符串索引方式示例

◎ **操作练习 1-5**

请按图 1-13 所示输入代码并运行。

```
1  s='欢迎学习Python语言程序设计！'
2  print(s[2:4])
3  print(s[-3:-1])
4  print(s[2:-1])
5  print(s[:10])
6  print(s[-5:])
7  print(s[:])
```

学习
设计
学习Python语言程序设计
欢迎学习Python
程序设计！
欢迎学习Python语言程序设计！

图 1-13　字符串操作示例

第 1 章 基础知识

Python 提供了 5 个基本的字符串操作符，如表 1-3 所示。

表 1-3 5 个基本的字符串操作符

操 作 符	描 述
x+y	连接两个字符串 x 与 y，返回连接后的字符串
x*n 或 n*x	将字符串 x 重复 n 次，返回生成的新字符串
x in s	如果 x 是 s 的子串，则返回 True，否则返回 False
str[i]	索引，返回第 i 个字符
str[N:M]	切片，返回[N,M)（不包括 M）索引范围中的字符组成的子串

3. List

List（列表）是 Python 中一种非常重要的数据类型。列表中可以包含多个元素，且元素类型可以不同。每一个元素可以是任一数据类型，包括数字、字符串、列表及后面要介绍的元组、集合、字典。所有元素都写在一对方括号中，每两个元素之间用逗号分隔。不包含任何元素的列表（[]）称为空列表。

列表中元素的索引方式与字符串中元素的索引方式完全相同，也支持从前向后索引和从后向前索引两种方式。

◎ 操作练习 1-6

请按图 1-14 所示输入代码并运行。

```
1  ls=[1,2.5,'test',3+4j,True,[3,1.63],5.3]
2  print(ls[1:4])
3  print(ls[-3:-1])
4  print(ls[2:-1])
5  print(ls[:3])
6  print(ls[-2:])
7  print(ls[:])
```

[2.5, 'test', (3+4j)]
[True, [3, 1.63]]
['test', (3+4j), True, [3, 1.63]]
[1, 2.5, 'test']
[[3, 1.63], 5.3]
[1, 2.5, 'test', (3+4j), True, [3, 1.63], 5.3]

图 1-14 列表操作示例

4. Tuple

Tuple（元组）与列表类似，可以包含多个元素，且元素类型可以不相同，书写时每两个元素之间用逗号分隔。与列表不同之处在于：元组的所有元素都写在一对小括号中，且元组中的元素不能修改。不包含任何元素的元组（()）称为空元组。

元组中元素的索引方式与列表和字符串中元素的索引方式完全相同。

◎ 操作练习 1-7

请按图 1-15 所示输入代码并运行。

```
1  t=(1, 2.5, 'test', 3+4j, True, [3, 1.63], 5.3)
2  print(t[1:4])
3  print(t[-3:-1])
4  print(t[2:-1])
5  print(t[:3])
6  print(t[-2:])
7  print(t[:])
```

(2.5, 'test', (3+4j))
(True, [3, 1.63])
('test', (3+4j), True, [3, 1.63])
(1, 2.5, 'test')
([3, 1.63], 5.3)
(1, 2.5, 'test', (3+4j), True, [3, 1.63], 5.3)

图 1-15　元组操作示例

5. Set

与元组和列表类似，Set（集合）中同样可以包含多个不同类型的元素，但集合中的各元素无序，不允许有相同值的元素，并且元素必须是可哈希（Hashable）对象。集合的主要作用是进行元素的快速检索，以及进行交集、并集等集合运算。

集合中所有元素都写在一对大括号中，各元素之间用逗号分隔。不包含任何元素的集合称为空集合。需要注意，创建空集合需要使用 set 函数，直接写{}表示创建一个空字典。

◎ 操作练习 1-8

请按图 1-16 所示输入代码并运行。

第1章 基础知识

```
1  a={10,2.5,'test',3+4j,True,5.3,2.5}
2  print(a)
3  b=set('hello')
4  print(b)
5  c=set([10,2.5,'test',3+4j,True,5.3,2.5])
6  print(c)
7  d=set((10,2.5,'test',3+4j,True,5.3,2.5))
8  print(d)
```

```
{True, 2.5, 5.3, 10, (3+4j), 'test'}
{'o', 'h', 'e', 'l'}
{True, 2.5, 5.3, 10, (3+4j), 'test'}
{True, 2.5, 5.3, 10, (3+4j), 'test'}
```

图 1-16　创建集合示例

6. Dictionary

Dictionary（字典）是另一种无序的对象集合。但与集合不同，字典是一种映射类型，每一个元素是一个键（key）:值（value）对。在一个字典对象中，键必须是唯一的，即不同元素的键不能相同；键必须是可哈希数据，即键不能是列表、元组、集合、字典等类型；值可以是任意类型。字典中的所有元素（键:值对）都写在一对大括号中，各元素之间用逗号分隔。不包含任何元素的字典（{}）称为空字典。

创建字典时，既可以使用大括号，也可以使用 dict 函数。如果要创建一个空字典，可以使用{}或 dict()，如图 1-17 所示。

```
1  a={}
2  b=dict()
```

图 1-17　创建空字典

◎ **操作练习 1-9**

请按图 1-18 所示输入代码并运行。

```
1   a={'one':1,'two':2,'three':3}
2   b=dict(one=1,two=2,three=3)
3   c=dict(zip(['one','two','three'],[1,2,3]))
4   d=dict([('one',1),('two',2),('three',3)])
5   e=dict({'one':1,'two':2,'three':3})
6   print(a)
7   print(b)
8   print(c)
9   print(d)
10  print(e)
```

{'one': 1, 'two': 2, 'three': 3}
{'one': 1, 'two': 2, 'three': 3}
{'one': 1, 'two': 2, 'three': 3}
{'one': 1, 'two': 2, 'three': 3}
{'one': 1, 'two': 2, 'three': 3}

图 1-18 创建字典示例

> **提示** zip 函数的参数是多个可迭代的对象（列表等），其功能是将不同对象中对应的元素分别打包成元组，然后返回由这些元组组成的列表。在 Python 3.x 中为了减少内存，zip 函数返回的是一个对象，可以通过 list 函数转换成列表，如通过 list(zip(['one','two','three'],[1,2,3]))可得到列表[('one',1),('two',2),('three',3)]。

1.2.3 分支语句和循环语句

程序由 3 种基本结构组成：顺序结构、分支结构和循环结构。这些基本结构都有一个入口和一个出口。

- 顺序结构是程序按照线性顺序依次执行的一种运行方式。
- 分支结构是程序根据条件判断结果而选择不同向前执行路径的一种运行方式，根据分支路径上的完备性，分支结构包括单分支结构、二分支结构和多分支结构。
- 循环结构是程序根据条件判断结果向后反复执行的一种运行方式，根据循环体触发条件不同，循环结构包括条件循环结构和遍历循环结构。

第1章 基础知识

1. 分支语句

分支语句是控制程序运行的一类重要语句，它的作用是根据判断条件选择程序执行路径，使用方式如下：

```
if 条件 1:
  语句序列 1
[elif 条件 2:
  语句序列 2
…
elif 条件 K:
  语句序列 K]
[else:
    语句序列 K+1]
```

其中，if、elif、else 都是保留字，else 后面不设置条件，表示不满足 if 和 elif 语句的其他情况。最简单的条件语句只有 if，elif 和 else 都是可选项，根据需要决定是否使用。

◎ **操作练习 1-10**

请按图 1-19 所示输入代码并运行。

其中，第 2 行 if 语句包含第一个条件表达式，当表达式返回 True 时，执行第 3 条语句，如果返回 False，则执行第 4 行的 elif 语句，判断下一个条件。同理，如果条件成立，则继续执行第 5 行语句，否则执行第 6 行语句。如果所有 if、elif 条件都不满足，则执行第 10 条 else 语句，该语句表示用户输入的成绩在大于 90 且小于或等于 100 的范围内。

```
1  score=eval(input('请输入成绩（0~100之间的整数）：'))
2  if score<=60:
3      print('不及格')
4  elif score<70:      #注意elif后也要写上":"
5      print('及格')
6  elif score<80:
7      print('中等')
8  elif score<90:
9      print('良好')
10 else:
11     print('优秀')  #也可以改为 else score<=100:
12
```

请输入成绩（0~100之间的整数）：88
良好

图 1-19　if、elif 和 else 语句使用示例

2. 循环语句

循环语句是控制程序运行的一类重要语句，与分支语句控制程序执行类似，它的作用是根据判断条件确定一段程序是否再次执行一次或者多次。

循环结构流程图如图 1-20 所示。其中，语句序列 1 和语句序列 3 分别是循环语句前和循环语句后所执行的操作。循环条件判断和语句序列 2 构成了循环语句：只要满足循环条件，就会执行循环语句 2；执行循环语句 2 后，会再次判断是否满足循环条件。

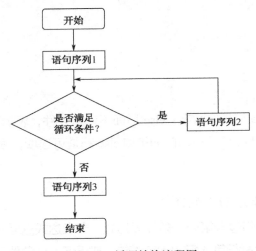

图 1-20　循环结构流程图

这里介绍 Python 中两种循环语句的使用方法：for 循环和 while 循环。

1）for 循环

Python 语言中的 for 循环用于遍历可迭代对象中的每一个元素，并根据当前访问的元素做数据处理，其语法格式如下：

```
for 变量名 in 可迭代对象:
    语句序列
```

变量依次取可迭代对象中每一个元素的值，在语句序列中可以根据当前变量保存的元素值进行相应的数据处理。

◎ **操作练习 1–11　使用 for 循环遍历列表**

按图 1-21 所示输入代码并运行。

```
1  ls=['Python','C++','PHP']
2  for k in ls:
3      print(k)
4

Python
C++
PHP
```

图 1-21 for 循环使用示例

2）while 循环

Python 中 while 循环的语法格式如下：

> while 循环条件：
> 语句序列

当循环条件返回 True 时，执行语句序列；执行语句序列后，再判断循环条件是否成立。

◎ **操作练习 1-12　使用 while 循环求 n！**

按图 1-22 所示输入代码并运行。

```
1  n=eval(input('请输入一个大于0的整数：'))
2  i,sum=1,1      #i,sum分别赋值为1和1
3  while i<=n:    #当i<=n成立时继续循环，否则退出循环
4      sum*=i
5      i+=1       #注意该行也是while循环语句序列中的代码，与第4行代码应有相同的缩进
6  print(sum)     #输出n的阶乘
7
```

请输入一个大于0的整数：5
120

图 1-22 while 循环使用示例

运行程序后，如果输入 5，则输出 120；如果输入 7，则输出 5040。

1.2.4　函数

函数可以理解为对一组表达特定功能表达式的封装，它与数学函数类似，能够接收变量并输出结果。在 Python 中，函数是实现模块化的工具。

1. 函数的定义与调用

Python 语言中使用函数分为两个步骤：定义函数和调用函数。

机器学习案例分析——基于 Python 语言

Python 语言中定义函数需要使用 def 关键字，下面通过一个简单的例子直观地了解定义和调用函数的过程。

◎ **操作练习 1-13　函数定义和调用示例**

按图 1-23 所示输入代码并运行。

```
1  def CalCircleArea():       #定义名为CalCircleArea的函数
2      s=3.14*3*3             #计算半径为3的圆的面积
3      print('半径为3的圆的面积为%.2f' %s)  #将计算结果输出
4  CalCircleArea()  #调用函数CalCircleArea
5
```

半径为3的圆的面积为28.26

图 1-23　函数定义和调用示例

2. 参数列表和返回值

通过函数的参数列表，可以为函数传入待处理的数据，从而使一个函数更加通用。

1）形参

形参的全称是形式参数，即定义函数时函数名后面的一对小括号中给出的参数列表。形参只能在函数中使用，其作用是接收函数调用时传入的参数值，并在函数中参与运算。

2）实参

实参的全称是实际参数，即调用函数时函数名后面一对小括号中给出的参数列表。当调用函数时，会将实参的值传递给对应的形参，函数中再利用形参进行运算，得到结果。

3）默认参数

函数的默认参数就是缺省参数，即当调用函数时，如果没有为某些形参传递对应的实参，则这些形参会自动使用默认参数值。

4）关键字参数

在调用函数时，除了前面那种通过位置来体现实参和形参的对应关系的方法（位置参数），还有一种使用关键字参数的方法，其形式为"形参=实参"。

在使用关键字参数调用函数时，实参的传递顺序可以与形参列表中形参的顺序不一致。这样，当一个函数的很多参数都有默认值，而只想对其中一小部分带默认值的参数传递实参时，就可以直接通过关键字参数的方式来进行实参传递，而不必考虑这些带默认值的参数在形参列表中的实际位置。

5）不定长参数

不定长参数，即在调用函数时可以接收任意数量的实参，这些实参在传递给函数时会被封装成元组（位置参数）或字典（关键字参数）形式。一般情况下，不定长参数放在形参表的最后，前面传入的实参与普通形参一一对应，而后面剩余的实参会在被封装成元组或字典后传给不定长参数。

6）拆分参数列表

如果一个函数所需要的参数已经存储在列表、元组或字典中，就可以直接从列表、元组或字典中拆分出函数所需要的参数，其中列表、元组拆分出来的结果作为位置参数，而字典拆分出来的结果作为关键字参数。

7）返回值

通过返回值，可以将函数的计算结果返回到函数调用的位置，从而可以利用函数调用返回的结果再去进行其他运算。前面的很多例子中都利用了 print 函数将计算结果输出在屏幕上，但无法再获取这些显示在屏幕上的结果以参与其他运算。如果希望一个函数的运算结果返回到调用函数的位置，从而可以继续用该结果参与其他运算，那么应使用 return 语句。

8）lambda 函数

lambda 函数也称匿名函数，是一种不使用 def 定义函数的形式，其作用是能快速定义一个简短的函数。lambda 函数的函数体只是一个表达式，所以 lambda 函数通常只能实现比较简单的功能。其语法格式为

     lambda [参数 1[, 参数 2, ⋯, 参数 n]]: 表达式

冒号后面的表达式的计算结果即该 lambda 函数的返回值。

◎ **操作练习 1-14 形参、实参和返回值示例**

按图 1-24 所示输入代码并运行。

机器学习案例分析——基于 Python 语言

```
1  import math
2  def CalCircleArea(r):  #定义名字为CalCircleArea的函数，r是形参
3      s=math.pi*r*r  #计算半径为r的圆的面积
4      return s  #通过return语句将计算结果返回
5  def CalRectArea(a,b):  #定义名字为CalRectArea的函数，a和b是形参
6      s=a*b  #计算边长分别为a和b的长方形的面积
7      return s  #通过return语句将计算结果返回
8
9  a=eval(input('请输入圆的半径：'))
10 s1=CalCircleArea(a)  #调用CalCircleArea函数，a是实参，s1用来保存函数调用返回的计算结果
11 print('半径为%.2f的圆的面积为：%.2f'%(a,s1))  #将计算结果输出
12 x=eval(input('请输入长方形的一条边长：'))
13 y=eval(input('请输入长方形的另一条边长：'))
14 s2=CalRectArea(x,y)  #调用CalRectArea函数，x和y是实参，s2用来保存函数调用返回的计算结果
15 print('边长为%.2f和%.2f的长方形的面积为：%.2f'%(x,y,s2))  #将计算结果输出
```

请输入圆的半径：3
半径为3.00的圆的面积为：28.27
请输入长方形的一条边长：2
请输入长方形的另一条边长：3
边长为2.00和3.00的长方形的面积为：6.00

图 1-24　形参、实参和返回值示例

◎ **操作练习 1–15　默认参数、关键字参数、不定长参数示例**

按图 1-25 所示输入代码并运行。

```
1  def StudentInfo1(name, *args):  #定义函数StudentInfo1，*args是不定长位置参数
2      print('姓名：', name, '，其他：', args)
3  def StudentInfo2(name, **kwargs):  #定义函数StudentInfo2，**kwargs是不定长关键字参数
4      print('姓名：', name, '，其他：', kwargs)
5  def StudentInfo3(name, *args, country='中国'):  #定义函数StudentInfo3，country有默认参数值
6      print('姓名：', name, '，country：', country, '，其他：', args)
7  StudentInfo1('李晓明', '良好', '中国')  #后两个实参被封装为元组传给不定长参数args
8  StudentInfo2('李晓明', 中文水平='良好', 国家='中国')  #后两个实参被封装为字典传给不定长参数kwargs
9  StudentInfo3('李晓明', 19, '良好')  #后两个实参被封装为元组传给不定长参数args，country形参用默认参数值
10 StudentInfo3('大卫', 19, '良好', country='美国')  #第2个和第3个实参被封装为元组传给不定长参数args，通过关键字参数形式给country传实参
```

姓名：李晓明，其他：('良好', '中国')
姓名：李晓明，其他：{'中文水平': '良好', '国家': '中国'}
姓名：李晓明，国家：中国，其他：(19, '良好')
姓名：大卫，国家：美国，其他：(19, '良好')

图 1-25　默认参数、关键字参数、不定长参数示例

◎ **操作练习 1–16　拆分参数列表示例**

按图 1-26 所示输入代码并运行。

第 1 章 基础知识

```
1  def SumVal(*args):  #定义函数SumVal
2      sum=0
3      for i in args:
4          sum+=i
5      print('求和结果为: ',sum)
6  ls=[3, 5.2, 7, 1]
7  SumVal(*ls)  #将ls中的元素拆分出来作为实参,这些实参会再封装为元组传给不定长参数args
```

求和结果为: 16.2

图 1-26　拆分参数列表示例

◎ **操作练习 1-17　lambda 函数示例**

按图 1-27 所示输入代码并运行。

```
1  def FunAdd(f, x, y):  #定义函数FunAdd
2      return f(x)+f(y)  #用传给f的函数先对x和y分别处理后,再求和并返回
3  print(FunAdd(lambda x:x**2, 3, -5))  #调用函数FunAdd,计算3^2+(-5)^2
4  print(FunAdd(lambda x:x**3, 3, -5))  #调用函数FunAdd,计算3^3+(-5)^3
```

34
-98

图 1-27　lambda 函数示例

1.2.5　类和对象

类与对象是面向对象程序设计的两个重要概念。类和对象的关系即数据类型与变量之间的关系，使用一个类可以创建多个对象，而每个对象只能是某一个类的对象。类规定了可以用于存储什么数据，而对象用于实际存储数据。

1. 类的基本概念

一个类中可以包含属性和方法。属性对应一个类可以保存哪些数据，而方法对应一个类可以支持哪些操作。对象是类的实例。

> **提示**　类中的属性对应前面所学习的变量，而类中的方法对应前面所学习的函数。通过类，可以把数据和操作封装在一起，从而使得程序结构更加清晰，这也就是所谓的类的封装性。

1）创建类

使用 class 语句来创建一个新类，class 之后为类的名称，并以冒号结尾。其形式如下：

```
class 类名:
    class_suite    #类体
```

class_suite 由类成员、方法和数据属性组成。

定义了一个类后，就可以创建该类的实例对象，其语法格式如下：

```
类名(参数表)
```

◎ **操作练习 1-19   创建一个空类**

按图 1-28 所示输入代码并运行。

```
1  class Employee:    #定义一个名为Employee的类
2      pass
3  if __name__=='__main__':
4      em=Employee()   #创建Employee的对象，并将创建的对象赋值给变量em
5      print(em)
6
<__main__.Employee object at 0x0000000005D26588>
```

图 1-28 创建一个空类

从输出结果可以看到，em 是 Employee 类的对象，其地址为 0x0000000005D26588。注意，因为每次运行时给对象分配的内存空间可能不同，所以输出的对象地址也会有所不同。

2）类属性及其访问

一个类中可以包含属性和方法，属性对应一个类对象可以保存的数据。可以在定义类时指定该类的属性。

对类属性的访问，既可以通过类名进行，也可以通过该类的对象进行，访问形式如下：

```
类名或对象名.属性名
```

◎ **操作练习 1-19   类属性访问示例**

按图 1-29 所示输入代码并运行。

第1章 基础知识

```
1   class Employee:           #定义一个名为Employee的类
2       name='Unkown'         #定义Employee类中有一个name属性
3   if __name__=='__main__':
4       print('第4行输出：',Employee.name)
5       em1=Employee()        #创建Employee类对象em1
6       em2=Employee()        #创建Employee类对象em2
7       print('第7行输出：em1 %s,em2 %s'%(em1.name,em2.name))
8       Employee.name='未知'  #将Employee的类属性name赋值为'未知'
9       print('第9行输出：',Employee.name)
10      print('第10行输出：em1 %s,em2 %s'%(em1.name,em2.name))
11      em1.name='李晓明'     #将em1的name属性赋值为'李晓明'
12      em2.name='孙俪'       #将em2的name属性赋值为'孙俪'
13      print('第13行输出：',Employee.name)
14      print('第14行输出：em1 %s,em2 %s'%(em1.name,em2.name))
15      Employee.name='员工'  #将Employee类的name属性赋值为'员工'
16      print('第16行输出：',Employee.name)
17      print('第17行输出：em1 %s,em2 %s'%(em1.name,em2.name))
```

第4行输出： Unkown
第7行输出： em1 Unkown,em2 Unkown
第9行输出： 未知
第10行输出： em1 未知,em2 未知
第13行输出： 未知
第14行输出： em1 李晓明,em2 孙俪
第16行输出： 员工
第17行输出： em1 李晓明,em2 孙俪

图1-29 类属性访问示例

> **提示** 从图1-29可以看出，既可以获取类属性的值，也可以对类属性赋值。
> 当创建新对象时，该对象中的类属性的值即定义类时给类属性赋的值。
> 当使用类名对类属性值做修改后，如果对象的该属性没有被重新赋值，则对象的属性值也会随之修改；如果对象的该属性已被重新赋值，则对象的属性值不会随之修改。
> 当使用对象名对属性值做修改后，只会改变该对象的属性值，类和其他对象的该属性值不会随之修改。

3）类中的方法

类中的方法分为两类：普通方法和内置方法。普通方法需要通过类的实例对象根据方法名调用，内置方法是指在特定情况下由系统自动执行。

普通方法要求第一个参数必须对应调用方法时所使用的实例对象（一般命名为self，也可以改为其他名字）。当使用一个实例对象调用类的普通方法时，其语法格式如下：

实例对象名.方法名(实参列表)

常用的内置方法包括构造方法、析构方法、__str__方法等。

- 构造方法：其方法名为__init__，在创建一个类对象时会自动执行，负责完成新创建对象的初始化工作。
- 析构方法：其方法名为__del__，在销毁一个类对象时会自动执行，负责完成待销毁对象的资源清理工作。
- __str__方法：在调用 str 函数对类对象进行处理时或者调用 Python 内置的 format 和 print 函数时自动执行，__str__方法的返回值必须是字符串。

◎ **操作练习 1–20 类的构造方法示例**

按图 1-30 所示输入代码并运行。

```
1  class Employee:  #定义Employee类
2      def __init__(self,name):  #定义构造方法
3          print('构造方法被调用！')
4          self.name=name  #将self对应对象的name属性赋为形参name的值
5      def PrintInfo(self):  #定义普通方法PrintInfo
6          print('姓名：%s'%self.name)  #输出姓名信息
7  if __name__=='__main__':
8      em=Employee('李晓明')  #创建Employee类对象em，自动执行构造方法
9      em.PrintInfo()  #通过em对象调用PrintInfo方法
```

构造方法被调用！
姓名：李晓明

图 1-30 类的构造方法示例

2. 继承与多态

除前面介绍的封装性以外，继承与多态是面向对象程序设计的另外两个重要特性。通过继承，可以基于已有类创建新的类，新类除了继承已有类的所有属性和方法，还可以根据需要增加新的属性和方法。通过多态，可以实现在执行同一条语句时，能根据实际使用的对象类型决定调用哪个方法。

1.2.6 打开、关闭、读/写文件

I/O 编程可以将内存中的数据以文件的形式保存到外存中，从而实现数据的长期保

存及重复利用。同时，也可以利用 os 模块方便地使用与操作系统相关的功能，如生成文件路径、创建不存在的目录，为文件读/写操作提供辅助支持。

1. 打开和关闭文件

使用 open 函数可以打开一个要做读/写操作的文件，其常用形式如下：

```
open(filename,mode='r')
```

其中，filename 是要打开文件的路径；mode 是打开文件的方式（表 1-4），不同文件打开方式可以组合使用。使用 open 函数打开文件后会返回一个文件对象，利用该文件对象可完成文件中数据的读/写操作。

表 1-4 文件打开方式

文件打开方式	描述
'r'	以只读方式打开文件（默认），不允许写数据
'w'	以写方式打开文件，不允许读数据。若文件已存在，会先将文件内容清空；若文件不存在，则会创建新文件
'a'	以追加方式打开文件，不允许读数据。在文件已有数据后继续向文件中写数据，文件不存在时会创建新文件
'b'	以二进制方式打开文件
't'	以文本方式打开文件（默认）
'+'	以读/写方式打开文件，可以读/写数据

使用 open 函数打开文件并完成读/写操作后，必须使用文件对象的 close 方法将文件关闭。

使用 with 语句可以让系统在文件操作完毕后自动关闭文件，从而避免忘记调用 close 方法而不能及时释放文件资源的问题。

◎ **操作练习 1–21　with 语句使用示例**

按图 1-31 所示输入代码并运行。

```
1  with open('D:\\test.txt','w') as f:
2      pass
3  print('文件已关闭: ',f.closed)
```

文件已关闭： True

图 1-31　with 语句使用示例

2. 文件读/写

使用 open 函数打开文件后，即可使用返回的文件对象进行文件读/写操作。下面介绍文件对象中读/写数据的几种方法。

1）write 方法

使用文件对象的 write 方法可以将字符串写入文件中，其语法格式如下：

```
f.write(str)
```

其中，f 是 open 函数返回的文件对象，str 是要写入文件中的字符串。write 方法执行完毕后将返回写入文件中的字符个数。

2）read 方法

使用文件对象的 read 方法可以从文件中读取数据，其语法格式如下：

```
f.read(n=-1)
```

其中，f 是 open 函数返回的文件对象；n 指定了要读取的字节数，默认值为-1，表示读取文件中的所有数据。read 方法将从文件中读取的数据返回。

3）readline 方法

使用文件对象的 readline 方法可以从文件中每次读取一行数据，其语法格式如下：

```
f.readline()
```

其中，f 是 open 函数返回的文件对象。readline 方法将从文件中读取的一行数据返回。

4）readlines 方法

使用文件对象的 readlines 方法可以从文件中按行读取所有数据，其语法格式如下：

```
f.readlines()
```

其中，f 是 open 函数返回的文件对象。readlines 方法将从文件中按行读取的所有数据以列表形式返回。

◎ **操作练习1-22　写文件示例**

按图 1-32 所示输入代码并运行。

```
1  charnum=0
2  with open('D:\\python\\test.txt','w+') as f:
3      charnum+=f.write('Python是一门流行的编程语言！\n')
4      charnum+=f.write('我喜欢学习Python语言！')
5  print('总共向文件中写入的字符数：%d'%charnum)
```

总共向文件中写入的字符数：32

图 1-32　写文件示例

打开文件 D:\python\test.txt，可以看到如下文件内容：

> Python是一门流行的编程语言！
> 我喜欢学习Python语言！

即通过 write 方法向文件中写入了两行字符串。

◎ **操作练习 1-23　读文件示例**

按图 1-33 所示输入代码并运行。

```
1  with open ('D:\\python\\test.txt','r') as f:
2      content1=f.read()
3      content2=f.read()
4  print('content1\n%s'%content1)
5  print('content2\n%s'%content2)
```

```
content1
Python是一门流行的编程语言！
我喜欢学习Python语言！
content2
```

图 1-33　读文件示例

1.2.7　异常处理

异常是指因程序运行时发生错误而产生的信号。如果程序中没有对异常进行处理，则程序会抛出该异常，并停止运行。为了保证程序的稳定性和容错性，需要在程序中捕获可能的异常，并对其进行处理，使得程序不会因异常而意外停止。

Python 通过 try、except 等保留字提供异常处理功能，其语法格式如下：

```
try:
```

```
        try 子句的语句块
except 异常类型 1:
    异常类型 1 的处理语句块
except 异常类型 2:
    异常类型 2 的处理语句块
...
except 异常类型 N:
    异常类型 N 的语句处理块
[else:
    异常处理语句块]
[finally:
    异常处理语句块]
```

try 的工作原理是，当开始一个 try 语句后，Python 就在当前程序的上下文中做标记，这样当异常出现时就可以回到这里，try 子句先执行，接下来会发生什么依赖于执行时是否出现异常。

- 如果 try 子句执行时发生异常，Python 就会执行第一个匹配该异常的 except 子句。异常处理完毕，控制流就完成整个 try 语句的执行，继续执行 try 语句后面的代码（除非在处理异常时又引发新的异常）。
- 如果 try 子句执行时发生异常，却没有匹配的 except 子句，异常将被传递到上层的 try 语句，或者到程序的最上层（这样将结束程序，并打印默认的出错信息）。
- 如果 try 子句执行时没有发生异常，Python 将执行 else 子句（如果有 else 的话）；否则，else 子句不会被执行。
- finally 是 try except 语句的一个可选项。无论 try 子句执行时是否发生异常，finally 子句都会被执行。

除系统提供的异常类型以外，还可以自定义异常。自定义异常是指除了系统提供的异常类型，还可以根据需要定义新的异常。自定义异常，实际上就是以 BaseException 类作为父类创建一个子类。

◎ **操作练习1-24　异常处理示例**

按图 1-34 所示输入代码并运行。

第1章 基础知识

```
1   for i in range(3):
2       try:
3           num=int(input('请输入一个数字：'))
4           print(10/num)
5       except ValueError:
6           print('值错误！')
7       except:
8           print('其他异常！')
9       finally:
10          print('finally子句被执行！')
```

```
请输入一个数字：abc
值错误！
finally子句被执行！
请输入一个数字：0
其他异常！
finally子句被执行！
请输入一个数字：10
1.0
finally子句被执行！
```

图 1-34　异常处理示例

1.3 常用第三方库

1.3.1 NumPy

NumPy（http://www.numpy.org/）是 Numerical Python 的简称，是一个开源的 Python 科学计算库，是 Python 数值计算的基石。它提供多种数据结构、算法，以及大部分 Python 数值计算所需的接口。NumPy 的常用功能如下：

- 快速、高效的多维数组对象 ndarray（N-dimensional Array）。
- 基于元素的数组计算或数组间的数学操作函数。
- 线性代数、傅里叶变换和随机数功能。
- 用于读/写硬盘中基于数组的数据集的工具。
- 成熟的 C 语言 API。

通过 Python 的基础数据结构和强大的标准库，已经能够实现很多数学函数来对数据进行操作，为什么还要选择 NumPy？这里要说明一下 NumPy 的显著优势：

机器学习案例分析——基于 Python 语言

- 对于同样的数值计算任务，使用 NumPy 要比直接编写 Python 代码便捷得多，有时使用 NumPy 的几行代码就可以完成几十行纯 Python 代码的工作。
- NumPy 中数组的存储效率和输入/输出性能均远优于 Python 中等价的基本数据结构，且其能够提升的性能是与数组中的元素成比例的（待处理的数据量越大，NumPy 的效率提升就越大）。
- NumPy 的大部分代码都是用 C 语言编写的，其底层算法在设计时就有着优异的性能。

NumPy 实际上包含了两种基本的数据类型：数组和矩阵。二者在处理上稍有不同。在使用 Python 内置的列表存储和处理数组/矩阵时，需要通过循环语句分别访问每一个元素并完成计算。而在使用 NumPy 时，则可以一次性地完成对所有元素的计算。下面通过使用 NumPy 处理数组的一些例子，使读者对 NumPy 的易用性有一个直观认识。

◎ **操作练习 1-25 NumPy 中的数组操作 1**

按图 1-35 所示输入代码并运行。

```
In [1]:  1  #numpy中的数组操作1
         2  from numpy import array
         3  mm=array((1,1,1))
         4  nn=array((1,2,3))
         5  print(' mm+nn:',mm+nn)

mm+nn: [2 3 4]
```

图 1-35　NumPy 中的数组操作 1

如果使用 Python 内置的列表类型，完成上述功能则需要使用循环。读者可以尝试将待处理的元素分别存储在两个列表中，对两个列表中对应位置的元素分别求和并输出。

另外，在 Python 中对数组的一些数学运算也需要使用循环进行处理，如给数组中的每个元素乘以某个整数，或者求数组的平方，而在 NumPy 中仅用一行代码就可以完成。

◎ **操作练习 1-26 NumPy 中的数组操作 2**

按图 1-36 所示输入代码并运行。

第 1 章 基础知识

```
In [2]:  1  #NumPy中的数组操作2
         2  from numpy import array
         3  mm=array((1,1,1))
         4  nn=array((1,2,3))
         5  pp=mm*3
         6  qq=nn**2
         7  print('pp:',pp)
         8  print('qq:',qq)
pp: [3 3 3]
qq: [1 4 9]
```

图 1-36　NumPy 中的数组操作 2

NumPy 也支持多维数组，多维数组中的元素既可以像列表一样访问，也可以用矩阵方式访问。

◎　操作练习 1-27 NumPy 中的数组操作 3

按图 1-37 所示代码输入并运行。

```
In [3]:  1  #NumPy中的数组操作3
         2  from numpy import array
         3  jj=array([[1,2,3],[1,1,1]])
         4  print('jj[0]:',jj[0])
         5  print('jj[0][1]:',jj[0][1])
         6  print('jj[0,1]:',jj[0,1])
jj[0]: [1 2 3]
jj[0][1]: 2
jj[0,1]: 2
```

图 1-37　NumPy 中的数组操作 3

在 NumPy 中，当把两个数组相乘时，两个数组中的元素将对应相乘。

◎　操作练习 1-28 NumPy 中的数组操作 4

按图 1-38 所示输入代码并运行。

```
In [4]:  1  #NumPy中的数组操作4
         2  from numpy import array
         3  a1=array([1,2,3])
         4  a2=array([0.1,0.2,0.3])
         5  print('a1*a2:',a1*a2)
a1*a2: [0.1 0.4 0.9]
```

图 1-38　NumPy 中的数组操作 4

035

在 NumPy 中，维度被称为轴。例如，对于 array([1,2,1])这个一维数组，其具有一个轴，且该轴有 3 个元素（长度为 3）。而对于 array([[1,0,0],[0,1,2]])这个二维数组，其具有两个轴，第一个轴的长度为 2，第二个轴的长度为 3。

ndarray 是 NumPy 中的数组类，ndarray 类对象具有许多重要属性。例如，对于 ndarray 类对象 a，有以下几项。

- ndim：数组 a 的轴数（尺寸）。
- shape：数组 a 的大小。如果 a 是具有 n 行 m 列的矩阵，则 shape 的值是(n,m)。
- size：数组 a 的元素总数。
- dtype：描述数组 a 中元素类型的对象。

◎ **操作练习 1-29 NumPy 中的数组操作 5**

按图 1-39 所示输入代码并运行。

```
1  import numpy as np
2  from numpy import array
3  a=array([[1,0,0],[0,1,2]]).astype(np.int8)
4  print('a.ndim:',a.ndim)        #输出a.ndim: 2
5  print('a.shape:',a.shape)      #输出a.shape: (2, 3)
6  print('a.size:',a.size)        #输出a.size: 6
7  print('a.dtype',a.dtype)       #输出a.dtype int8
```

a.ndim: 2
a.shape: (2, 3)
a.size: 6
a.dtype int8

图 1-39 NumPy 中的数组操作 5

> **提示** NumPy 的数组类型名是 ndarray，而不是 array，array 是 NumPy 的一个内置函数，其作用是创建 ndarray 类型的数组对象。

下面介绍矩阵。与使用数组一样，需要从 NumPy 中导入 matrix 模块。

◎ **操作练习 1-30 NumPy 中的矩阵操作 1**

按图 1-40 所示输入代码并运行。

第 1 章 基础知识

```
1   #NumPy中的矩阵操作1
2   from numpy import matrix
3   ss=matrix([1,2,3])
4   print('ss:',ss)
5   mm=matrix([1,2,3])
6   print('mm:',mm)
7   #可以访问矩阵中的单个元素
8   print('mm[0,1]:',mm[0,1])
9   #可以把Python的列表转换成NumPy矩阵
10  pylist=[3,7,1024]
11  print('matrix(pylist):',matrix(pylist))
12  #矩阵乘法（左矩阵的列数和右矩阵的行数必须相等）
13  #print(mm*ss) #取消注释会报错，因为不符合矩阵运算法则，此时需要将其中一个矩阵转置
14  print('mm*ss.T:',mm*ss.T) #NumPy数据类型有一个转置方法，可以很方便地进行矩阵乘法运算
```

```
ss: [[1 2 3]]
mm: [[1 2 3]]
mm[0,1]: 2
matrix(pylist): [[   3    7 1024]]
mm*ss.T: [[14]]
```

图 1-40　NumPy 中的矩阵操作 1

◎ **操作练习 1–31 NumPy 中的矩阵操作 2**

按图 1-41 所示输入代码并运行。

```
1   #NumPy中的矩阵操作2
2   import numpy as np
3   from numpy import matrix
4   ss=matrix([1,2,3])
5   print('ss:',ss)
6   mm=matrix([3,2,1])
7   print('mm:',mm)
8   
9   #通过NumPy的shape方法可以查看矩阵或数组的维数
10  print('np.shape(mm):',np.shape(mm))
11  
12  #通过NumPy的multiply方法可以实现矩阵对应元素相乘
13  print('np.multiply(mm,ss):',np.multiply(mm,ss))
14  
15  #通过NumPy的sort方法可以实现对矩阵和数组的排序
16  print('np.sort(mm):',np.sort(mm))
17  
18  #通过NumPy的mean方法可以计算矩阵的均值
19  print('np.mean(mm):',np.mean(mm))
20  
21  #矩阵元素的访问可以通过使用冒号（:）操作符和行号来实现
22  jj=matrix([[1,2,3],[4,5,6]])
23  print('np.shape(jj)',np.shape(jj))
```

图 1-41　NumPy 中的矩阵操作 2

```
24  print('jj[1,:]',jj[1,:])    #取出第2行的元素
25  print('jj[1,0:2]',jj[1,0:2]) #取出第2行、第1-2列的元素
ss: [[1 2 3]]
mm: [[3 2 1]]
np.shape(mm): (1, 3)
np.multiply(mm,ss): [[3 4 3]]
np.sort(mm): [[1 2 3]]
np.mean(mm): 2.0
np.shape(jj) (2, 3)
jj[1,:] [[4 5 6]]
jj[1,0:2] [[4 5]]
```

图 1-41　NumPy 中的矩阵操作 2（续）

NumPy 中除了数组和矩阵数据类型，还提供了很多其他有用的方法，建议读者浏览完整的官方文档（http://docs.scipy.org/doc/）。

当然，读者也可以随时通过 help 函数查看模块、类型、对象、方法、属性的详细信息，以及通过 dir 函数查看一个类或者对象所具有的属性和方法，如图 1-42 所示。

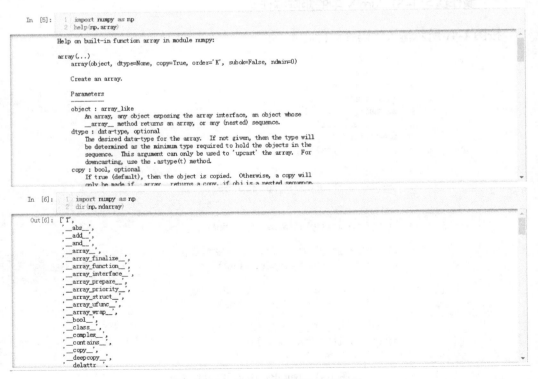

图 1-42　help 和 dir 函数的使用示例

第 1 章 基础知识

1.3.2 SciPy

SciPy（https://www.scipy.org/）是一个基于 Python 的数学、科学和工程开源软件生态系统，是科学计算领域针对不同标准问题域的包集合。以下是 SciPy 的一些核心包。

- NumPy：基本 N 维数组包。
- SciPy 库：科学计算的基础库。
- Matplotlib：全面的 2D 绘图包。
- IPython：增强交互式控制台。
- SymPy：符号数学包。
- Pandas：数据结构和分析包。

SciPy 和 NumPy 一起为很多传统科学计算应用提供了合理、完整、成熟的计算基础。

接下来，看一下使用 SciPy 进行最小二乘拟合的例子。假设有一组包含 m 个样本的实验数据 $\{(x_1,y_1), (x_2,y_2), \cdots, (x_m,y_m)\}$，它们之间的函数关系是 $y = f(x)$。通过这些已知信息，需要确定函数中的一些参数项。例如，如果 f 是一个线性函数 $f(x) = kx+b$，那么 k 和 b 就是需要确定的参数项。如果将这些参数用 p 表示的话，那么就要找到一组 p 值使得下式中的 S 函数最小：

$$S(p) = \sum_{i=1}^{m}[y_i - f(x_i, p)]^2 \qquad (1.3)$$

这种算法称为最小二乘拟合（Least-square Fitting）。

SciPy 中的子函数库 optimize 已经提供了实现最小二乘拟合算法的 leastsq 函数。下面是用 leastsq 函数进行数据拟合的一个例子，这个例子中要拟合的函数是一个正弦波函数，它有三个参数 A、k 和 theta，分别对应振幅、频率和相角。假设实验数据是一组包含噪声的数据(x, y1)，其中 y1 是在真实数据 y0 的基础上加入噪声得到的数据。通过 leastsq 函数对带噪声的实验数据(x, y1)进行数据拟合，可以估算出 x 和真实数据 y0 之间的正弦关系中的三个参数 A、k 和 theta。

◎ 操作练习 1-32 使用 SciPy 进行最小二乘拟合

按图 1-43 所示输入代码并运行。

```python
#使用SciPy进行最小二乘拟合
import numpy as np
from scipy.optimize import leastsq
import matplotlib.pyplot as plt

def func(x, p):
    #数据拟合所用的函数: A*sin(2*pi*k*x+theta)
    A, k, theta = p
    return A*np.sin(2*np.pi*k*x+theta)

def residuals(p, y, x):
    #实验数据目标值y和拟合函数输出值之间的差,x为实验数据输入值,p为拟合需要找到的系数
    return y-func(x, p)

x = np.linspace(0, -2*np.pi, 100)
A, k, theta = 10, 0.34, np.pi/6 #真实数据的函数参数
y0 = func(x, [A, k, theta]) #真实数据
y1 = y0 + 2*np.random.randn(len(x)) #加入噪声后的实验数据

p0 = [7, 0.2, 0] #函数拟合参数初始值

#调用leastsq进行数据拟合
#residuals为计算误差的函数
#p0为拟合参数的初始值
#args为需要拟合的实验数据
plsq = leastsq(residuals, p0, args=(y1,x))

print('真实参数: ', [A, k, theta])
print('拟合参数', plsq[0]) #实验数据拟合后的参数

plt.rcParams['font.sans-serif'] = ['SimHei'] #用来正常显示中文
plt.rcParams['axes.unicode_minus']=False #用来正常显示负号

plt.figure(figsize=(16,8))
plt.plot(x, y0, label='真实数据')
plt.plot(x, y1, label='带噪声的实验数据')
plt.plot(x, func(x, plsq[0]), label='拟合数据')
plt.legend()
plt.show()
```

图 1-43 使用 SciPy 进行最小二乘拟合

图 1-44 所示是程序的输出结果。

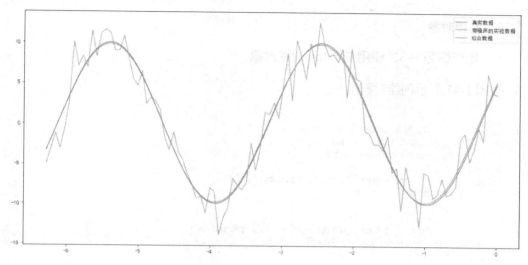

图 1-44 最小二乘拟合输出结果

1.3.3 Pandas

Pandas（https://pandas.pydata.org/）是基于 NumPy 的一个广受欢迎的数据分析库，它提供了高级的数据结构和函数，简化了数据分析过程，非常适合应用于数据清洗、分析、建模和可视化。

Pandas 将表格和关系型数据库的灵活数据操作能力与 NumPy 的高性能数组计算的理念相结合。它提供复杂的索引函数，使得数据的重组、切块、切片、聚合、子集选择更为简单。

Pandas 适合处理许多不同类型的数据：
- 不同列可能具有不同数据类型的表格数据。
- 有序和无序（不一定是固定频率）时间序列数据。
- 具有行和列标签的任意矩阵数据（相同或不同类型）。
- 其他形式的观测/统计数据集。

Series（1D）和 DataFrame（2D）是 Pandas 的两个主要数据结构，用于处理金融、统计、社会科学和许多工程领域中的绝大多数典型问题。下面给出 Pandas 的简单应用示例。

1. 创建对象

◎ 操作练习 1-33 使用 Pandas 创建对象

按图 1-45 所示创建对象。

```
In [22]:
1  #使用Pandas创建Series和DataFrame对象
2  import numpy as np
3  import pandas as pd
4  #创建Series对象
5  s = pd.Series([1, 3, 5, np.nan, 6, 8])
6  print('s:\n', s)
7
8  #创建日期时间索引
9  dates = pd.date_range('20190101', periods=6)
10 print('dates:\n', dates)
11
12 #创建DataFrame对象
13 df = pd.DataFrame(np.random.randn(6, 4), index=dates, columns=list('ABCD'))
14 print('df:\n', df)
15
16 #通过字典创建DataFrame对象
17 df2 = pd.DataFrame({'A': 1.,
18                    'B': pd.Timestamp('20130102'),
19                    'C': pd.Series(1, index=list(range(4)), dtype='float32'),
20                    'D': np.array([3] * 4, dtype='int32'),
21                    'E': pd.Categorical(["test", "train", "test", "train"]),
22                    'F': 'foo'})
23 print('df2:\n', df2)
```

图 1-45 使用 Pandas 创建对象

图 1-46 所示是创建的对象。

2. 查看数据

Pandas 对象具有许多属性，利用这些属性可以轻松访问元数据。

- shape：给出对象的轴尺寸，与 ndarray 一致。
- 轴标签。
- Series：对元素的索引（仅一个轴）。
- DataFrame：对行的索引和列的索引。

```
s:
0    1.0
1    3.0
2    5.0
3    NaN
4    6.0
5    8.0
dtype: float64
dates:
DatetimeIndex(['2019-01-01', '2019-01-02', '2019-01-03', '2019-01-04',
               '2019-01-05', '2019-01-06'],
              dtype='datetime64[ns]', freq='D')
df:
                    A         B         C         D
2019-01-01   1.543600  0.863570  1.110529  1.650878
2019-01-02   2.610637  0.087202  1.805222  1.170702
2019-01-03   1.183505  0.487852  1.362096  0.862153
2019-01-04  -0.320214 -0.560621 -0.244361  0.475748
2019-01-05  -0.041857 -1.437923 -0.273307  0.571745
2019-01-06   1.683024 -0.394536 -1.009612  0.914525
df2:
     A         B    C    D    E     F
0  1.0  2013-01-02  1.0  3   test  foo
1  1.0  2013-01-02  1.0  3  train  foo
2  1.0  2013-01-02  1.0  3   test  foo
3  1.0  2013-01-02  1.0  3  train  foo
```

图 1-46　使用 Pandas 创建的对象

◎ **操作练习 1-34　查看数据**

按图 1-47 所示输入代码并运行。

```
1  #Pandas数据查看
2  df = pd.DataFrame(np.random.randn(100, 4), index=pd.date_range('20190101', periods=100), columns=list('ABCD'))
3  print('df:\n', df)
4  print('df.head():\n', df.head())      #head方法可以查看series或DataFrame的头部数据，默认显示元素数为5，但可以传递自定义数字
5  print('df.tail(2):\n', df.tail(2))    #tail方法可以查看series或DataFrame的尾部数据，默认显示元素数为5，但可以传递自定义数字
6  print('df.index:', df.index)          #显示标签
7  print('df.columns:', df.columns)      #显示列名
```

图 1-47　查看数据

图 1-48 和图 1-49 是数据查看结果。从图 1-48 可以看出，当输出数据较多时，实际上只会输出开始和结束的若干数据，中间用省略号表示。

```
df:
                   A         B         C         D
2019-01-01  1.100438  0.643183  0.276488 -1.390338
2019-01-02 -0.095475  0.999983  0.513919 -0.235539
2019-01-03  1.016806 -0.201018  0.338871  0.818867
2019-01-04 -1.321893 -1.777216 -0.908573  0.045185
2019-01-05 -0.247779  0.223639 -0.264190 -0.042144
2019-01-06  1.136435 -0.292732 -0.562803  1.346155
2019-01-07  0.166565 -0.851430  0.847278 -0.182437
2019-01-08  0.650451  2.037141  0.384849  1.310528
2019-01-09 -0.040418  1.388102  2.270461  0.227880
2019-01-10 -1.691863  1.561273 -0.739266  0.450572
2019-01-11  0.617300  0.990967  0.241235 -0.551913
2019-01-12  0.253565  1.394045  1.294191 -1.434346
2019-01-13 -1.043495  1.955937 -0.221778  0.124173
2019-01-14 -0.834552 -1.002728  0.330116  1.492310
2019-01-15 -0.260360  0.858829 -0.878705 -0.063137
2019-01-16  0.448422 -0.759629 -1.222457  0.420151
2019-01-17  0.115261  0.343586 -1.755108 -0.677726
2019-01-18  1.730542  3.011439 -0.242821  0.481931
2019-01-19  0.204556 -1.281325  0.201227 -0.294174
2019-01-20 -0.291241 -1.793755 -0.770071  1.388527
2019-01-21  1.489958 -0.006102 -0.021058  0.836381
2019-01-22  0.123310  0.979337  2.107448 -1.336721
2019-01-23 -0.142927 -0.880648 -1.319562 -1.109496
2019-01-24 -0.216460 -0.290183  0.223165 -0.166871
2019-01-25 -1.657792  0.511163  0.381339  0.433376
2019-01-26  0.959803 -0.662246  1.540986 -0.083727
2019-01-27 -0.998066  0.030525  0.994355  1.387874
2019-01-28 -0.144172  0.966007 -0.605474 -0.006904
2019-01-29 -1.335310 -0.948437  0.345824 -0.773179
2019-01-30 -2.570024 -1.415084  1.000184  0.134697
   ...          ...       ...       ...       ...
2019-03-12  0.141174  0.836271  0.064250 -0.324696
2019-03-13 -0.015762  0.971606  0.075213 -0.708435
2019-03-14  0.047207 -1.066179 -0.689695  0.693965
2019-03-15  0.612266 -0.019301 -1.461751 -1.325204
2019-03-16  0.820539 -0.074281 -1.542868 -0.279496
2019-03-17  1.092718  1.969179  0.245399  0.208943
2019-03-18  1.784676  1.639976  0.433950 -0.847160
2019-03-19  0.818289  0.173959 -0.703846  0.770536
2019-03-20 -0.705271  0.314199  0.109172  1.262906
2019-03-21  0.905150  0.373001 -0.420009 -2.655648
2019-03-22 -0.140729 -1.133499 -0.762788 -0.302158
2019-03-23  1.653089  0.356846 -2.467829  0.879318
2019-03-24  0.592821 -0.852881 -0.854876  0.286302
2019-03-25  0.134396  2.213247  1.995434  0.825903
2019-03-26  0.445021  0.692508 -0.717320 -2.063348
2019-03-27 -0.367792  0.655919  1.013226 -1.948899
2019-03-28 -2.279224  1.213489 -0.030474 -1.418133
2019-03-29 -0.534151  0.289385 -0.074366 -1.434284
2019-03-30  0.124403  0.748473  1.237496 -0.768039
2019-03-31  0.249263  0.222232 -0.106083  0.948729
2019-04-01 -0.329853  0.269575 -0.640335 -1.314575
2019-04-02  0.202763 -0.154176 -0.073098 -0.735626
2019-04-03  0.095898  0.638155  0.131144 -1.300953
2019-04-04  0.944505  1.597544  0.656388 -0.481274
2019-04-05  1.127056 -1.063610  0.326198  2.936479
2019-04-06 -0.088204  1.160791  0.521961 -0.551191
2019-04-07  0.370773 -1.646322 -0.426409 -1.312874
2019-04-08 -1.494696 -0.127890  1.950750 -0.361651
2019-04-09  0.308061  0.569480 -0.103899  1.487999
2019-04-10 -0.780768  0.661501 -0.028117  1.055297

[100 rows x 4 columns]
```

图 1-48 数据查看结果 1（右侧数据实际上在左侧数据的下方）

```
df.head():
                  A         B         C         D
2019-01-01  1.100438  0.643183  0.276488 -1.390338
2019-01-02 -0.095475  0.999983  0.513919 -0.235539
2019-01-03  1.016806 -0.201018  0.338871  0.818867
2019-01-04 -1.321893 -1.777216 -0.908573  0.045185
2019-01-05 -0.247779  0.223639 -0.264190 -0.042144
df.tail(2):
                  A         B         C         D
2019-04-09  0.308061  0.569480 -0.103899  1.487999
2019-04-10 -0.780768  0.661501 -0.028117  1.055297
df.index: DatetimeIndex(['2019-01-01', '2019-01-02', '2019-01-03', '2019-01-04',
                '2019-01-05', '2019-01-06', '2019-01-07', '2019-01-08',
                '2019-01-09', '2019-01-10', '2019-01-11', '2019-01-12',
                '2019-01-13', '2019-01-14', '2019-01-15', '2019-01-16',
                '2019-01-17', '2019-01-18', '2019-01-19', '2019-01-20',
                '2019-01-21', '2019-01-22', '2019-01-23', '2019-01-24',
                '2019-01-25', '2019-01-26', '2019-01-27', '2019-01-28',
                '2019-01-29', '2019-01-30', '2019-01-31', '2019-02-01',
                '2019-02-02', '2019-02-03', '2019-02-04', '2019-02-05',
                '2019-02-06', '2019-02-07', '2019-02-08', '2019-02-09',
                '2019-02-10', '2019-02-11', '2019-02-12', '2019-02-13',
                '2019-02-14', '2019-02-15', '2019-02-16', '2019-02-17',
                '2019-02-18', '2019-02-19', '2019-02-20', '2019-02-21',
                '2019-02-22', '2019-02-23', '2019-02-24', '2019-02-25',
                '2019-02-26', '2019-02-27', '2019-02-28', '2019-03-01',
                '2019-03-02', '2019-03-03', '2019-03-04', '2019-03-05',
                '2019-03-06', '2019-03-07', '2019-03-08', '2019-03-09',
                '2019-03-10', '2019-03-11', '2019-03-12', '2019-03-13',
                '2019-03-14', '2019-03-15', '2019-03-16', '2019-03-17',
                '2019-03-18', '2019-03-19', '2019-03-20', '2019-03-21',
                '2019-03-22', '2019-03-23', '2019-03-24', '2019-03-25',
                '2019-03-26', '2019-03-27', '2019-03-28', '2019-03-29',
                '2019-03-30', '2019-03-31', '2019-04-01', '2019-04-02',
                '2019-04-03', '2019-04-04', '2019-04-05', '2019-04-06',
                '2019-04-07', '2019-04-08', '2019-04-09', '2019-04-10'],
               dtype='datetime64[ns]', freq='D')
df.columns: Index(['A', 'B', 'C', 'D'], dtype='object')
```

图 1-49　数据查看结果 2

3. 选择数据

Pandas 目前支持多种类型的多轴索引。

- .loc：基于标签进行数据选择，但也可以与布尔数组一起使用。.loc 通过标签选择数据，即通过 index 和 columns 的值进行行和列的选取。如果找不到相应标签，则会引发 KeyError 异常。

- .iloc：基于索引值（从 0 开始的整数）进行数据选择，但也可以与布尔数组一起使用。.iloc 通过行号和列号选择数据，如果索引值越界，则会引发 IndexError 异常。
- []：直接索引（行标签、行号或列标签）。
- at/iat 通过行列标签/行列号获取某个数值的具体位置。
- .loc、.iloc，以及[]均接收一个索引器。

◎ **操作练习 1-35 数据选择 1**

按图 1-50 所示输入代码并运行。

```python
#Pandas数据选择1
import numpy as np
import pandas as pd
dates=pd.date_range('20190101',periods=6)
df = pd.DataFrame(np.random.randn(6, 4), index=dates, columns=list('ABCD'))
print(df)
print("*******************选择列***********************")
print(df.A)    #选择列
print("*******************行切片***********************")
print(df[0:3])    #通过索引值对行进行切片
print(df['20190102':'20190104'])    #通过标签对行进行切片
print("*******************按标签选择***********************")
print(df.loc[dates[0]])    #按标签选择一行
print(df.loc[:,['A','B']])    #按标签选择多列
print(df.loc['20190102':'20190104',['A','B']])    #按标签选择多行多列
print(df.loc[['20190102',['A','B']])    #按标签选择一行多列
print(df.loc[dates[0],'A'])    #通过传递的标签选择一个元素
print(df.at[dates[0],'A'])    #通过传递的标签快速选择一个元素（与前一条语句功能相同）
print("*******************按位置选择***********************")
print(df.iloc[3])    #通过传递的整数索引选择一行
print(df.iloc[3:5,0:2])    #通过传递的整数索引选择多行多列
print(df.iloc[[1,2,4],[0,2]])    #通过传递的整数索引选择指定的多行多列
print(df.iloc[1:3,:])    #通过传递的整数索引选择多行
print(df.iloc[:,1:3])    #通过传递的整数索引选择多列
print(df.iloc[1,1])    #通过传递的整数索引选择一个元素
print(df.iat[1,1])    #通过传递的标签快速选择一个元素（与前一条语句功能相同）
```

图 1-50 数据选择 1

图 1-51 所示是数据选择结果。

```
                    A         B         C         D
2019-01-01 -0.085758  1.032796  1.655784  2.139599
2019-01-02 -0.297357  0.506643 -0.118326  1.455117
2019-01-03 -0.303065  0.216818 -1.230328  0.641357
2019-01-04  0.627704  1.283851  1.998556 -0.382947
2019-01-05  0.166100  0.952250 -0.416056  0.706273
2019-01-06  1.082643 -0.503553 -0.597850  0.254217
*******************选择列******************
2019-01-01   -0.085758
2019-01-02   -0.297357
2019-01-03   -0.303065
2019-01-04    0.627704
2019-01-05    0.166100
2019-01-06    1.082643
Freq: D, Name: A, dtype: float64
*******************行切片******************
                    A         B         C         D
2019-01-01 -0.085758  1.032796  1.655784  2.139599
2019-01-02 -0.297357  0.506643 -0.118326  1.455117
2019-01-03 -0.303065  0.216818 -1.230328  0.641357
                    A         B         C         D
2019-01-02 -0.297357  0.506643 -0.118326  1.455117
2019-01-03 -0.303065  0.216818 -1.230328  0.641357
2019-01-04  0.627704  1.283851  1.998556 -0.382947
*******************按标签选择****************
A   -0.085758
B    1.032796
C    1.655784
D    2.139599
Name: 2019-01-01 00:00:00, dtype: float64
                    A         B
2019-01-01 -0.085758  1.032796
2019-01-02 -0.297357  0.506643
2019-01-03 -0.303065  0.216818
2019-01-04  0.627704  1.283851
2019-01-05  0.166100  0.952250
2019-01-06  1.082643 -0.503553
                    A         B
2019-01-02 -0.297357  0.506643
2019-01-03 -0.303065  0.216818
2019-01-04  0.627704  1.283851
A   -0.297357
B    0.506643
Name: 2019-01-02 00:00:00, dtype: float64
-0.0857581652788932
-0.0857581652788932
*******************按位置选择****************
A    0.627704
B    1.283851
C    1.998556
D   -0.382947
Name: 2019-01-04 00:00:00, dtype: float64
                    A         B
2019-01-04  0.627704  1.283851
2019-01-05  0.166100  0.952250
                    A         C
2019-01-02 -0.297357 -0.118326
2019-01-03 -0.303065 -1.230328
2019-01-05  0.166100 -0.416056
                    A         B         C         D
2019-01-02 -0.297357  0.506643 -0.118326  1.455117
2019-01-03 -0.303065  0.216818 -1.230328  0.641357
                    A         B         C
2019-01-01  1.032796  1.655784
2019-01-02  0.506643 -0.118326
2019-01-03  0.216818 -1.230328
2019-01-04  1.283851  1.998556
2019-01-05  0.952250 -0.416056
2019-01-06 -0.503553 -0.597850
0.506642590325306
0.506642590325306
```

图 1-51　数据选择结果（右侧数据实际上在左侧数据的下方）

◎ **操作练习 1-36　数据选择 2**

按图 1-52 所示输入代码并运行。

```
1  #Pandas数据选择2
2  import numpy as np
3  import pandas as pd
4  df1 = pd.DataFrame(np.random.randn(6,4), index=list('abcdef'), columns=list('ABCD'))
5  print(df1)
6  print(df1.loc[lambda df:df.A>0, :])
7  print(df1.loc[:, lambda df:['A','B']])
8  print(df1.iloc[:, lambda df:[0,1]])
9  print(df1[lambda df:df.columns[0]])
10 print(df1.A.loc[lambda s:s>0])
```

```
          A         B         C         D
a -0.150348  0.246443 -1.370265 -0.597252
b  0.883363  1.541488  0.917465 -2.288810
c  0.030287 -1.873974 -0.650580  0.152400
d -1.001042  0.281777  0.221592  1.260827
e  0.592222 -0.199220 -1.050117  0.009344
f  0.065886 -1.543732 -0.554311 -0.712047
          A         B         C         D
b  0.883363  1.541488  0.917465 -2.288810
c  0.030287 -1.873974 -0.650580  0.152400
e  0.592222 -0.199220 -1.050117  0.009344
f  0.065886 -1.543732 -0.554311 -0.712047
          A         B
a -0.150348  0.246443
b  0.883363  1.541488
c  0.030287 -1.873974
d -1.001042  0.281777
e  0.592222 -0.199220
f  0.065886 -1.543732
          A         B
a -0.150348  0.246443
b  0.883363  1.541488
c  0.030287 -1.873974
d -1.001042  0.281777
e  0.592222 -0.199220
f  0.065886 -1.543732
a   -0.150348
b    0.883363
c    0.030287
d   -1.001042
e    0.592222
f    0.065886
Name: A, dtype: float64
b    0.883363
c    0.030287
e    0.592222
f    0.065886
Name: A, dtype: float64
```

图 1-52　数据选择 2

4. 缺失数据填充

Pandas 主要使用 np.nan 来表示缺失数据。默认情况下，它不包含在计算中。

第1章 基础知识

1）检测缺失值

为了检测缺失值，Pandas 提供了 isna 和 notna 函数进行缺失值检测。

◎ **操作练习1-37 Pandas 中 isna 和 notna 函数的应用**

按图 1-53 所示输入代码并运行。

```
1  #Pandas中isna和notna函数的应用
2  import numpy as np
3  import pandas as pd
4  df = pd.DataFrame(np.random.randn(5,3), index=['a','c','e','f','h'], columns=['one','two','three'])
5  df['four'] = 'bar'
6  df['five'] = df['one']>0
7  print(df)
8  df2 = df.reindex(['a','b','c','d','e','f','g','h'])
9  print(df2)
10 print(pd.isna(df2['one'])) #isna函数判断数据是否为空，为空则返回True，否则返回False
11 print(pd.notna(df2['four'])) #notna函数判断数据是否为空，为空返则回True，否则返回False
```

```
        one       two     three four   five
a -0.090427  0.005138 -0.778245  bar  False
c  1.007054  1.432778  1.223913  bar   True
e  0.317726  1.658755 -0.322001  bar   True
f -0.097757 -2.633289  2.092692  bar  False
h -0.394218  0.848981 -0.876671  bar  False
        one       two     three four   five
a -0.090427  0.005138 -0.778245  bar  False
b       NaN       NaN       NaN  NaN    NaN
c  1.007054  1.432778  1.223913  bar   True
d       NaN       NaN       NaN  NaN    NaN
e  0.317726  1.658755 -0.322001  bar   True
f -0.097757 -2.633289  2.092692  bar  False
g       NaN       NaN       NaN  NaN    NaN
h -0.394218  0.848981 -0.876671  bar  False
a    False
b     True
c    False
d     True
e    False
f    False
g     True
h    False
Name: one, dtype: bool
a     True
b    False
c     True
d    False
e     True
f     True
g    False
h     True
Name: four, dtype: bool
```

图 1-53　Pandas 中 isna 和 notna 函数的应用

2）填充缺失值

Fillna 函数可以通过几种方式用非 NA 数据"填充" NA 值，具体填充方法如表 1-5 所示。

表 1-5 具体填充方法

方　　法	填　充　方　向
pad/ffill	用上一个非缺失值填充当前缺失值
backfill/bfill	用下一个非缺失值填充当前缺失值
指定值	指定一个值去替换缺失值，默认为 None

◎ **操作练习 1-38　用 fillna 函数填充缺失值**

按图 1-54 所示输入代码并运行。

```
#缺失值填充1
import numpy as np
import pandas as pd
df = pd.DataFrame(np.random.randn(5,3), index=['a','c','e','f','h'], columns=['one','two','three'])
df['four'] = 'bar'
df['five'] = df['one']>0
df2 = df.reindex(['a','b','c','d','e','f','g','h'])
print(df2)

df_fill1 = df2.fillna(0)
df_fill2 = df2.fillna(method='pad')     #pad/ffill: 用上一个非缺失值填充当前缺失值
df_fill3 = df2.fillna(method='backfill') #backfill/bfill: 用下一个非缺失值填充当前缺失值
print(df_fill1)
print(df_fill2)
print(df_fill3)
```

图 1-54　用 fillna 函数填充缺失值

图 1-55 所示是用 fillna 函数填充缺失值的结果。

```
         one       two     three four   five
a  -0.660200  0.092220  0.519268  bar  False
b        NaN       NaN       NaN  NaN    NaN
c   0.100881 -0.030741  0.941015  bar   True
d        NaN       NaN       NaN  NaN    NaN
e  -0.568698  0.487734 -0.179911  bar  False
f   2.717303  0.455078  0.023695  bar   True
g        NaN       NaN       NaN  NaN    NaN
h  -0.810665  1.578462  1.697710  bar  False
         one       two     three four   five
a  -0.660200  0.092220  0.519268  bar  False
b   0.000000  0.000000  0.000000    0      0
```

图 1-55　用 fillna 函数填充缺失值的结果

```
c  0.100881 -0.030741  0.941015 bar  True
d  0.000000  0.000000  0.000000   0     0
e -0.568698  0.487734 -0.179911 bar False
f  2.717303  0.455078  0.023695 bar  True
g  0.000000  0.000000  0.000000   0     0
h -0.810665  1.578462  1.697710 bar False
        one       two     three four  five
a -0.660200  0.092220  0.519268 bar False
b -0.660200  0.092220  0.519268 bar False
c  0.100881 -0.030741  0.941015 bar  True
d  0.100881 -0.030741  0.941015 bar  True
e -0.568698  0.487734 -0.179911 bar False
f  2.717303  0.455078  0.023695 bar  True
g  2.717303  0.455078  0.023695 bar  True
h -0.810665  1.578462  1.697710 bar False
        one       two     three four  five
a -0.660200  0.092220  0.519268 bar False
b  0.100881 -0.030741  0.941015 bar  True
c  0.100881 -0.030741  0.941015 bar  True
d -0.568698  0.487734 -0.179911 bar False
e -0.568698  0.487734 -0.179911 bar False
f  2.717303  0.455078  0.023695 bar  True
g -0.810665  1.578462  1.697710 bar False
h -0.810665  1.578462  1.697710 bar False
        one       two     three four  five
a -0.660200  0.092220  0.519268 bar False
b -0.660200  0.092220  0.519268 bar False
c  0.100881 -0.030741  0.941015 bar  True
d  0.100881 -0.030741  0.941015 bar  True
e -0.568698  0.487734 -0.179911 bar False
f  2.717303  0.455078  0.023695 bar  True
g  2.717303  0.455078  0.023695 bar  True
h -0.810665  1.578462  1.697710 bar False
```

图 1-55　用 fillna 函数填充缺失值的结果（续）

3）使用对象填充缺失值

还可以使用对齐的字典或者 Series 填充缺失值，前提是字典的标签或者 Series 的索引必须与要填充的列匹配。接下来看均值填充的例子。

◎ **操作练习 1-39　均值填充缺失值**

按图 1-56 所示输入代码并运行。

```
1  #缺失值填充2
2  import numpy as np
3  import pandas as pd
4  df = pd.DataFrame(np.random.randn(10,3), columns=list('ABC'))
5  df.iloc[3:5,0] = np.nan
6  df.iloc[4:6,1] = np.nan
7  df.iloc[5:8,2] = np.nan
8  print(df)
9  print(df.fillna(df.mean()))
10 print(df.fillna(df.mean()['B':'C']))
```

```
          A         B         C
0 -0.927394 -1.026110  0.131532
1  0.799316  0.314517  0.461399
2  0.135837  0.399498  1.002694
3       NaN  0.910281 -2.315723
4       NaN       NaN  0.430784
5  0.839320       NaN       NaN
6  1.254450  0.635747       NaN
7  0.466848  2.039438       NaN
8 -0.170425 -0.113993  0.280558
9 -0.241494  0.198840 -1.341959
          A         B         C
0 -0.927394 -1.026110  0.131532
1  0.799316  0.314517  0.461399
2  0.135837  0.399498  1.002694
3  0.269557  0.910281 -2.315723
4  0.269557  0.419777  0.430784
5  0.839320  0.419777 -0.192959
6  1.254450  0.635747 -0.192959
7  0.466848  2.039438 -0.192959
8 -0.170425 -0.113993  0.280558
9 -0.241494  0.198840 -1.341959
          A         B         C
0 -0.927394 -1.026110  0.131532
1  0.799316  0.314517  0.461399
2  0.135837  0.399498  1.002694
3       NaN  0.910281 -2.315723
4       NaN  0.419777  0.430784
5  0.839320  0.419777 -0.192959
6  1.254450  0.635747 -0.192959
7  0.466848  2.039438 -0.192959
8 -0.170425 -0.113993  0.280558
9 -0.241494  0.198840 -1.341959
```

图 1-56　均值填充缺失值

5. Pandas 数据类型和 NumPy 中 ndarray 数据类型的转换

在大数据分析中，常用的两个数据分析包就是 NumPy 和 Pandas，而 Pandas 正是基于 NumPy 构建的含有更高级数据结构和工具的数据分析包，在金融领域应用非常广泛。在实际的工程中，经常遇到的问题是 NumPy 的 ndarray 数据结构与 Pandas 的 Series 和 DataFrame 数据结构之间的相互转换问题。前面在介绍 Series 和 DataFrame 对象的创建方法时，已看到如何利用 ndarray 创建这两个 Pandas 对象。下面介绍将 Pandas 的 Series 对象和 DataFrame 对象转换为 ndarray 的方法。

◎ **操作练习1-40　数据类型转换**

按图 1-57 所示输入代码并运行。

```
1  #数据类型转换
2  import numpy as np
3  import pandas as pd
4  ser = pd.Series(pd.date_range('2000', periods=2, tz='CET'))
5  print('ser.values:\n', ser.values)
6  print('type(ser.values):\n', type(ser.values))
7  df = pd.DataFrame({'A':[1,2],'B':[3.0,4.5]})
8  print('df.values:\n', df.values)
9  print('type(df.values):\n', type(df.values))
```

```
ser.values:
 ['1999-12-31T23:00:00.000000000' '2000-01-01T23:00:00.000000000']
type(ser.values):
 <class 'numpy.ndarray'>
df.values:
 [[1.  3. ]
 [2.  4.5]]
type(df.values):
 <class 'numpy.ndarray'>
```

图 1-57　数据类型转换

1.3.4　Matplotlib

Matplotlib 是一个 Python 2D 绘图库，可以生成各种硬拷贝格式和跨平台的交互式环境的出版物质量数据。它还提供了一整套和 Matlab 相似的命令 API，十分适合交互式制图。也可以方便地将它作为绘图控件，嵌入 GUI 应用程序。通过 Matplotlib，开发者仅需要几行代码，便可以生成直方图、功率谱、条形图、错误图、散点图等。

使用 Matplotlib 绘图前需要先安装 Matplotlib 库。具体安装步骤如下。

打开 Anaconda Prompt，输入 conda install matplotlib，安装完成后，即可使用 Matplotlib 进行图形绘制。

下面通过几个例子，让读者更好地理解和学习 Matplotlib 绘图的一些基本概念。

Matplotlib 的 pyplot 子库提供了和 Matlab 类似的绘图 API，以方便用户快速绘制 2D 图表。

◎ **操作练习 1-41　使用 Matplotlib 快速绘图**

按图 1-58 所示输入代码并运行。

```python
#使用matplotlib快速绘图
import numpy as np
import matplotlib.pyplot as plt

x = np.linspace(0, 10, 1000)
y = np.sin(x)
z = np.cos(x**2)

plt.figure(figsize=(16,8))
plt.plot(x,y,label='$sin(x)$',color='red',linewidth=2)
plt.plot(x,z,'b--',label='$cos(x^2)$')
plt.xlabel('Times(s)')
plt.ylabel('Volt')
plt.title('PyPlot First Example')
plt.ylim(-1.2,1.2)
plt.legend()
plt.show()
```

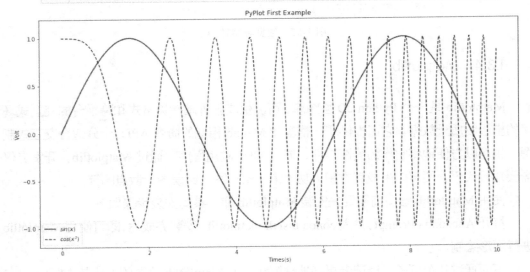

图 1-58　使用 Matplotlib 快速绘图

第 1 章 基础知识

一个绘图对象（figure）可以包含多个轴（axis），在 Matplotlib 中用轴表示一个绘图区域，可以将其理解为子图。上面的第一个例子中，绘图对象只包括一个轴，因此只显示了一个轴（子图）。可以使用 subplot 函数快速绘制有多个轴的图表。subplot 函数的调用形式如下：

```
subplot(numRows, numCols, plotNum)
```

subplot 函数将整个绘图区域等分为 numRows（行）×numCols（列）个子区域，然后按照从左到右、从上到下的顺序对每个子区域进行编号，左上的子区域的编号为 1。如果 numRows、numCols 和 plotNum 这三个数都小于 10，则可以把它们缩写为一个整数，如 subplot(323) 和 subplot(3,2,3) 是相同的。Subplot 函数在 plotNum 指定的区域中创建一个轴对象。如果新创建的轴和之前创建的轴重叠，则之前的轴将被删除。

◎ **操作练习1-42　使用 Matplotlib 中的 subplot 函数绘制多轴图**

按图 1-59 所示输入代码并运行。

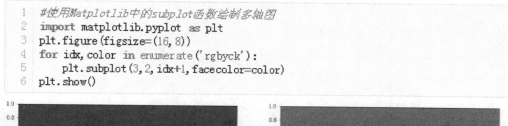

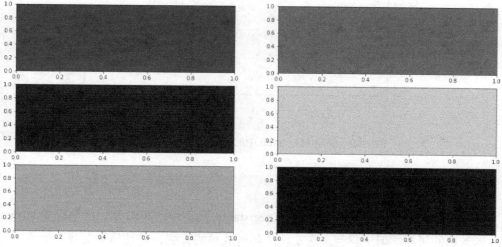

图 1-59　使用 Matplotlib 中的 subplot 函数绘制多轴图

使用 Matplotlib 也可以方便地进行条形图、饼图等各种图表的绘制。下面的例子调用 scatter 函数实现散点图的绘制。

◎ **操作练习 1-43** 使用 Matplotlib 中的 scatter 函数绘制散点图

按图 1-60 所示输入代码并运行。

```
1  #使用Matplotlib中的scatter函数绘制散点图
2  import numpy as np
3  import matplotlib.pyplot as plt
4  x = np.linspace(1,10,10)
5  y = np.linspace(1,10,10)
6  plt.scatter(x,y)
7  plt.ylabel('y value')
8  plt.xlabel('x value')
9  plt.title('Scatter Figure')
10 plt.show()
```

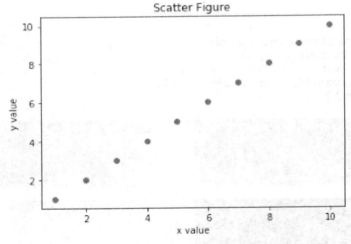

图 1-60　使用 Matplotlib 中的 scatter 函数绘制散点图

1.3.5　Scikit-learn

Scikit-learn 项目（https://scikit-learn.org/stable/）诞生于 2010 年，目前已成为 Python 开发者首选的机器学习工具包。它实现了各种成熟的算法，并且易于安装与使用。

它包含以下模块。
- 分类：支持向量机（SVM）、最近邻、随机森林、逻辑回归等。
- 回归：支持向量回归（SVR）、岭回归、套索等。
- 聚类：k-means、谱聚类、均值漂移等。
- 维度降低：主成分分析（PCA）、特征选择、矩阵分解等。
- 型号选择：网络搜索、交叉验证、指标矩阵。
- 预处理：预提取、特征提取。

Scikit-learn 框架还提供了一些常用的数据集，如表 1-6 所示。

表 1-6　Scikit-learn 常用数据集

序号	数据集名称	调用方式	数据描述
1	鸢尾花数据集	load_iris()	用于多分类任务的数据集
2	波士顿房价数据集	load_boston()	用于回归任务的经典数据集
3	糖尿病数据集	load_diabetes()	用于回归任务的经典数据集
4	手写数字数据集	load_digits()	用于多分类任务的数据集
5	乳腺癌数据集	load_breast_cancer()	用于二分类任务的经典数据集
6	体能训练数据集	load_linnerud()	用于多变量回归任务的经典数据集

Scikit-learn 中除包含上述常用数据集之外，还封装了大量的其他数据集，读者可以通过 help 命令查看 Scikit-learn 中封装的数据集，如图 1-61 所示。

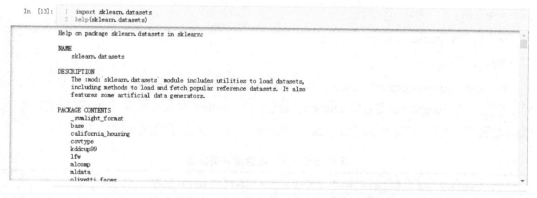

图 1-61　用 help 命令查看 Scikit-learn 中封装的数据集

1.4 案例分析

1.4.1 网络爬虫及信息提取

1. 问题描述

从网络中获取的大量信息,是目前数据分析工作中的一个常用数据来源。这里,通过一个简单的实验,掌握如何从网络中下载网页内容并从网页中提取需要的数据。

具体要求:从百度新闻中根据指定关键词进行搜索,并下载指定条数的新闻标题,将这些标题显示在屏幕上或输出到文件中。

2. 求解思路和相关知识介绍

1) 获取网页数据

本实验使用 requests 库的 get 函数从指定网页上下载数据,其使用方法描述如下:

get(url, params=None, **kwargs)

作用:发送一个 get 请求。

url:指定要从哪个网址获取网页数据。

params(可选):在请求时发送的字典、元组列表或字节类型的数据。

**kwargs:一些可选参数。

返回:Response 类对象。

例如,通过:

request=requests.get(url, timeout=30, headers=headersParameters)

可以创建一个 Response 类对象 request。通过这个 request 对象,可以从 url 对应的网址下载网页数据,超时设置为 30 秒,headersParameters 中保存了请求头的信息,如:

代码清单 1-1　设置请求头信息

```
headersParameters = {  #发送 HTTP 请求时的 HEAD 信息
    'Connection': 'Keep-Alive', # Connection 决定当前的事务完成后,是否会关闭
网络连接。如果该值是"Keep-Alive",则网络保持连接
```

第1章 基础知识

```
            'Accept': 'text/html, application/xhtml+xml, */*', #浏览器支持的媒
体类型，text/html 代表 HTML 格式，application/xhtml+xml 代表 XHTML 格式，*/* 代表浏
览器可以处理所有类型的媒体
            'Accept-Language':'en-US,en;q=0.8,zh-Hans-CN;q=0.5,zh-Hans;
                q=0.3', #浏览器声明自己支持的语言
            'Accept-Encoding': 'gzip, deflate', #浏览器声明自己支持的编码方式，通
常指定压缩、是否支持压缩、支持什么方式压缩（gzip/default）
            'User-Agent': 'Mozilla/6.1 (Windows NT 6.3; WOW64; Trident/7.0;
rv:11.0) like Gecko' #告诉 HTTP 服务器客户端浏览器使用的操作系统和浏览器的版本和名称
            }
```

2）从网页数据中提取信息

下载的网页数据中包含了大量信息，但通常只有部分信息是我们需要的。因此，需要使用正则表达式对网页数据进行匹配，提取出需要的那些信息。在设计正则表达式前，需要先分析要提取的信息在网页中对应的 HTML 代码。在浏览器中访问网页，按 **F12** 键调出浏览器的调试工具（单击图 1-62 中的箭头），查看页面上的元素，然后查看要获取元素的 HTML 代码（图 1-62 中红框所示）。

图 1-62 网页调试页面示例

根据图 1-63 中的信息，可以设计出如下正则表达式：

```
    r'<h3 class="c-title">([\s\S]*?)</h3>'
```

即匹配以**<h3 class="c-title">**开始、以**</h3>**结束的字符串，[\s\S]*?表示匹配尽可能短的内容。

匹配结果中虽然包含了要提取的标题信息，但还包含<…>等无关的 HTML 标记，因此，还需要通过 re.sub 函数去除 title 中多余的 HTML 标记，如：

```
re.sub(r'<[^>]+>','',title) #去除title中的所有HTML标记
```

```
2470  <h3 class="c-title">
2471    <a href="http://edu.enorth.com.cn/system/2019/07/18/037477903.shtml"
2472       data-click="{
2473         'f0':'77A717EA',
2474         'f1':'9F63F1E4',
2475         'f2':'4CA6DE6E',
2476         'f3':'54E5243F',
2477         't':'1563436930'
2478         }"
2479
2480              target="_blank"
2481
2482     >
2483       <em>南开大学</em>科学营:观《别有洞天》 探科技奥妙
2484     </a>
2485  </h3>
```

图 1-63　新闻标题对应的 HTML 代码

3）数据显示和文件保存

假设已将新闻标题保存在了 titles 中，则可以通过 for 循环将这些新闻标题显示在屏幕上，如：

代码清单 1-2　使用 for 循环显示新闻标题

```
no=1
for title in titles:
    print(str(no)+':'+title)
    no+=1
```

按类似的方法，也可以将新闻标题写入 filepath 所对应的文件中，如：

代码清单 1-3　将新闻标题写入文件

```
with open(filepath, 'w') as f: #使用with语句，使得操作完毕后文件能够自动关闭
    no=1
    for title in titles:
        f.write(str(no)+':'+title+'\n')
        no+=1
```

第1章 基础知识

3. 代码实现及分析

代码清单1-4给出了本实验网络爬虫的完整代码,请读者在自己的计算机中实现并测试该系统。

代码清单1-4 网络爬虫完整代码

```python
#导入库
import re
import requests
from urllib.parse import quote  #导入quote方法对URL中的字符进行编码
#定义BaiduNewsCrawler类
class BaiduNewsCrawler:  #定义BaiduNewsCrawler类
    headersParameters = {  #发送HTTP请求时的HEAD信息
        'Connection': 'Keep-Alive',
        'Accept': 'text/html, application/xhtml+xml, */*',
        'Accept-Language':
        'en-US,en;q=0.8,zh-Hans-CN;q=0.5,zh-Hans;q=0.3',
        'Accept-Encoding': 'gzip, deflate',
        'User-Agent':
        'Mozilla/6.1 (Windows NT 6.3; WOW64; Trident/7.0; rv:11.0) like Gecko'
    }
    def __init__(self, keyword, timeout):  #定义构造方法
        self.url='https://www.baidu.com/s?rtt=1&bsst=1&cl=2&tn=news&rsv_dl=ns_pc&word=' + quote(keyword) + '&x_bfe_rqs=03E80&x_bfe_tjscore=0.002213&tngroupname=organic_news&pn='  #要爬取的新闻网址
        self.timeout=timeout  #连接超时时间设置(单位:秒)
        self.titles = []

    def GetHtml(self, startIdx):  #定义GetHtml方法
        request=requests.get(self.url+str(startIdx), timeout=self.timeout, headers=self.headersParameters)    #根据指定网址爬取网页
        self.html=request.text  #获取新闻网页内容
```

```python
        def GetTitles(self, recnum):  #定义GetTitles方法
            titles = re.findall(r'<h3 class="c-title">([\s\S]*?)</h3>',self.html)    #匹配新闻标题
            for i in range(len(titles)):            #对于每一个标题
                temp=re.sub(r'<[^>]+>','',titles[i])        #去除所有HTML标记, 即<…>
                self.titles.append(temp.strip())        #将标题两边的空白符去掉
                if len(self.titles)==recnum:
                    break

        def PrintTitles(self):  #定义PrintTitles方法
            no=1
            for title in self.titles:  #显示标题
                print(str(no)+':'+title)
                no+=1

        def ExportToFile(self, filepath):  #定义ExportToFile方法,将标题输出到文件中
            with open(filepath, 'w') as f:
                no=1
                for title in self.titles:
                    f.write(str(no)+':'+title+'\n')
                    no+=1

        def GetTitlesNum(self):  #定义GetTitlesNum方法, 返回已获取的新闻标题数
            return len(self.titles)
    #测试BaiduNewsCrawler类
    if __name__ == '__main__':
        bnc = BaiduNewsCrawler('南开大学',30)  #创建BaiduNewsCrawler类对象
        oldStartIdx = startIdx = 0
        recnum = 45  #要获取的新闻标题数
        while startIdx<recnum:
            bnc.GetHtml(startIdx)  #获取新闻网页的内容
```

第1章 基础知识

```
            bnc.GetTitles(recnum)    #获取新闻标题
            startIdx = bnc.GetTitlesNum()   #得到已获取的新闻标题数
            print('已获取'+str(startIdx)+'条新闻标题')
bnc.PrintTitles()    #显示新闻标题
bnc.ExportToFile('newstitlelist.txt')    #将新闻标题保存到文件中
```

4. 实验结果及分析

代码运行后,将在屏幕上显示爬取进度和提取的新闻标题,如下所示:

已获取 10 条新闻标题

已获取 20 条新闻标题

已获取 30 条新闻标题

已获取 40 条新闻标题

已获取 45 条新闻标题

1:南开大学商学院 MBA "天团导师" 工程校友导师公开课第一讲《易经与…

2:南开大学科学营:观《别有洞天》 探科技奥妙

3:南开大学吴志成教授做客中国政法大学名家论坛

4:南开大学第 21 届研究生支教团成员风采展示

5:南开大学科学营:电光科技 日新月异

……

同时,会在当前目录下创建文件名为 newstitlelist.txt 的文本文件,打开该文件后同样可看到新闻标题信息。

> **提示** 这里所说的当前目录指的是 Jupyter Notebook 的默认目录。Windows 下 Jupyter Notebook 默认启动路径就是当前 cmd 启动 Jupyter 的路径,可以通过命令行查看当前路径,然后去当前路径下查看是否新增了一个名为 newstitlelist.txt 的文件。

1.4.2 股票数据图表绘制

1. 问题描述及数据集获取

以图表形式展示数据,能够更加清晰地表达数据的整体信息,这是数据分析工作

机器学习案例分析——基于 Python 语言

中经常会使用的数据可视化方法。本实验中,以股票数据为例,进行烛台图和条形图的绘制。

股票数据集的获取有多种方式,这里使用 tushare 包来实现。tushare 是一个免费、开源的 Python 财经数据接口包,主要实现对股票等金融数据从数据采集、清洗加工到数据存储的过程,能够为金融分析人员快速提供整洁、多样、便于分析的数据,在数据获取方面极大地减轻他们的工作量,使他们更加专注于策略和模型的研究与实现。

2. 求解思路和相关知识介绍

1) 获取股票数据

本实验使用 tushare 的 get_k_data 函数获取股票 k 线数据,关于该函数使用的完整帮助信息如下:

```
get_k_data(code=None, start='', end='', ktype='D', autype='qfq', index=False, retry_count=3, pause=0.001)
```

函数的主要参数和数据属性如表 1-7 和表 1-8 所示。

表 1-7 get_k_data 函数主要参数

参数名称	参数类型	参数说明
code	string	股票代码:支持沪深 A、B 股,支持全部指数,支持 ETF 基金
start	string	开始日期 format:YYYY-MM-DD,为空时取上市首日
end	string	结束日期 format:YYYY-MM-DD,为空时取最近一个交易日
ktype	string	数据类型,D 表示日 k 线,W 表示周,M 表示月,5 表示 5 分钟,15 表示 15 分钟,30 表示 30 分钟,60 表示 60 分钟,默认为 D
autype	string	复权类型,qfq 表示前复权,hfq 表示后复权,None 表示不复权,默认为 qfq
index	string	是否为指数,默认为 False,设定为 True 时认为 code 为指数代码
retry_count	int	如遇网络等问题重复执行的次数,默认为 3
pause	int	重复请求数据过程中暂停的秒数,防止请求间隔时间太短出现的问题,默认为 0

表 1-8 get_k_data 函数数据属性

属性名称	属性说明
date	交易日期(index)
open	开盘价
close	收盘价
high	最高价

续表

属性名称	属性说明
low	最低价
volume	成交量
amount	成交额
turnoverratio	换手率
code	股票代码

本实验中只指定 code（股票代码）和 start（开始日期）这两个参数完成股票数据的获取，如通过：

```
import tushare as ts
ts.get_k_data('002739','2019-01-01')
```

可获取代码为 002739 的股票从 2019-01-01 开始到现在的数据。返回的是一个 DataFrame 格式数据（详情参见 Pandas 库）。部分股票数据集如表 1-9 所示。

表 1-9 部分股票数据集

number	date	open	close	high	low	volume	code
0	2019-01-02	21.88	21.92	22.36	21.81	80427.0	002739
1	2019-01-03	21.88	21.55	22.08	21.30	71771.0	002739
2	2019-01-04	21.34	21.78	21.93	20.89	106128.0	002739
3	2019-01-07	21.88	22.37	22.58	21.80	114516.0	002739
4	2019-01-08	22.25	22.06	22.46	21.88	83388.0	002739
5	2019-01-09	22.00	21.99	22.25	21.71	106919.0	002739

2）数据格式转换

使用 Matplotlib 绘制图表时，要求传入 NumPy 的 ndarray 类型的数据。因此，在绘制图表前，需要先将 DataFrame 格式数据转换为 ndarray 类型，如：

```
self.mat_wdyx = wdyx.values
```

其中，wdyx 是 DataFrame 格式的股票数据，self.mat_wdyx 则是 NumPy 的 ndarray 类型的数据。

另外，图表中将日期作为坐标轴标签时，要求使用数值类型的日期数据，而不能传入字符串类型的日期数据。因此，需要将股票数据中第 1 列字符串格式的日期数据转换为数值格式：

代码清单 1-5　日期格式转换

```
from matplotlib.pylab import date2num #导入date2num函数，用于日期格式转换
import datetime #导入datetime模块，用于进行日期数据处理
num_time = [] #定义一个空列表
for date in dates: #对于每一个日期，将其转为数值格式
    date_time = datetime.datetime.strptime(date,'%Y-%m-%d')
    #将字符串类型的日期转为datetime.datetime类型
    num_date = date2num(date_time) #将datetime.datetime类型的日期转为数值类型
    num_time.append(num_date) #将数值格式的日期追加到num_time尾部
```

其中，dates 中保存了字符串类型的日期数据，num_time 中保存了转换后的数值类型的日期数据。

3）图表绘制

需要绘制的图表中包含两个子图，一个子图中显示烛台图，另一个子图中显示条形图。因此，首先创建一个包含两个子图的图表：

代码清单 1-6　创建图表

```
import matplotlib.pyplot as plt #导入Matplotlib包的pyplot模块，用于绘制图表
import mpl_finance as mpf #导入mpl_finance模块，用于绘制烛台图
fig, (ax1, ax2) = plt.subplots(2, sharex=True, figsize=(15,8))
```

然后，分别在两个子图中完成烛台图和条形图的绘制。

最后，通过 plt.show 函数显示图表。

> **提示**　Anaconda 默认安装的包中不包括 mpl_finance 和 tushare 包，所以需要用户自己单独安装。打开 Anaconda Prompt，使用以下命令安装 mpl_finance 和 tushare 包。
> 　　pip install mpl_finance
> 　　pip install tushare

3. 代码实现及分析

代码清单 1-7 给出了绘制股票数据图表的完整代码，请读者在自己的计算机中实现

并测试该系统。

代码清单1-7 绘制股票数据图表的完整代码

```python
#导入库
import matplotlib.pyplot as plt #导入Matplotlib包的pyplot模块，用于绘制图表
from matplotlib.pylab import date2num #导入date2num函数，用于日期格式转换
import mpl_finance as mpf #导入mpl_finance模块，用于绘制烛台图
import tushare as ts #导入tushare模块，用于获取股票数据
import datetime #导入datetime模块，用于进行日期数据处理
#定义StockPlot类
class StockPlot:
    #定义date_to_num方法，将传入的字符串格式的日期转换为数值格式的日期
    def date_to_num(self, dates):
        num_time = [] #定义一个空列表
        for date in dates: #对于每一个日期，将其转为数值格式
            date_time = datetime.datetime.strptime(date,'%Y-%m-%d') #将字符串类型的日期转为datetime.datetime类型
            num_date = date2num(date_time) #将datetime.datetime类型的日期转为数值类型
            num_time.append(num_date) #将数值格式的日期追加到num_time尾部
        return num_time

    #定义fetch_data方法，根据传入的股票代码（code）和字符串形式的开始日期（begdate）获取要显示的股票数据
    def fetch_data(self, code, begdate):
        wdyx = ts.get_k_data(code, begdate) #调用tushare模块的get_k_data函数获取股票k线数据（DataFrame）
        self.mat_wdyx = wdyx.values #获取numpy.ndarray类型的数据
        self.mat_wdyx[:,0] = self.date_to_num(self.mat_wdyx[:,0]) #用转换后的数值类型的日期替换原来的字符串类型的日期
```

```python
    def plot(self):
        #创建一个包含两个子图的图表
        fig, (ax1, ax2) = plt.subplots(2, sharex=True, figsize=(15,8))

        #在第一个子图中绘制烛台图
        mpf.candlestick_ochl(ax1, self.mat_wdyx, width=1.0, colorup = 'g', colordown = 'r')
        ax1.set_title('Candlesticks')
        ax1.set_ylabel('Price')
        ax1.grid(True)
        ax1.xaxis_date()

        #在第二个子图中绘制条形图
        plt.bar(self.mat_wdyx[:,0]-0.25, self.mat_wdyx[:,5], width=0.5)
        ax2.set_ylabel('Volume')
        ax2.grid(True)

        #显示图表
        plt.show()
#测试StockPlot类
if __name__=='__main__':
    sp = StockPlot() #创建StockPlot类对象
    sp.fetch_data('002739','2019-01-01') #获取股票数据
    sp.plot() #绘制股票数据图表
```

4. 实验结果及分析

代码运行后，结果如图 1-64 所示。图 1-64 分为上、下两个子图，上方的子图以烛台图的形式显示了股票数据，而下方的子图以条形图的形式显示了股票数据。

第 1 章 基础知识

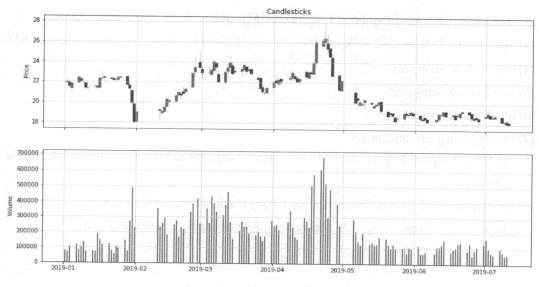

图 1-64　用烛台图和条形图展示股票数据

1.5　本章小结

本章简要介绍了机器学习的基本概念、Python 开发环境的安装和使用、Python 语言的基础语法，以及一些常用的 Python 库，并且通过两个案例为读者展现了使用 Python 解决实际问题的方法。本书选用 Python 作为实现机器学习算法的编程语言，为了后续更好地学习和理解机器学习算法，对于不熟悉 Python 编程语言的读者，建议先利用参考文献[1]结合我们在中国大学 MOOC 开设的《Python 编程基础》（南开大学　王恺等）课程（登录中国大学 MOOC 后输入网址：http://www.icourse163.org/learn/preview/NANKAI-1205696807?tid=1205995212#/learn/announce）掌握 Python 编程基础知识。

1.6　参考文献

[1] 王恺, 王志, 李涛, 朱洪文. Python 语言程序设计[M]. 北京：机械工业出版社, 2019.

[2] Wes Mckinney. 利用 Python 进行数据分析[M]. 北京：机械工业出版社, 2018.

[3] Yuxing Yan. Python 金融实战[M]. 张少军, 严玉星, 译. 北京：人民邮电出版社, 2017.

[4] http://www.numpy.org/.

[5] https://www.scipy.org/.

[6] https://pandas.pydata.org/.

[7] https://scikit-learn.org/stable/.

[8] Python--Matplotlib（基本用法）. https://blog.csdn.net/qq_34859482/article/details/80617391.

[9] NumPy 基础知识. https://blog.csdn.net/xiligey1/article/details/80268138.

[10] Pandas 入门. https://blog.csdn.net/weixin_38300566/article/details/85777206.

第 2 章

分类案例

数据分类问题作为大数据领域的一个重要研究方向，其研究手段在近几年变得越来越智能化和工具化，基于机器学习的分类问题是近年来研究的热点和重点。解决分类问题的方法很多，基本的分类方法主要包括：线性分类器、决策树、朴素贝叶斯、人工神经网络、k近邻（KNN）、支持向量机（Support Vector Machine）等；另外，还有用于组合基本分类器的集成学习算法，集成学习的代表算法有随机森林、Adaboost、Xgboost等。

2.1 员工离职预测

2.1.1 问题描述及数据集获取

员工离职是每一家企业都要面对的问题，特别是优秀人才离职的问题会让企业领导特别头疼。员工离职是不可预测的吗？这里通过 Kaggle 上某家企业员工离职的真实数据来对离职率进行分析建模，实现对员工离职进行预测。

本问题所使用的数据集为 Kaggle 上的员工离职数据集（下载地址：https://www.kaggle.com/jiangzuo/hr-comma-sep），其中 hr_comma_sep.csv 的规模为 14999×10，数据集部分内容如图 2-1 所示。

	satisfaction_level	last_evaluation	number_project	average_montly_hours	time_spend_company	Work_accident	left	promotion_last_5years	sales	sal:
0	0.38	0.53	2	157	3	0	1	0	sales	
1	0.80	0.86	5	262	6	0	1	0	sales	medi
...	...	...	...	...	...	...	...	...	...	
14997	0.11	0.96	6	280	4	0	1	0	support	
14998	0.37	0.52	2	158	3	0	1	0	support	

14999 rows × 10 columns

图 2-1 员工离职数据集部分内容

该数据集是某公司员工的离职数据，其中包括 14999 个样本，以及 10 个特征，这 10 个特征分别是：员工对公司满意度、最新考核评估、项目数、平均每月工作时长、工作年限、是否出现工作事故、是否离职、过去 5 年是否升职、岗位、薪资水平。

第 2 章 分类案例

2.1.2 求解思路和相关知识介绍

为实现对员工离职的预测，本小节使用的方法是线性分类器。线性分类器主要由两部分组成：一部分是假设函数，它是原始图像数据到类别的映射。另一部分是损失函数，使用线性分类器分类的问题可转化为最优化问题，在最优化过程中，通过更新假设函数的参数值来最小化损失函数值，从而找到最优解。

常用的线性分类器有基本线性分类器、最小二乘线性分类器、感知器和逻辑回归分类器。这里将使用 Python 编写程序实现前三种线性分类器，逻辑回归分类器直接调用 sklearn 包实现。关于逻辑回归分类器的原理介绍请读者参考附录 A.1。

1. 基本线性分类器

基本线性分类器的原理是先计算目标值为 1 的所有正例数据的重心和目标值为 0 的所有负例数据的重心，然后计算出与正例重心和负例重心距离相等的超平面，即可利用该超平面对数据进行分类。

基本线性分类器的处理过程：

（1）对训练集中目标值为 1 的正例逐属性求均值，得到正例重心 $C^+=\{c^{1+}, c^{2+}, \cdots, c^{m+}\}$。

$$c^{i+} = \frac{1}{m}\sum_{j=1}^{m} x_j^{i+} \tag{2.1}$$

其中，m 为目标值为 1 的样例的个数，i 表示第 i 个属性，j 表示第 j 个样例。

（2）同理可得负例重心 $C^-=\{c^{1-}, c^{2-}, \ldots, c^{n-}\}$。

$$c^{i-} = \frac{1}{n}\sum_{j=1}^{n} x_j^{i-} \tag{2.2}$$

其中，n 为目标值为 0 的样例的个数。

（3）正例重心和负例重心相减得到权重向量 w，其第 i 个分量为 $w_i = c^{i+} - c^{i-}$。

（4）求得正例重心和负例重心的中点 C，其第 i 个分量为 $c^i = (c^{i+} + c^{i-})/2$。

（5）对测试集的每个样本 x 与权重 w 做点乘，将 $T = w^\mathrm{T}C$ 作为分类阈值，若结果大于 T，则将 x 分类为 1，否则将其分类为 0。

2. 最小二乘线性分类器

最小二乘法认为在预测值与实际值之间的均方误差最小时，预测值和实际值最接近，求得此时的 w 和 b 即求解结果。当输入只有一种属性时，w 和 b 的求解公式为

$$(w^*, b^*) = \arg\min_{(w,b)} \sum_{i=1}^{m} (f(x_i) - y_i)^2 \tag{2.3}$$

均方误差有非常好的几何意义，它对应常用的欧氏距离。在线性回归中，最小二乘法就是试图找到一条直线，使所有样本到直线的欧氏距离之和最小。

更一般的情形是数据集 D 中的样本由 d 个属性描述，此时的预测函数为

$$f(x_i) = w^T x_i + b \tag{2.4}$$

为了便于统一讨论，将 w 和 b 合并得到向量 $\hat{w} = (w; b)$。相应地，把数据集 D 表示为一个规模为 $m \times (d+1)$ 的矩阵 X，每行对应一个样本，该行前 d 个元素对应样本的 d 个属性值，最后一个元素恒置为 1（运算时对应 $\hat{w}$ 中最后一个元素 b）。此时预测函数可以重写为

$$y = X\hat{w} \tag{2.5}$$

求解 $\hat{w}$ 的目标损失函数为

$$w^* = \arg\min_{\hat{w}} (y - X\hat{w})^T (y - X\hat{w}) \tag{2.6}$$

公式（2.6）实际上就是计算目标值与模型输出值的均方误差，读者可尝试将该公式按样本展开。将该损失函数对 $\hat{w}$ 求导，令导数为 0。此处补充矩阵求导公式以供读者参考：

$$\frac{\partial x^T a}{\partial x} = \frac{\partial a^T x}{\partial x} = a \tag{2.7}$$

$$\frac{\partial x^T A a}{\partial x} = Ax + A^T x \tag{2.8}$$

将损失函数展开为 $y^T y - y^T X\hat{w} - \hat{w}^T X^T y + \hat{w}^T X^T X\hat{w}$，然后对每项使用上述求导公式得到结果 $2X^T(X\hat{w} - y)$。令上式为 0 可以求得 $\hat{w}$。当 $X^T X$ 为满秩矩阵时，可按公式（2.9）计算 $\hat{w}$：

$$\hat{w} = (X^T X)^{-1} X^T y \tag{2.9}$$

第 2 章 分类案例

3. 感知器

感知器作为人工神经网络中最基本的单元,由多个输入和一个输出组成。虽然本书的目的是介绍多个神经单元互联的网络,但还是需要先对单个神经单元进行研究。

感知器算法的主要流程描述如下。

假设有 n 个输入(每个样本有 n 个属性),将每个输入值加权求和,然后判断结果是否达到某一阈值 v。若达到,则输出 1(表示分类为正例),否则输出-1(表示分类为负例)。

$$o(x_1, x_2, \cdots, x_n) = \begin{cases} 1, \text{if } w_1 x_1 + w_2 x_2 + \cdots + w_n x_n > v \\ -1, \text{其他} \end{cases} \quad (2.10)$$

为了统一表达式,将上面的阈值 v 设为 $-w_0$,并新增变量 $x_0 = 1$,这样就可以使用 $w_0 x_0 + w_1 x_1 + w_2 x_2 + \cdots + w_n x_n > 0$ 来代替上面的 $w_1 x_1 + w_2 x_2 + \cdots + w_n x_n > v$。因此有:

$$o(x) = o(x_0, x_1, x_2, \cdots, x_n) = \begin{cases} 1, \text{if } w \cdot x > 0 \\ -1, \text{其他} \end{cases} \quad (2.11)$$

从上面的公式可知,当权值向量 $w = \{w_0, w_1, \cdots, w_n\}$ 确定时,就可以利用感知器来分类。

训练集线性可分时,为了得到可接受的权值,通常从随机的权值开始,然后利用训练集反复训练权值,最后得到能够正确分类尽可能多样本的权向量。

具体算法过程描述如下:

(1)随机初始化权向量 $w = (w_0, w_1, \cdots, w_n)$。

(2)对于每个训练样本 x_i,按公式(2.12)计算其预测输出(其中,sign(·)为符号函数,参数大于 0 时返回 1,小于 0 时返回-1,等于 0 时返回 0):

$$o(x_i) = \text{sign}(w \cdot x_i) \quad (2.12)$$

(3)当预测值不等于真实值时,利用如下公式修改权向量:

$$w += \eta y_i x_i \quad (2.13)$$

(4)重复第(2)和(3)步,直到训练集中没有被错分的样例。

修改权向量的公式(2.13)的推导过程如下。

感知机的损失函数定义为 $L(w) = -\sum_{x_i \in M} y_i (w x_i)$,其中 M 为分类错误的样本集合。

损失函数对于 w 的偏导数为 $-\sum_{x_i \in M} y_i x_i$。采用梯度下降法对 w 进行更新，则有：

$$w+ = \eta \sum_{x_i \in M} y_i x_i \qquad (2.14)$$

其中，η 为更新的步长，也叫学习速率。由于采用随机梯度下降，所以每次仅采用一个误分类的样本来计算梯度，假设采用第 i 个样本来更新梯度，则可得到公式（2.13）所示的简化后的权向量梯度下降迭代公式。

2.1.3　代码实现及分析

本案例的求解过程比较简单，主要难点在于分类器的定义，下面给出各个分类器的具体实现。

1. 导入包与数据集加载处理，参见代码清单 2-1。

代码清单 2-1　导入包与数据集加载处理

```
import pandas as pd
import numpy as np
from sklearn.model_selection import train_test_split
from sklearn.linear_model import LogisticRegression
from sklearn.metrics import accuracy_score
import numpy.linalg as lin
from sklearn.feature_extraction import DictVectorizer
from sklearn.preprocessing import StandardScaler
# 获取数据集
data = pd.read_csv('HR_comma_sep.csv')
# 从数据集中抽出是否离职标签 y
y = data.left
# 将数据集中标签 y 删除
data = data.drop('left',axis=1)
# 数据字典化
data = data.to_dict(orient='records')
# 字典特征抽取
# 调用 DictVectorizer 使字典向量化
transfer = DictVectorizer(sparse=False)
```

```python
data_new = transfer.fit_transform(data)
# 特征预处理——标准化
transfer = StandardScaler()
x = transfer.fit_transform(data_new)
# 数据集划分
xtrain,xtest,ytrain,ytest = train_test_split(x,y,test_size=0.1,random_state=10)
```

2. 基本线性分类器,参见代码清单 2-2。

代码清单 2-2　基本线性分类器

```python
# 基本线性分类器
class BaseLinearClassifier:
    def __init__(self, w=np.zeros((20, 1))):
        # 私有属性不允许多继承
        self.weight = w

    # 查看权重系数
    @property
    def get_weight(self):
        return self.weight

    # 训练函数
    def fit(self, xtrain, ytrain):
        # 得到正例索引
        index1 = np.where(ytrain == 1)
        # 正例重心
        pos_centriod = np.mean(xtrain[index1[0]], axis=0)
        # 得到负例索引
        index2 = np.where(ytrain == 0)
        # 负例重心
        neg_centriod = np.mean(xtrain[index2[0]], axis=0)
        # 得到权重向量
        self.weight = pos_centriod - neg_centriod
        # 计算阈值
```

```python
        T = np.dot(self.weight, 1 / 2 * (pos_centriod + neg_centriod))
        return T

    # 准确率测试
    def score(self, xtest, ytest, threshold):
        # 测试集预测类别
        predict = []
        for i in xtest:
            # 大于阈值,标签为1
            if np.dot(i, self.weight) >= threshold:
                predict.append(1)
            # 反之为0
            else:
                predict.append(0)
        accuracy = accuracy_score(ytest, predict)
        return accuracy
```

3. 最小二乘线性分类器,参见代码清单 2-3。

代码清单 2-3　最小二乘线性分类器

```python
# 定义最小二乘线性分类器
class LeastSquareError(BaseLinearClassifier):
    def __init__(self):
        super().__init__()

    # 重写训练方法
    # 利用正规方程得到解析解
    def fit(self, xtrain, ytrain):
        self.weight = np.dot(np.matmul(lin.inv(np.matmul(xtrain.T, xtrain)), xtrain.T), ytrain)

    # 准确率测试
    def score(self, xtest, ytest, threshold=0):
        predict = []
        for i in xtest:
```

```python
            if np.dot(i, self.weight) > 0:
                predict.append(1)
            else:
                predict.append(0)
        accuracy = accuracy_score(ytest, predict)
        return accuracy

    @property
    def get_weight(self):
        return self.weight
```

4. 感知器,参见代码清单 2-4。

代码清单 2-4　感知器

```python
# 感知器
class Perceptron(BaseLinearClassifier):
    def __init__(self, learning_rate=0.1):
        super().__init__(np.random.rand(20, 1))
        self.__learning_rate = learning_rate

    def fit(self, xtrain, ytrain):
        # 找到训练集中的所有正例
        indexs = np.where(ytrain == 1)
        pos = xtrain[indexs[0], :]
        # 对于误分类的正例进行权重学习
        # 直到所有正例都被正确分类后,退出迭代,否则达到最大迭代次数后,退出迭代
        count = 0
        for ite in range(500):
            for i in pos:
                if np.dot(i, self.weight) < 0:
                    self.weight += self.__learning_rate * np.array(i).reshape(-1, 1)
                else:
                    # 正确分类个数加 1
                    count += 1
```

```
            if count == len(indexs[0]):
                break

    def score(self, xtest, ytest, threshold=0):
        predict = []
        for i in xtest:
            if np.dot(i, self.weight) >= 0:
                predict.append(1)
            else:
                predict.append(0)
        accuracy = accuracy_score(ytest, predict)
        return accuracy

    @property
    def get_weight(self):
        return self.weight
```

5. 测试算法，参见代码清单 2-5。

代码清单 2-5　测试算法

```
baseLR = BaseLinearClassifier()
# 训练并返回阈值 T
T = baseLR.fit(xtrain, ytrain)
# 准确率评价
accuracy_baseLR = baseLR.score(xtest, ytest, T)
print('基本线性分类器准确率:', accuracy_baseLR)


# 构造最小二乘线性分类器
lsqLR = LeastSquareError()
lsqLR.fit(xtrain, ytrain)
accuracy_lsqLR = lsqLR.score(xtest, ytest)
print('最小二乘线性分类器准确率:', accuracy_lsqLR)
```

第 2 章 分类案例

```
# 构造感知器
perceptron = Perceptron()
perceptron.fit(xtrain, ytrain)
accuracy_perceptron = perceptron.score(xtest, ytest)
print('感知器的准确率:', accuracy_perceptron)

# 构造 Logistic Classifier
lr = LogisticRegression()
lr.fit(xtrain, ytrain)
print('Logistic 分类器的准确率:', lr.score(xtest, ytest))
```

6. 运行结果（图 2-2）

```
基本线性分类器准确率：0.7133333333333334
最小二乘线性分类器准确率：0.6666666666666666
感知器的准确率：0.7346666666666667
Logistic 分类器的准确率：0.8046666666666666
```

图 2-2　运行结果

可以看到，逻辑回归分类器的准确率最高，最小二乘线性分类器的准确率最低。

2.2　Iris 数据分类

2.2.1　问题描述及数据集获取

本案例分别以 k 近邻和决策树两种算法实现对 Iris 数据集的分类。

Iris 数据集是常用的分类实验数据集，由 Fisher 于 1936 年收集整理。Iris 数据集也称鸢尾花数据集，是一个用于多重变量分析的数据集。数据集包含 150 个样本，分为 3 类，分别是山鸢尾（Iris Setosa）、变色鸢尾（Iris Versicolor）和维吉尼亚鸢尾（Iris Virginica），每类 50 个样本，每个样本数据包含 4 个属性特征，分别是花萼长度、花萼宽度、花瓣长度和花瓣宽度。可通过鸢尾花的 4 个属性特征预测鸢尾花属于三个种类中的哪一类。

该数据集包含了 5 个属性，其概况如表 2-1 所示。

表 2-1 鸢尾花数据集概况

	特征1	特征2	特征3	特征4	标签
物理含义	花萼长度	花萼宽度	花瓣长度	花瓣宽度	鸢尾花种类
英文释义	SepalLength	SepalWidth	PatalLength	PetalWidth	Class
存储形式	float	float	float	float	int
单位	cm	cm	cm	cm	—

部分鸢尾花样本如表 2-2 所示。

表 2-2 部分鸢尾花样本

花萼长度	花萼宽度	花瓣长度	花瓣宽度	属种
5.1	3.5	1.4	0.2	setosa
4.9	3.0	1.4	0.2	setosa
4.7	3.2	1.3	0.2	setosa
4.6	3.1	1.5	0.2	setosa
5.0	3.6	1.4	0.2	setosa
5.4	3.9	1.7	0.4	setosa
4.6	3.4	1.4	0.3	setosa
5.0	3.4	1.5	0.2	setosa

本案例中的 Iris 数据集取自 scikit-learn 包，使用 load_iris 方法即可加载 Iris 数据集，使用 train_test_split 方法可以很方便地将原始数据集划分为两部分，分别用于模型训练和模型测试。默认情况下，train_test_split 方法会将 25%的数据划分到测试集，75%的数据划分到训练集，random_state 保证了随机采样的可重复性（只要 random_state 值固定，每次划分得到的训练集和测试集就保持一致）。

2.2.2 求解思路和相关知识介绍

1. k 近邻算法介绍

本案例的主要思路是以 k 近邻算法建立一个分类器，该分类器可通过样本的 4 个特征来判断样本属于山鸢尾、变色鸢尾还是维吉尼亚鸢尾，即机器学习中的分类问题。

下面详细介绍 k 近邻算法的基本概念和原理。

k 近邻算法是在 1967 年由 Cover T 和 Hart P 提出的一种基本分类与回归算法。该算

第 2 章 分类案例

法的思路如下：如果一个样本在特征空间中的 k 个最相似（特征空间中最邻近）的样本中的大多数属于某一个类别，则该样本被分类到该类别。

通俗地说，即给定一个训练数据集，对新的输入样本，在训练数据集中找到与该样本最邻近的 k 个样本，这 k 个样本的多数属于某个类，就把该输入样本分类到这个类中（这类似于现实生活中少数服从多数的思想）。

引用维基百科的一幅图说明，如图 2-3 所示。

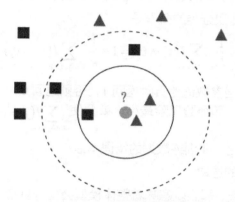

图 2-3　k 近邻算法示意图 1
（来源：https://baijiahao.baidu.com/s?id=1620266365315489749&wfr=spider&for=pc）

在图 2-3 中，有两类样本数据，分别用蓝色的正方形和红色的三角形表示，而图正中间的那个绿色的圆则表示待分类的数据。目前要解决的问题是，对于一个新的数据点，如何得到它的类别？下面根据 k 近邻的思想来给绿色圆点进行分类。

- 如果 $k=3$，绿色圆点的最邻近的 3 个点是 2 个红色三角形和 1 个蓝色正方形。按照少数服从多数的原则，判定绿色的这个待分类点属于红色的三角形一类。
- 如果 $k=5$，绿色圆点的最邻近的 5 个点是 2 个红色三角形和 3 个蓝色正方形。仍然按照少数服从多数的原则，判定绿色的这个待分类点属于蓝色的正方形一类。

1）k 近邻算法中的分类决策规则

从图 2-4 所示的 k 近邻算法示意图中可以看出，k 近邻算法中的分类决策规则是多数表决，即将输入样本的 k 个近邻的训练样本中占多数的类作为输入样本的类。

下面给出多数表决规则（Majority Voting Rule）的数学含义。如果分类的损失函数为 0-1 损失函数，分类函数为

$$f: \mathscr{R}^n \to c_1, c_2, \cdots, c_k \tag{2.15}$$

则误分类的概率是

$$P(Y \neq f(X)) = 1 - P(Y = f(X)) \tag{2.16}$$

对给定的样本 $x \in \mathscr{R}^n$，其最近邻的 k 个训练样本点构成集合 $N_k(x)$。如果涵盖 $N_k(x)$ 的区域的类别是 c_i，那么误分类的概率是

$$\frac{1}{k}\sum_{x_i \in N_k(x)} I(y_i \neq c_i) = 1 - \frac{1}{k}\sum_{x_i \in N_k(x)} I(y_i = c_i) \tag{2.17}$$

其中，$I(\cdot)$ 是指示函数，当参数值为真时返回 1，否则返回 0。

要使误分类率最小，即经验风险最小，就要使 $\sum_{x_i \in N_k(x)} I(y_i = c_i)$ 最大，所以多数表决规则等价于经验风险最小化，即训练数据的错误率最小。

2）k 近邻算法中 k 的选取

如果选取较小的 k 值，那么就意味着整体模型会变得复杂，容易发生过拟合。例如，图 2-4 中有两类数据，一类用圆点表示，另一类用长方形表示，待分类点是五边形。由图 2-4，很容易能够看出来五边形离黑色的圆点最近，如果此时令 $k=1$，则可判定待分类点是黑色的圆点。

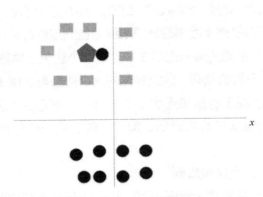

图 2-4　k 近邻算法示意图 2

（来源：https://zhuanlan.zhihu.com/p/25994179）

第 2 章 分类案例

但是这个处理结果明显不正确,因为可以看出离待分类样本最近的那个黑色的圆点实际上是一个噪声数据。当 k 太小时,则意味着模型复杂度高,因此,模型很容易学习到噪声,从而造成 1.1 节中提到的过拟合问题,导致模型在训练集上准确率非常高而在测试集上准确率非常低的情况。

如果选取较大的 k 值,就相当于用较大邻域中的训练数据进行预测,这时与输入实例较远(不相似)的训练样本也会对预测起作用,使预测发生错误的概率增加。因此,k 值的增大意味着整体模型变得简单,会造成 1.1 节中提到的欠拟合问题。

因此,k 值既不能过大,也不能过小,通常采取交叉验证法来选取最优的 k 值。此处的 k 值是需要人工预先设置的超参数,通过验证集进行超参数调整可以得到一个总体最优或接近最优的结果。

3)距离的度量

k 近邻算法是在训练数据集中找到与当前待分类样本最邻近的 k 个样本,这 k 个样本的多数属于哪个类,就说待分类样本属于哪个类。k 近邻算法中,常用的距离度量方式包括曼哈顿距离、欧氏距离等。

设特征空间 $\aleph$ 是 n 维实数向量空间 R^n,$x_i, x_j \in \aleph$,$\pmb{x}_i = (x_i^{(1)}, x_i^{(2)}, \cdots, x_i^{(n)})$,$\pmb{x}_j = (x_j^{(1)}, x_j^{(2)}, \cdots x_j^{(n)})$,$\pmb{x}_i$ 和 $\pmb{x}_j$ 的 L_p 距离定义为

$$L_p(x_i, x_j) = \left(\sum_{l=1}^{n} \left| x_i^{(l)} - x_j^{(l)} \right|^p \right)^{\frac{1}{p}} \quad (2.18)$$

这里的 $p \geqslant 1$。当 $p=1$ 时,称为曼哈顿距离(Manhattan Distance),即

$$L_1(x_i, x_j) = \sum_{l=1}^{n} \left| x_i^{(l)} - x_j^{(l)} \right| \quad (2.19)$$

当 $p=2$ 时,称为欧氏距离(Euclidean Distance),即

$$L_2(x_i, x_j) = \sqrt{\sum_{l=1}^{n} \left| x_i^{(l)} - x_j^{(l)} \right|^2} \quad (2.20)$$

本案例的算法实现中选用欧氏距离作为距离度量方法。

4)特征归一化

在处理不同取值范围的特征值时,通常采用的方法是将数值归一化。例如,可以将每一特征的取值范围归一化到 0~1 或者-1~1。本案例中将任意取值范围的特征值转化

为 0~1 区间内的值。假设进行 k 近邻分类所使用的样本特征是 $\{(x_i^{(1)}, x_i^{(2)}, \cdots, x_i^{(n)})\}_{i=1}^m$，则归一化后新的特征值为

$$x_i^{(j)'} = \frac{x_i^{(j)} - \min\limits_{k=1,\cdots,m} x_k^{(j)}}{\max\limits_{k=1,\cdots,m} x_k^{(j)} - \min\limits_{k=1,\cdots,m} x_k^{(j)}} \tag{2.21}$$

虽然归一化特征取值范围增加了处理的计算量，但一般对提高结果的准确度会有所帮助。

2. 决策树算法介绍

决策树是一种常见的机器学习算法。一般地，一棵决策树包含一个根节点、若干个内部节点和若干个叶节点；叶节点对应决策结果，其他每个节点则对应一个属性测试；每个节点包含的样本集合根据属性测试的结果划分到其子节点中；根节点包含样本全集。从根节点到每个叶节点的路径对应一个判定测试序列。决策树学习的目的是产生一棵泛化能力强（处理未见样本能力强）的决策树。

1）原理与过程

决策树算法是通过一系列规则对数据进行分类的过程。它提供一种在什么条件下会得到什么值的类似规则的方法。决策树分为分类树和回归树两种，分类树针对离散目标变量，回归树针对连续目标变量。决策树分类器就像判断模块和终止模块组成的流程图，终止模块表示分类结果（也就是树的叶节点）；判断模块表示对一个特征取值的判断，根据特征取值将当前样本集合划分到不同的子集合中（生成当前节点的子节点）。

决策树分类器的重点在于如何构造决策树：样本所有特征中有一些特征在分类时起到决定性作用，决策树的构造过程就是找到这些具有决定性作用的特征，根据其决定性作用大小来逐层构造决策树。决定性作用最大的那个特征作为根节点，然后递归找到各分支下子数据集中决定性作用最大的特征，直至子数据集中所有数据都属于同一类或者子数据集中所包含样本数量少于预设的阈值。因此，构造决策树的过程本质上就是根据数据特征将数据集逐层分类的过程，需要解决的第一个问题就是，当前数据集上哪个特征在划分数据集时起决定性作用。

一棵决策树的生成过程主要分为以下两部分。

（1）特征选择：是指从训练数据中众多的特征中选择一个最优特征作为当前节点的

分裂标准，如何选择最优特征有着不同量化评估标准，从而衍生出不同的决策树算法，如 ID3、C4.5 和 CART 等。

（2）决策树生成：根据选择的特征评估标准，从上至下递归地生成子节点，直到数据集不可分则停止决策树生长。

2）特征选择

特征选择在于选取对训练数据具有分类能力的特征，可以提高决策树学习的效率。通常特征选择的准则有信息增益、信息增益率和基尼指数。

特征选择的划分依据：如果使用某一特征将训练数据集分裂成多个子集，使得各个子集在当前条件下具有最好的分类，那么就应该选择这个特征。划分指将数据集划分为纯度更高、不确定性更小的子集的过程。

如果属性值是连续型的，则可以确定一个值作为分裂点 splitPoint，按照大于 splitPoint 和小于或等于 splitPoint 生成两个分支。

（1）信息增益。

信息增益，即信息熵（不确定信息）的下降。信息熵是度量样本集合纯度最常用的一种指标。假定当前样本集合 D 中第 k 类样本所占的比例为 $p_k(k=1,2,\cdots,|Y|)$，则 D 的信息熵定义为

$$\mathrm{Ent}(D) = -\sum_{k=1}^{|Y|} p_k \log_2 p_k \qquad (2.22)$$

$\mathrm{Ent}(D)$ 的值越小，则 D 的纯度越高。如果样本集合 D 中只包括一类样本，则 $\mathrm{Ent}(D)$ 的值为 0，此时表示 D 的纯度最高。

假定离散属性 a 有 v 个可能的取值 $\{a^1, a^2, \cdots, a^V\}$，若使用 a 来对样本集 D 进行划分，则会产生 v 个分支节点，其中第 v 个分支节点包含了 D 中所有在属性 a 上取值为 a^v 的样本，记为 D^v。根据式（2.22）计算出 D^v 的信息熵，考虑到不同的分支节点所包含的样本数不同，给分支节点赋予权重 $|D^v|/|D|$，即样本数越多的分支节点的影响越大，因此可计算出用属性 a 对样本集 D 进行划分所获得的信息增益：

$$\mathrm{Gain}(D,a) = \mathrm{Ent}(D) - \sum_{v=1}^{V} \frac{|D^v|}{|D|} \mathrm{Ent}(D^v) \qquad (2.23)$$

一般而言，信息增益越大，则意味着使用属性 a 进行划分所获得的"纯度提升"越

大。著名的 ID3 决策树学习算法就是以信息增益为准则（将信息增益最大的属性选为划分属性）来选择划分属性的。

（2）信息增益率。

实际上，信息增益准则对可能取值数目较多的属性有所偏好，为减少这种偏好可能带来的不利影响，著名的 C4.5 决策树算法不直接使用信息增益，而是使用"增益率"来选择最优特征。增益率定义为

$$\text{Gain\_ratio}(D,a) = \frac{\text{Gain}(D,a)}{\text{IV}(a)} \quad (2.24)$$

其中：

$$\text{IV}(a) = -\sum_{v=1}^{V} \frac{|D^v|}{|D|} \log_2 \frac{|D^v|}{|D|} \quad (2.25)$$

称为属性 a 的"固有值"。属性 a 的可能取值数目越多（V 越大），$\text{IV}(a)$ 的值通常越大。

需要注意的是，信息增益率准则对可能取值数目较少的属性有所偏好，因此 C4.5 算法并不是直接选取增益率最大的特征，而是使用了一个启发式规则：先从候选划分属性中找出信息增益高于平均水平的属性，再从中选择增益率最高的属性作为当前划分依据。

（3）基尼指数。

CART 决策树使用基尼指数来选择最优特征。首先给出基尼值的定义：

$$\text{Gini}(D) = \sum_{k=1}^{|Y|} \sum_{k' \neq k} p_k p_{k'} = 1 - \sum_{k=1}^{|Y|} p_k^2 \quad (2.26)$$

$\text{Gini}(D)$ 反映了从数据集 D 中随机抽取两个样本，其类别标记不一致的概率。因此，$\text{Gini}(D)$ 越小，则数据集 D 的纯度越高。

下面基于基尼值给出基尼指数的定义：

$$\text{Gini\_index}(D,a) = \sum_{v=1}^{V} \frac{|D^v|}{|D|} \text{Gini}(D^v) \quad (2.27)$$

在候选属性集 A 中，选择那个使得划分后基尼指数最小的属性特征，将其作为最优特征完成一次样本数据的划分。

在决策树构建过程中，可以从每一属性的多个取值中选择一个取值作为划分点。这样经过每一次划分，当前样本集合就被分为两部分。从多个取值中选择一个最优取值时，同样按照信息增益、信息增益率和基尼指数这些准则进行。读者可参考附录 A.2 中决策

树的具体实现,理解实际构建决策树时如何完成一次划分。

3)连续值处理

给定样本集 D 和连续属性 a,假设 a 在 D 上出现了 n 个不同的取值,将这些值从小到大进行排序,记为 $\{a^1, a^2, \cdots, a^n\}$。基于划分点 t 可将 D 分为子集 D_t^- 和 D_t^+,其中 D_t^- 包含那些在属性 a 上取值不大于 t 的样本,而 D_t^+ 则包含那些在属性 a 上取值大于 t 的样本。显然,对相邻的属性取值 a^i 与 a^{i+1} 来说,t 在区间 $[a^i, a^{i+1})$ 中取任意值所产生的划分结果相同。因此,对连续属性 a,可考察包含 $n-1$ 个元素的候选划分点集合:

$$T_a = \{\frac{a^i + a^{i+1}}{2} | 1 \leqslant i \leqslant n-1\} \tag{2.28}$$

即把区间 $[a^i, a^{i+1})$ 的中位点 $\frac{a^i + a^{i+1}}{2}$ 作为候选划分点。然后,就可像离散属性值一样来考察这些划分点,选取最优划分点进行样本集合的划分。

2.2.3 代码实现及分析

1. 使用 k 近邻算法实现 Iris 数据分类

1)代码实现

首先打开 Jupyter Notebook,新建 Python 3 文件 knn.py,在文件中增加代码清单 2-6 的代码。

代码清单 2-6 导入 k 近邻算法所使用的包

```
from sklearn import datasets
from sklearn.preprocessing import MinMaxScaler
from sklearn.model_selection import train_test_split
from sklearn.metrics import accuracy_score
from scipy.spatial import distance
import numpy as np
import operator
```

在上面的代码中,主要导入了 sklearn、SciPy、NumPy 和 operator 四个模块。sklearn、SciPy 和 NumPy 的介绍详见第 1 章,operator 模块是运算符模块,k 近邻算法执行排序操作时会使用这个模块提供的函数。

接着定义距离函数，本案例中选择常用的欧氏距离作为样本间距离的度量标准。在 knn.py 文件中增加代码清单 2-7 的代码。

代码清单 2-7　欧氏距离函数

```python
#计算欧氏距离
def my_matEuclidean(row,Matrix):
    dataSetSize = Matrix.shape[0]
    diffMat = np.tile(row,(dataSetSize,1)) - Matrix
    sqDiffMat = diffMat ** 2
    sqDistance = sqDiffMat.sum(axis = 1)
    distance = sqDistance ** 0.5
    return distance
```

接着定义 MyKNN 类实现 KNN 算法。这里给出 k 近邻算法实现的伪代码和实际的 Python 代码。其伪代码如下。

对于未知类别属性的数据集中的每个点依次执行以下操作：

（1）计算训练集中所有的点与当前点的距离，按照距离进行排序。

（2）选取与当前点距离最小的 k 个点。

（3）确定前 k 个点所在类别出现的频率。

（4）返回前 k 个点出现频率最高的类别作为当前点的预测分类。

在 knn.py 文件中增加代码清单 2-8 的代码。

代码清单 2-8　KNN 算法实现

```python
#KNN 算法
class MyKNN:
    def __init__(self, n_neighbors):
        self.n_neighbors = n_neighbors
        self.X_train = None
        self.y_train = None

    def fit(self, X_train, y_train):
        self.X_train = X_train
        self.y_train = y_train
```

```python
    def predict(self, X_test):
        predictions = []
        #对于测试集中的每一个数据,计算其在 k 个最近邻中的最大可能性分类
        for row in X_test:
            label = self.__closest(row)
            predictions.append(label)
        return predictions

    def __closest(self, row):
        #计算每一个数据与训练集中每一个数据的距离,按照从小到大排序
        distance = my_matEuclidean(row,X_train)
        sortedDistance = distance.argsort()

        #获取前 k 个样本的标签并排序,返回出现次数最多的标签
        classCount = {}
        for i in range(self.n_neighbors):
            voteLabel = y_train[sortedDistance[i]]
            classCount[voteLabel] = classCount.get(voteLabel,0) + 1
        maxCount = 0
        for key,value in classCount.items():
            if value > maxCount:
                maxCount = value
                classes = key
        return classes
```

在上面的代码中,__closest 函数的功能是返回前 k 个点中出现频率最高的类别,predict 函数的功能是预测测试集中每个样本的分类。

最后,加载数据集,测试编写的 KNN 分类器。在 knn.py 文件中增加代码清单 2-9 所示的代码。

代码清单 2-9　加载数据集并测试 KNN 分类器

```python
#载入 Iris 数据集
iris = datasets.load_iris()
X = iris.data
```

```
        Y = iris.target

    #随机划分训练集与测试集
    X_pretrain, X_pretest, y_train, y_test = train_test_split(X, Y,
test_size = 0.3)

    #归一化
    minMax = MinMaxScaler()
    X_train = minMax.fit_transform(X_pretrain)
    X_test = minMax.fit_transform(X_pretest)

    #测试
    best_score = 0.0
    best_k = 0
    for k in range(30,1,-1):
        my_classification = MyKNN(k)
        my_classification.fit(X_train, y_train)
        predictions = my_classification.predict(X_test)
        score = accuracy_score(y_test,predictions)
        if score > best_score:
            best_score = score
            best_k = k
            print("best score is: ", best_score)
            print("best k is: ", best_k)
```

至此，已经完成了 KNN 分类器，使用这个分类器可以完成鸢尾花数据的分类任务。

2）结果分析

训练集与测试集比例为 7:3 情况下的运行结果如图 2-5 所示。

```
best score is:  0.9333333333333333      best score is:  0.9555555555555556
best k is:  30                          best k is:  30
best score is:  0.9555555555555556      best score is:  0.9777777777777777
best k is:  14                          best k is:  26
best score is:  0.9777777777777777      best score is:  1.0
best k is:  13                          best k is:  12
```

图 2-5　训练集与测试集比例为 7:3 情况下的运行结果

多次测试后发现，当 k 的值在 11～30 时，模型性能（准确率）达到最优，最优准确率一般在 90% 以上。

2. 使用决策树算法实现 Iris 数据分类

1）代码实现

本案例使用 sklearn 和自写代码两种方式实现决策树分类器，下面给出使用 sklearn 构建决策树的详细求解过程，自写代码的具体实现方法请读者参考附录 A.2。

（1）导入库。

新建 sktree.py 文件，在文件中增加代码清单 2-10 的代码。

代码清单 2-10　导入 sklearn 实现决策树所需库模块

```
#导入库
from matplotlib import pyplot as plt    #绘图调用的包
import numpy as np    #数学计算，产生标号
from sklearn import tree    #决策树构建所需的包
from sklearn.datasets import load_iris    #加载数据集
from sklearn.model_selection import GridSearchCV    #查找最优参数
```

上面的代码中导入了实现决策树所需要的模块。

（2）加载数据集，实现数据集可视化。

在 sktree.py 文件中增加代码清单 2-11 的代码。

代码清单 2-11　加载数据集，实现数据集可视化

```
#加载数据集并显示数据属性特征
if __name__ == '__main__':
    # show data info
    data = load_iris() # 加载 Iris 数据集
    print('keys: \n', data.keys())
    feature_names = data.get('feature_names')
    target_names=data.get('target_names')
    print('feature names: \n',feature_names) # 查看属性名称
    print('target names: \n', target_names) # 查看 label 名称
    x = data.get('data') # 获取样本矩阵
```

```
y = data.get('target')  # 获取与样本对应的 label 向量
print(x.shape, y.shape)  # 查看样本数据
#数据集可视化
f = []
f.append(y == 0)  # 类别为第一类的样本的逻辑索引
f.append(y == 1)  # 类别为第二类的样本的逻辑索引
f.append(y == 2)  # 类别为第三类的样本的逻辑索引
color = ['red', 'blue', 'green']
fig, axes = plt.subplots(4, 4)  # 绘制4个属性两两之间的散点图
for i, ax in enumerate(axes.flat):
    row = i // 4
    col = i % 4
    if row == col:
        ax.text(.1, .5, feature_names[row])
        ax.set_xticks([])
        ax.set_yticks([])
        continue
    for k in range(3):
        ax.scatter(x[f[k], row], x[f[k], col], c=color[k], s=3)
fig.subplots_adjust(hspace=1, wspace=1)  # 设置间距
plt.show()
```

运行 sktree.py，可以得到图 2-6 所示的结果，它以图形化的方式展现了鸢尾花数据集 4 个属性两两之间的无序程度。

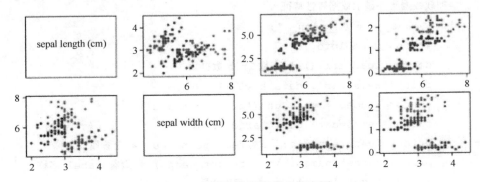

图 2-6 鸢尾花数据集相关散点图

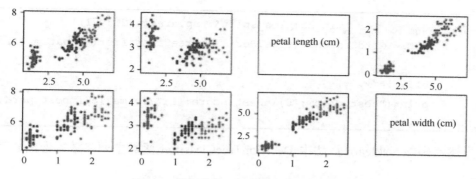

图 2-6 鸢尾花数据集相关散点图（续）

（3）划分数据集并找出最优参数。

在 **sktree.py** 文件中增加代码清单 2-12 的代码。

代码清单 2-12　划分数据集并找出最优参数

```
# 随机划分训练集和测试集
num = x.shape[0]  # 样本总数
ratio = 7 / 3  # 划分比例，训练集样本数目：测试集样本数目
num_test = int(num / (1 + ratio))  # 测试集样本数目
num_train = num - num_test  # 训练集样本数目
index = np.arange(num)  # 产生样本标号
np.random.shuffle(index)  # 洗牌（打乱 index 中的元素）
x_test = x[index[:num_test], :]  # 取出洗牌后前 num_test 个样本作为测试集
y_test = y[index[:num_test]]
x_train = x[index[num_test:], :]  # 剩余作为训练集
y_train = y[index[num_test:]]

entropy_thresholds = np.linspace(0, 1, 100)
gini_thresholds = np.linspace(0, 0.2, 100)
#设置参数矩阵
param_grid = [{'criterion': ['entropy'], 'min_impurity_decrease': entropy_thresholds},
              {'criterion': ['gini'], 'min_impurity_decrease': gini_thresholds},
              {'max_depth': np.arange(1,4)},
```

```
            {'min_samples_split': np.arange(2,30,1)}]
    clf = GridSearchCV(tree.DecisionTreeClassifier(), param_grid, cv=5)
    clf.fit(x, y)
    print("best param:{0}\nbest score:{1}".format(clf.best_params_, clf.best_score_))
```

上述代码中，sklearn 算法中 DecisionTreeClassifier 函数主要参数的含义如表 2-3 所示。

表 2-3 DecisionTreeClassifier 函数主要参数的含义

参 数 说 明	含 义
criterion: string, optional（default ="gini"）	具体衡量分裂质量的功能。支持的标准是基尼指数的"gini"和信息增益的"entropy"。
max_depth: int 或 None，可选（默认为无）	树的最大深度。如果为 None，则扩展节点直到所有叶子都是纯的或直到所有叶子包含少于 min_samples_split 的样本
min_samples_split: int, float, optional（default = 2）	拆分内部节点所需的最小样本数：如果是整数，则将 min_samples_split 作为一个分支节点中的最小样本数量；如果是浮点数，则将 ceil (min_samples_split * n_samples)作为一个分支节点中的最小样本数量

注意：由于将数据集随机划分为训练集和测试集，所以每次运行都会产生不同的最优参数。

（4）构建决策树，计算准确率，并绘制决策树。

在 sktree.py 文件中增加代码清单 2-13 的代码。

代码清单 2-13 构建决策树，计算准确率并绘制决策树

```
# 构建决策树
clf = tree.DecisionTreeClassifier
(criterion="entropy",max_depth=3)   # 建立决策树对象
clf.fit(x_train, y_train)   # 决策树拟合
print("train score:", clf.score(x_train, y_train))
print("test score:", clf.score(x_test, y_test))

# 预测
y_test_pre = clf.predict(x_test)    # 利用拟合的决策树进行预测
```

```
            print('the predict values are', y_test_pre)    # 显示结果
            print('the true values are',y_test)

            # 计算分类准确率
            acc = sum(y_test_pre==y_test)/num_test
            print('the accuracy is', acc)   # 显示预测准确率

            # 画出决策树并保存
            with open("allElectronicsData.dot", "w") as f:
                f = tree.export_graphviz(clf,
feature_names=feature_names,class_names=target_names,out_file=f)
```

至此，决策树构建完毕，读者可以在自己的计算机上创建 Python 文件，并测试算法。

2）结果分析

运行 Python 文件，得到以下运行结果（图 2-7）。

```
best param:{'max_depth': 3}
best score:0.9733333333333334
train score: 0.9714285714285714
test score: 0.9111111111111111
the predict values are [0 0 1 1 2 0 0 2 0 1 0 0 1 1 1 1 0 1 0 0 0 2 2 0 2 1 2 0 1 1 1 2 1 1 1 2 0
 0 0 2 2 1 2 0 0]
the true values are [0 0 1 1 2 0 0 1 0 2 0 0 1 1 1 1 0 1 0 0 0 1 2 0 2 1 2 0 2 1 1 2 1 1 1 2 0
 0 0 2 2 1 2 0 0]
the accuracy is 0.9111111111111111
```

图 2-7　sklearn 构建决策树的准确率

程序运行结束后，会在当前目录下生成一个 allElectronicsData.dot 文件，该文件中保存了生成的决策树，读者可以通过 Graphviz（http://www.graphviz.org/）工具将 Python 生成的.dot 文件转化成.pdf 文件来查看生成的决策树。本案例最终构建的决策树如图 2-8 所示。

影响决策树预测准确率的因素有很多，如最优特征选择方法、决策树深度等。为此，本案例进行了多次实验（训练集和测试集的比例为 7∶3），以观察各参数对实验结果的影响，如表 2-4 所示。

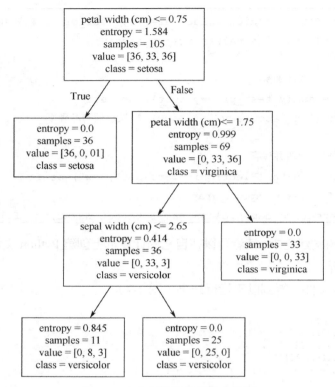

图 2-8　本案例最终构建的决策树

表 2-4　参数对决策树分类结果的影响

特征选择方法	Depth=1	Depth=2	Depth=3
entropy	0.6~0.65	0.93	0.95
gini	0.6~0.65	0.93	0.95~1.0

从表 2-4 可以看到，决策树最佳深度为 3。当深度为 1 时，由于模型过于简单而出现欠拟合，准确率比较低；当深度增加时，拟合程度随模型复杂度的增加而增强，准确率上升。对于鸢尾花分类问题，基于 gini 的特征选择方法略优于基于 entropy 的特征选择方法。读者可尝试继续增加深度，并观察分类结果。

第 2 章 分类案例

2.3 新闻文本分类

随着网络信息技术和计算机硬件的高速发展，互联网越来越深入人们的生活，覆盖社会的方方面面，重塑着人们的生活形态。互联网由于其内容便于存储、易于获取、信息量丰富、方便阅读等特点，成为当下人们获取信息的主要渠道。网络信息存储量大，时间跨度大，相比其他传统媒体更新速度更快，传播范围更广。因此，比起从电视、纸媒获取信息，绝大多数年轻人更偏好从互联网获取新闻信息，越来越多的老年人也开始适应互联网，转而从网络了解当下新闻时事。不同年龄段、不同性格、不同爱好的用户希望浏览的新闻种类也不同，网络上的信息量庞大，为了方便用户操作、提高用户体验，必须对新闻内容进行分类。然而，网络上的信息规模大，又有各种噪声干扰，并且数据量以惊人的速度不断增长，通过人工进行分类势必不可行，因此产生了对新闻内容自动分类技术的需求。新闻文本分类技术的研究在新闻语料库的建设、新闻信息检索等领域具有一定的理论意义和应用价值。

2.3.1 问题描述及数据集获取

新闻文本分类技术可以采用有监督的机器学习方法，其作为文本挖掘的一项重要技术，是将文档集合中的每个文档归入一个预先定义的类别之中。目前针对文本分类算法及应用已有大量的研究，其中涌现的文本分类算法很多，如朴素贝叶斯、决策树、Adaboost和支持向量机（Support Vector Machine）等。本案例分别使用朴素贝叶斯、支持向量机和 Adaboost 三种算法作为分类算法，实现对新闻文本数据的分类。

本案例中的数据集采用的是搜狐新闻数据（SogouCS），这是来自搜狐新闻 2012 年 6~7 月国内、国际、体育、社会、娱乐等 12 个频道的新闻数据，数据集中提供了分类和正文信息。部分新闻数据如图 2-9 所示。

0	娱乐	《青蛇》造型师默认新《红楼梦》额妆抄袭（图）凡是看过电影《青蛇》的人，都不会忘记青白二蛇的...
1	娱乐	6.16日剧榜 ＜最后的朋友＞ 亮最后杀招成功登顶《最后的朋友》本周的电视剧排行榜单依然只...
2	娱乐	超乎想象的好看《纳尼亚传奇2：凯斯宾王子》现时资讯如此发达，搜狐电影审片团几乎人人在没有看...
3	娱乐	吴宇森：赤壁大战不会出现在上集"希望《赤壁》能给你们不一样的感觉。"对于自己刚刚拍完的影片...
4	娱乐	组图：《多情女人痴情男》陈浩民现场要宝 陈浩民：外面的朋友大家好，现在是搜狐现场直播，欢迎《...
5	娱乐	艺人涉毒被警方查事件回顾 正方观点：相信：人出名了，有钱了，就该贪图享受了，无论好的坏的都要...
6	娱乐	独家专访李小璐：我与杨晓芸完全不同 [提要] 6月11日早上10点，上海电视节搜狐娱乐现场演...
7	娱乐	《二十四城记》仍募捐放映 贾樟柯成人气明星（图）更多图片300位观众，22759元善款——
8	娱乐	沈阳日报：别把"新红楼"弄成"烂尾楼" 新版《红楼梦》说2007年10月开机，拖到今年3月，...
9	娱乐	女编剧讨薪案升级为多方混战 出品方反告制片方 女编剧王伊向电视剧《牟氏庄园》出品方讨薪案，前...
10	娱乐	梦露被爆内脏被挖 体内填充塑料下葬（图）虽然世界上存在着几百本关于梦露和梦露之死的书，但是...
11	娱乐	杨紫琼收获丰收的一年 38岁时，在拍摄完《卧虎藏龙》以后，杨紫琼，这位第一个真正中国版的邦德...
12	娱乐	6月26日-7月2日HBO 04:15 《哈利-波特与阿兹卡班的囚徒》（Harry Pot...
13	娱乐	王刚默认第三次结婚 评价新妻：她"很可爱" 今年60岁的"和珅"王刚再婚了，这是昨天传出的消...
14	娱乐	动画版《风云决》五大看点 镜头量极大，画面重意境《风云决》总时长是90分钟，共计3000多个...
15	娱乐	组图：刘嘉玲戴婚戒非伟不嫁 家长密会谈婚事 曾透露在今年结束爱情长跑的梁朝伟和刘嘉玲，其婚事...
16	娱乐	组图：《网球王子》剧组做客搜狐直播间 主持人：现在我们直播间的是《网球王子》主创，欢迎大家...
17	娱乐	叶锦添：87版《红楼梦》造型少了些浪漫与豪气 近日，新版《红楼梦》主要角色造型曝光，短短几天...

图 2-9 部分新闻数据

2.3.2 求解思路和相关知识介绍

在本案例的新闻文本分类问题中，实际上是对新闻中包含的中文文本进行分类。我们面对的原始中文文本中经常会存在许多影响最终分类效果的噪声数据，这部分数据或文本需要在文本分类前被清洗干净，否则很容易导致所谓的"Trash in，trash out"问题。因此，要实现文本分类，首先需要对数据进行预处理，再训练相应的文本分类模型。

1．数据预处理

在进行文本分类时，会涉及对文本数据进行预处理，包括文档切分（本案例不涉及该处理）、文本分词、去停用词（包括标点、数字、单字和其他一些无意义的词）、文本特征提取、文本向量化等操作。下面对这几方面做一个概括性的介绍。

1）文本分词

文本分词就是将文本分成词（或字），是预处理过程中必不可少的一项操作。后续的

第 2 章 分类案例

分类操作需要使用文本中的单词来表征文本，而且分词的好坏对后续的分类效果影响较大。常用的分词方法有词典法、统计方法等，图 2-10 所示是分词结果示例。

青蛇 造型师 默认 新 红楼梦 额妆 抄袭 图 看过 电影 青蛇 不会 忘记 青白 二蛇 经典 造型 飘逸 造型 带来 效果 时 这位 曾经 成功 使用 片子 造型师 显得 不吐 不快 其实 做会 一点 压制 年轻人 6．16日剧榜 ＜ 最后 朋友 ＞ 亮 最后 杀招 成功 登顶 本周 电视剧 排行 战胜 极道 鲜师 3 依然 没有 如愿 再次 夺得 桂冠 这部 剧从 上周 故事 中心 变成 讲述 年轻 首相 日剧 完结 最终 回 收视率 争夺战 即将 打响 责任编辑 薄荷 超乎 想象 好看 纳尼亚 传奇 2 凯斯 宾 王子   现时 资讯 发达 搜狐 电影 评审团 几乎 人人 没有 黑暗 东西 如果说 第一部 低幼 儿童 纯粹 动物 之间 一种 偏向 自然性 交流 第二部 更 一点 孩子 更 吴宇森 赤壁大战 不会 出现 上集 希望 赤壁 感觉 刚刚 拍 完 影片 赤壁 吴宇森 自信 7 月 3 日 乐系 藏族 学生 擅长 二胡 刚 艾伦 接触 时 身穿 军装 阿兰 长相 漂亮 学校 校花 符合 日本 娱乐 乙 组图 多情 女人 痴情男 陈浩民 现场 耍宝   陈浩民 外面 朋友 现在 搜狐 现场 朋友 欢迎 多情 女人 想 母亲 无意 中 碰到 贾青 母亲 报恩 教育 之下 改邪归正 变成 帮助 锄强扶弱 一个 纯 喜剧 搞笑 角色 说 牙齿 一颗 辣椒 那场 戏演 投入 很多 导演 说 看到 没有 关系 主持人 当时 有点 崩溃 贾青 主持 艺人 涉毒 警方 言谈 事件 回顾   正方 观点 相信 站点 有钱 贪图享受 坏 试试 估计 娱乐圈 中 一种 接受 感化 1 8 月 ［详细］ 零点乐队 涉毒 事件 2004 年 4 月 11 日 凌晨 零点乐队 独家 专访 李小璐 杨晓芸 完全 不同 ［提要］ 6 月 11 日 早上 1 0 点 上海 电视节 与 璐 没有 小璐 老师 距离感 现场 拍戏 见到 小璐 老师 不好意思 可能 担忧 我刚 拍戏 请 吃饭 怕 二十四 城记 募捐 放映   贾樟柯 成人 气 明星 图 更 图片 300 位 观众 2 2 7 5 9 元 逗得 观众 哈哈大笑 有时候 糟糕 两排 民工 个个 手 钢钎 面 无表情 杵 镜头 前面 老半天 看得人 想 沈阳 日报 新 红楼 弄 成 烂尾楼_ 新版 红楼梦 说 2007 年 10 月 开机 拖 今年 3 月 ： 里 各色 面孔 剧中 演员 才艺 展示 选出 没有 专业 表演 技能 单说 培训 时间 少 可怜 87 版 红 女 编剧 诉薪案 升级 多方 混战   出品 方 反告 制片方 女 编剧 王伊 向 电视剧 牟氏 庄园 出品 步 扩大 透露 原来 牟氏 庄园 王伊 纠纷 一直 没有 解决 葛 小鹰 写信给 国内 多家 电视台 提醒 这 梦露 爆 内脏 挖   体内 填充 塑料 下葬 图 世界 存在 几百 梦露 梦露 之死 书 资料 消失 不见

图 2-10 分词结果示例

2）去停用词

由于文本中存在"的""是"等一些到后期会影响分类结果的词，所以在数据预处理中去停用词是必不可少的一步。本案例使用哈工大停用词表，图 2-11 显示了部分停用词。

3）文本特征提取及向量化

（1）词袋模型与独热编码。

目前常用的文本表示方法是向量空间模型，即把文本分词后的每个词看成一个向量中的一个元素。

词袋（Bag of Words）模型是最早的以词语为基本处理单元的文本向量化算法。所谓词袋模型，就是借助词典把文本转化为一组向量。在构建的词典中，每个单词都有一个唯一的索引，那么一个文本就可以基于这个词典来构建其向量表示。自然语言处理经常把字词转换为离散、单独的符号，也就是独热编码（One-Hot Encoder）。

图 2-11 部分停用词

例如，在表 2-5 所示的例子中，"杭州""上海""宁波""北京"在语料库中各对应一个向量，向量中只有一个值为 1，其余都为 0。但是，使用独热编码存在以下问题。首先，城市编码是随机的，向量之间相互独立，看不出城市之间可能存在的关联关系。其次，向量维度的大小取决于语料库中字词的多少。如果将世界所有城市名称对应的向量合为一个矩阵的话，那么这个矩阵会过于稀疏，并且因为维度太大，会造成维度灾难。

表 2-5 城市的向量化表示

城　　市	编　　码
杭州	[0,0,0,0,0,0,0,1,0,…,0,0,0,0,0,0,0]
上海	[0,0,0,0,1,0,0,0,0,…,0,0,0,0,0,0,0]
宁波	[0,0,0,1,0,0,0,0,0,…,0,0,0,0,0,0,0]
北京	[0,0,0,0,0,0,0,0,0,…,1,0,0,0,0,0,0]

词语是表达语义的基本单元，而词袋模型只是简单地将词语符号化。打个不太恰当的比方就是，现在有"一袋子"词语，而要处理的文本问题就像是从一个袋子中无序地（不分先后顺序）抽出袋子中所有的词，再查看每个词在文本中出现的次数。注意，这里的从袋子中抽取词的过程是无序的，也就是简单地统计文本中有没有出现该词，以及该词出现了多少次，因此对于词袋模型，文本的语序特征及相应的语义信息就丢失了。

（2）Word2Vec。

为了保留语义信息，需要构建一个模型，使其能在文本向量化的同时保留词序的信息。分布式假说的提出就是为了解决这个问题。该方法的思想是，上下文相似的词，其语义也相似，随后就有了基于上下文分布表示词义的方法，这就是"词空间模型"。Word2Vec 可以将独热编码转化为低维度的连续值，也就是稠密向量，并且其中意思相近的词将被映射到向量空间中相近的位置。

Word2Vec 模型是一个三层网络结构。

- 输入层：独热向量。
- 隐藏层：没有激活函数，也就是线性单元。
- 输出层：维度与输入层的维度一样，用的是 Softmax 回归。

通过 Word2Vec，就可以将每篇文章转换成其在模型中的相关性向量。

（3）倒排索引 TF-IDF。

倒排索引是信息检索（IR）中最常用的一种文本表示法。其算法思想就是先统计每个词出现的频率（TF），再为其附上一个权值参数（IDF）。

假设要统计一篇文档中的前 10 个关键词，那么首先需要统计一下文档中每个词出现的频率（TF），词频越高，这个词就越重要。但是，统计后可能会发现得到的关键词基本都是"的""是""为"这样没有实际意义的停用词。对于这个问题的解决方法就是为每个词都加一个权重，对于停用词就加一个很小的权重（甚至置 0），这个权重就是 IDF。TF 和 IDF 的计算公式如下：

$$词频（TF）= \frac{某个词在一个文档中出现的次数}{一个文档中的总词数} \quad (2.29)$$

$$逆文档频率（IDF）= \ln\left(\frac{语料库中的文档总数}{包含该词的文档数+1}\right) \quad (2.30)$$

IF 计算一个文档中的词频，而 IDF 衡量词的常见程度（可以直观理解为，如果一个词在很多文档中都出现，则该词对于文档分类的意义就较小）。为了计算 IDF，需要事先准备一个语料库，一个词越常见，其逆文档频率就越小。注意，式（2.30）中的分母+1 是为了避免分母为 0 的情况出现，这是一种常用的处理分母可能出现零值的方法。TF-IDF 的计算公式为

$$TF\text{-}IDF = 词频（TF）\times 逆文档频率（IDF） \quad (2.31)$$

可见，TF-IDF 的值与该词在文章中出现的频率成正比，与该词在整个语料库中出现的频率成反比，因此可以很好地实现提取文章中关键词的目的。本案例分别用 Word2Vec 和 TF-IDF 来实现文本特征提取及向量化。

2. 朴素贝叶斯算法介绍

朴素贝叶斯算法是基于贝叶斯定理与特征条件独立假设的分类方法。

1）贝叶斯定理

$P(A|B)$ 表示事件 B 已经发生的前提下，事件 A 发生的概率，称为事件 B 发生下事件 A 的条件概率。其计算方法为

$$P(A|B) = \frac{P(AB)}{P(B)} \quad (2.32)$$

贝叶斯定理基于条件概率，通过 $P(A|B)$ 来求 $P(B|A)$：

$$P(B|A) = \frac{P(A|B)P(B)}{P(A)} \tag{2.33}$$

上式中的分母 $P(A)$ 可以根据全概率公式计算得到：

$$P(A) = \sum_{i=1}^{n} P(B_i)P(A|B_i) \tag{2.34}$$

2）特征条件独立假设

给定训练数据集(x,y)，其中每个样本 x 都包含 n 维特征，即 $x=(x_1, x_2, x_3, \cdots, x_n)$，类标签集合包含 K 种类别，即 y 在 $\{y_1, y_2, \cdots, y_K\}$ 中取值。

如果新来一个样本 x，怎么判断它所属的类别呢？从概率的角度来看，这个问题实际上就是给定 x，分别计算它属于每个类别的概率，取概率最大的那个类别作为分类结果。因此，对样本 x 的分类问题就转化为求解 $P(y_1|x)$，$P(y_2|x)$，$\cdots$，$P(y_K|x)$ 中的最大值，即求后验概率最大的输出：$\text{argmax}_{y_k} P(y_k|x)$。$P(y_k|x)$ 可以利用贝叶斯定理求解：

$$P(y_k|x) = \frac{P(x|y_k)P(y_k)}{P(x)} \tag{2.35}$$

根据全概率公式，可以进一步地分解上式中的分母：

$$P(y_k|x) = \frac{P(x|y_k)P(y_k)}{\sum_{k=1}^{K} P(x|y_k)P(y_k)} \tag{2.36}$$

分子中的 $P(y_k)$ 是先验概率，根据训练集就可以简单地计算出来；而对于条件概率 $P(x|y_k)=P(x_1, x_2, ..., x_n|y_k)$，其参数规模是指数级别的。假设第 i 维特征 x_i 可取值的个数为 S_i，类别个数为 K，则参数个数为 $K\prod_{i=1}^{n} S_i$，这显然不可行。

针对这个问题，朴素贝叶斯算法对条件概率分布做出了独立性假设。通俗地讲，就是假设各个维度的特征 x_1，x_2，$\cdots$，x_n 相互独立，在这个假设的前提下，条件概率可以转化为

$$P(x|y_k) = P(x_1, x_2, \cdots, x_n|y_k) = \prod_{i=1}^{n} P(x_i|y_k) \tag{2.37}$$

将公式（2.37）代入公式（2.36）可得：

$$P(y_k|x) = \frac{P(y_k)\prod_{i=1}^{n}P(x_i|y_k)}{\sum_{k=1}^{K}P(y_k)\prod_{i=1}^{n}P(x_i|y_k)} \tag{2.38}$$

因为对所有的 y_k，分母都相同，所以可忽略分母部分。朴素贝叶斯分类器可表示为

$$f(x) = \mathrm{argmax}_{y_k} P(y_k)\prod_{i=1}^{n}P(x_i|y_k) \tag{2.39}$$

显然，朴素贝叶斯分类器的训练过程就是先基于训练集估计类先验概率 $P(y_k)$，然后为每个属性估计条件概率 $P(x_i|y_k)$。根据特征值的类型不同，通常使用多项式模型、高斯模型和伯努利模型来实现上述两个概率的计算。

3）三种常见的模型

（1）多项式模型。

如果特征值是离散值，则可以使用多项式模型。令 N 表示训练集，N_{y_k} 表示训练集中第 y_k 类样本组成的集合。若有充足的独立同分布样本，则可容易地估计出类先验概率，即 $P(y_k) = \frac{|N_{y_k}|}{|N|}$。

对于离散属性，令 $N_{y_k x_i}$ 表示 N_{y_k} 中第 i 个属性取值为 x_i 的样本组成的集合，则条件概率 $P(x_i|y_k)$ 可估计为 $P(x_i|y_k) = \frac{|N_{y_k x_i}|}{|N_{y_k}|}$。

如果在训练集中，某个类的训练样本中没有涵盖某个属性全部可能的取值，则将出现概率 $P(x_i|y_k)$ 为 0 的情况。根据式（2.39），通过连乘会使得第 y_k 类样本的其他属性都变得无效（无论其他属性值是什么，最终连乘的结果都是 0）。为了避免这个问题，在估计概率值时通常要引入一个平滑因子。$P(y_k)$ 和 $P(x_i|y_k)$ 的具体计算公式重写为

$$P(y_k) = \frac{|N_{y_k}| + \alpha}{|N| + n\alpha} \tag{2.40}$$

$$P(x_i|y_k) = \frac{|N_{y_k x_i}| + \alpha}{|N_{y_k}| + n\alpha} \tag{2.41}$$

其中，α 是平滑因子。当 $\alpha = 1$ 时，称为 Laplace 平滑；当 $0 < \alpha < 1$ 时，称为 Lidstone 平滑；当 $\alpha = 1$ 时，则表示不进行平滑。

（2）高斯模型。

当特征值是连续值时,利用多项式模型就会导致很多 $P(x_i|y_k)=0$(不进行平滑的情况下)。此时,即便进行平滑处理,所得到的条件概率也难以描述真实情况。因此,处理连续的特征变量,应该采用高斯模型。其中,$P(y_k)$的计算同多项式模型一样。

高斯模型假设每一维特征都服从高斯分布(正态分布),即 $P(x_i|y_k) \sim \chi(\mu_{y_k,i}, \sigma^2_{y_k,i})$。其中,$\mu^2_{y_k,i}$ 表示类别为 y_k 的样本中,第 i 维特征的均值;$\sigma^2_{y_k,i}$ 表示类别为 y_k 的样本中,第 i 维特征的方差。因此可得:

$$P(x_i | y_k) = \frac{1}{\sqrt{2\pi\sigma^2_{y_k,i}}} \exp(-\frac{(x_i - \mu_{y_k,i})^2}{2\sigma^2_{y_k,i}}) \quad (2.42)$$

(3)伯努利模型。

与多项式模型一样,伯努利模型适用于离散特征的情况。不同的是,伯努利模型中每个特征的取值只能是 1 和 0,其条件概率 $P(x_i|y_k)$ 按如下方式计算。

- 当特征值 x_i 为 1 时,$P(x_i|y_k)=P(x_i=1|y_k)$。
- 当特征值 x_i 为 0 时,$P(x_i|y_k)=1-P(x_i=1|y_k)$。

3. 支持向量机算法介绍

1)最小间隔最大化

给定训练样本集 $D = \{(x_1, y_1), (x_2, y_2), \cdots, (x_m, y_m)\}$,其中 $y_i \in \{-1, +1\}$(仅考虑两类分类问题)。分类学习最基本的思想就是基于训练集 D 在样本空间划分一个超平面,将不同类别的样本分开。

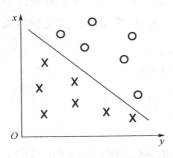

图 2-12 二维空间下的样本划分

(来源:https://blog.csdn.net/v_july_v/article/details/7624837/)

如图 2-12 所示,假设有一个二维平面,平面上有两种不同的数据,分别用圈和叉表示。由于这些数据是线性可分的,所以可以用一条直线将这两类数据分开,这条直线就相当于一个超平面,超平面一边的数据点所对应的 y 全是-1,另一边的数据点,所对应的 y

全是1。

这个超平面可以表示如下:

$$w^T x + b = 0 \qquad (2.43)$$

其中，$w = (w_1, w_2, \cdots, w_d)$ 为法向量，决定了超平面的方向；b 为偏移项，决定了超平面与原点之间的距离。显然，划分超平面可被法向量 w 和偏移项 b 确定，下面将超平面记为 (w,b)。当 $w^T x + b$ 等于 0 时，x 便是位于超平面上的点；当 $w^T x + b$ 大于 0 时，x 对应 $y=1$ 的数据点；当 $w^T x + b$ 小于 0 时，x 对应 $y=-1$ 的数据点。即对于样本集中的所有样本，应满足如下条件：

$$y_i \left(w^T x_i + b \right) > 0, \quad i = 1, 2, \cdots, m \qquad (2.44)$$

从直观上看，这个超平面应该是最适合分开两类数据的直线，而判定"最适合"的标准就是这条直线与直线两边的数据点的最小间隔应最大化，如图 2-13 所示。

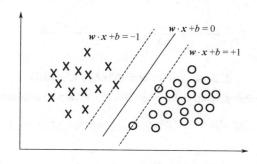

图 2-13　最大化间隔的超平面

（来源：https://blog.csdn.net/v_july_v/article/details/7624837/）

2）软间隔 SVM

前面讨论支持向量机（Support Vector Machine，SVM）时，假定数据是线性可分的，即可以找到一个超平面将数据完全正确地分开，这称为"硬间隔"（Hard Margin）。但实际上，即便是满足线性关系的数据，也会因为存在噪声而无法使用一个超平面完全正确地完成分类。对于偏离正常位置很远的数据点，将其称为 outlier。在前面介绍的 SVM 模型中，outlier 的存在有可能会对模型性能造成很大的影响。这是因为超平面本身就是由少数几个支持向量计算得到的，如果这些支持向量中存在远离正常位置的 outlier，就会使得构建的超平面远离最佳位置，从而严重影响模型性能。

如图 2-14 所示，当出现左上角的噪点时，仍然使用前面介绍的算法进行计算，则超平面会由原本的直线变成黑色虚线。直观上很容易看出，直线仍是具有较强泛化能力的超平面，而对噪点的过度拟合会使得模型的泛化能力变差。

为了处理这种情况，软间隔 SVM（Soft Margin SVM）就应运而生了。它允许支持向量机在一些样本上出错，即软间隔允许部分样本不满足下面的约束：

$$y_i(\boldsymbol{w}^T\boldsymbol{x}_i + b) \geqslant 1 \tag{2.45}$$

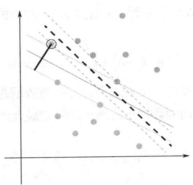

图 2-14　outlier 对于选择超平面的影响
（来源：http://prog3.com/sbdm/blog/u014365862/article/details/48212993）

当然，在最大化间隔的同时，不满足约束的样本应该尽可能少。因此，优化目标可写为

$$\min_{\boldsymbol{w},b} \frac{1}{2}\boldsymbol{w}^T\boldsymbol{w} + C\sum_{i=1}^{m} I\left[y_i(\boldsymbol{w}^T\boldsymbol{x}_i + b) < 1\right] \tag{2.46}$$

其中，C 是一个大于 0 的常数；$I(\cdot)$ 是指示函数，其定义如下：

$$I(x) = \begin{cases} 1, & \text{假如 } x = \text{true} \\ 0, & \text{其他} \end{cases} \tag{2.47}$$

然而，由于指示函数存在非凸、非连续的问题，导致式（2.46）不易直接求解。因此，常使用替代损失（Surrogate Loss）函数来代替指示函数。常用的替代损失函数有如下三种：

$$\text{hinge 损失：} l_{\text{hinge}}(z) = \max(0, 1-z) \tag{2.48}$$

$$\text{指数损失（Exponential Loss）：} l_{\exp}(z) = \exp(-z) \tag{2.49}$$

对率损失（Logistic Loss）： $l_{\ln}(z) = \ln(1+\exp(-z))$ (2.50)

这里以 hinge 损失为例进行模型推导，则式（2.46）重写为

$$\min_{w,b} \frac{1}{2} w^T w + C \sum_{i=1}^{m} \max\left[0, 1 - y_i(w^T x_i + b)\right]$$ (2.51)

引入松弛变量（Slack Variables）：

$$\xi_i = 1 - y_i(w^T x_i + b), \quad \xi_i \geq 0$$ (2.52)

这样，每一个样本都有一个对应的松弛变量，用以表征该样本不满足约束的程度。此时，式（2.51）可重写为

$$\min_{w,b} \frac{1}{2} w^T w + C \sum_{i=1}^{m} \xi_i$$

$$\text{s.t.} \quad y_i(w^T x_i + b) \geq 1 - \xi_i$$

$$\xi_i \geq 0, \quad i = 1, 2, \cdots, m$$ (2.53)

这就是常用的软间隔 SVM。

3）核函数

（1）特征空间的隐式映射。

对于不满足线性关系的数据，直接构建超平面进行分类将导致分类性能很差。对于这个问题，可将样本从原始空间映射到一个更高维度的特征空间，使得样本在这个更高维度的特征空间内线性可分。如图 2-15 所示，如果将原始的二维空间映射到一个合适的三维空间，就能找到一个合适的超平面将两类数据正确分离。幸运的是，如果原始空间是有限维的，即属性数有限，那么一定存在一个高维特征空间使样本线性可分。

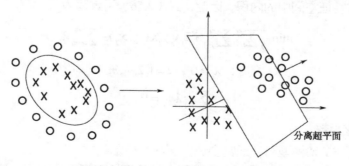

图 2-15 将样本从低维空间映射到高维空间

（来源：https://blog.csdn.net/v_july_v/article/details/7624837/）

令 $\varphi(x)$ 表示将 x 映射后得到的特征向量，因此，在映射后的特征空间中超平面所对应的模型可表示为

$$f(x) = w^T\varphi(x) + b \tag{2.54}$$

其中，w 和 b 是模型参数。相应地，优化目标重写为

$$\min_{w,b} \frac{1}{2}\|w\|^2$$
$$\text{s.t. } y_i(w^T\varphi(x_i) + b) \geq 1, \quad i = 1,2,\cdots,m \tag{2.55}$$

其对偶问题是

$$\min_{\lambda} \frac{1}{2}\sum_{i=1}^{m}\sum_{j=1}^{m}\lambda_i\lambda_j y_i y_j \varphi(x_i)^T\varphi(x_j) - \sum_{i=1}^{m}\lambda_i$$
$$\text{s.t. } \lambda_i \geq 0, \quad i = 1,2,\cdots,m$$
$$\sum_{i=1}^{m}\lambda_i y_i = 0 \tag{2.56}$$

求解式（2.56）涉及计算 $\varphi(x_i)^T\varphi(x_j)$，这是样本 x_i 与 x_j 映射到特征空间之后的内积。由于特征空间维度可能很高，甚至可能是无穷维，因此直接计算 $\varphi(x_i)^T\varphi(x_j)$ 通常是很困难的。为了避免这个问题，可以设想存在这样一个函数：

$$\kappa(x_i, x_j) = \varphi(x_i)^T\varphi(x_j) \tag{2.57}$$

即 x_i 与 x_j 在特征空间的内积等于它们在原始样本空间中通过函数 $\kappa(\cdot,\cdot)$ 计算的结果，将函数 $\kappa(\cdot,\cdot)$ 称为核函数。使用核函数能简化映射空间中的内积运算，而且恰好在 SVM 模型中需要计算的地方数据向量总以内积的形式出现。有了这样的核函数，就不必直接去计算高维甚至无穷维特征空间中的内积。因此，式（2.56）可重写为

$$\min_{\lambda} \frac{1}{2}\sum_{i=1}^{m}\sum_{j=1}^{m}\lambda_i\lambda_j y_i y_j \kappa(x_i, x_j) - \sum_{i=1}^{m}\lambda_i$$
$$\text{s.t. } \lambda_i \geq 0, \quad i = 1,2,\cdots,m$$
$$\sum_{i=1}^{m}\lambda_i y_i = 0 \tag{2.58}$$

（2）常用核函数。

在实际使用 SVM 模型时，通常会选择下面的核函数之一。

- 线性核：$\kappa(x_i, x_j) = x_i^T x_j$。这实际上就是原始空间中的内积，这个核存在的目

的是使得"映射后空间中的问题"和"映射前空间中的问题"二者在形式上统一起来。

- 多项式核：$\kappa(x_i, x_j) = (x_i^T x_j)^d$，$d \geq 1$是多项式的系数。
- 高斯核：$\kappa(x_i, x_j) = \exp(-\frac{\|x_i - x_j\|^2}{2\sigma^2})$，$\sigma > 0$是高斯核的带宽（Width）。如果$\sigma$设置得很大，则模型的拟合能力较差，容易出现欠拟合问题；反过来，如果σ设置得很小，则高斯核可以将任意的数据映射为线性可分，即模型具有较强的拟合能力，此时容易产生非常严重的过拟合问题。高斯核具有相当高的灵活性，通过合理设置参数，可在实际应用中取得较好的性能，因此高斯核是应用最广泛的核函数之一。

4. Adaboost算法介绍

集成学习（Ensemble Learning）是通过构建并结合多个学习器（也称基学习器）来完成学习任务的一种方法，其基本思想是将多个效果相对较差的弱学习器通过一定方法组合成一个强学习器。根据个体学习器的结合方式，集成学习方法主要分为两大类：一类是个体学习器之间存在强依赖关系，必须串行生成的序列化方法，其代表是Boosting；另一类是个体学习器之间不存在强依赖关系，可以同时生成的并行化方法，其代表是Bagging和随机森林（Random Forest）。这里介绍的Adaboost算法是Boosting算法族中最著名的一个。

1）基本原理

Adaboost算法的基本原理就是将多个弱分类器（弱分类器一般选用单层决策树）进行合理的结合，使其成为一个强分类器。Adaboost算法采用迭代的思想，每次迭代只训练一个弱分类器，已训练好的弱分类器将参与下一个弱分类器的训练。具体来说，在第N次迭代中，一共存在N个弱分类器，其中包含$N-1$个已经训练好的弱分类器和待训练的第N个弱分类器。第N个弱分类器的训练目标是针对前$N-1$个弱分类器处理效果不好的那些样本提升分类性能。

Adaboost算法中有两种权重，一种是数据的权重，另一种是弱分类器的权重。其中，数据的权重与已训练好的弱分类器相关，对于已训练好的弱分类器处理不好的那些数据，其具有较高的权重，从而使得新构建的弱分类器能够更好地完成这些数据的处理。弱分类器的权重是指一个弱分类器在集成模型中所起的作用大小，一个弱分类器权重越大，则该弱分类器的分类结果在最终决策时起到的作用越大。在 Adaboost 算法中，每训练完一个弱分类器都会调整权重。

每个弱分类器都有各自关注的点，它们必然是组合在一起才能发挥出作用。因此，最终投票表决时，需要根据弱分类器的权重来进行加权投票，权重大小根据弱分类器的分类错误率计算得出，总的规律是弱分类器错误率越低，其权重就越高。

下面以第 i 轮迭代为例介绍一次迭代的具体步骤：

（1）新增弱分类器 WeakClassifier(i) 与弱分类器权重 alpha(i)。

（2）通过数据集 data 与数据权重 $W(i)$ 训练弱分类器 WeakClassifier(i)，并得出其分类错误率，以此计算出其弱分类器权重 alpha(i)。

（3）通过加权投票表决的方法，结合所有弱分类器得到集成模型的预测输出结果，并计算分类错误率。如果错误率低于设定的阈值（如 5%），则迭代结束；否则，更新数据权重得到 $W(i+1)$，并继续下一轮迭代。

2）Adaboost 算法流程

关于二分类 Adaboost 算法的数学推导，请读者参考附录 A.4.1 的内容。下面直接给出二分类 Adaboost 算法流程。

二分类 Adaboost 算法流程

输入：训练集 $D=\{(x_1,y_1),(x_2,y_2),\cdots,(x_m,y_m)\}$
　　　基学习器算法 $\mathcal{L}$
　　　训练轮数 T
过程：
1： $D_1=(w_{11},w_{12},\cdots,w_{1m}), w_{1j}=\dfrac{1}{m}, j=1,2,\cdots,m$.
2： for $t=1,2,\cdots,T$ do
3： do
4： $h_t = \mathcal{L}(D,D_t)$
5： $\epsilon_t = \sum_{i=1}^{m}\overline{w_{ti}}I(y_i \neq h_t(x_i))$
6： $\alpha_t = \dfrac{1}{2}\ln(\dfrac{1-\epsilon_t}{\epsilon_t})$
7： while $\alpha_t < 0$
8： $\overline{w_{t+1,i}} = \dfrac{\overline{w_{ti}}}{Z_t}\mathrm{e}^{-y_i\alpha_t h_t(x_i)}$，其中 $Z_t = \sum_{i=1}^{m}\overline{w_{ti}}\mathrm{e}^{-y_i\alpha_t h_t(x_i)}$
9： end for
输出： $H(x) = \mathrm{sign}(\sum_{t=1}^{T}\alpha_t h_t(x))$

第 2 章 分类案例

Adaboost.M1 算法是基于 Adaboost 算法的一个改进版本，其可以实现多分类。下面给出算法流程，读者可结合附录 A.4.2 理解该流程。

Adaboost.M1（多分类）算法流程

输入：训练集 $D=\{(x_1,y_1),(x_2,y_2),\cdots,(x_m,y_m)\}$，其中 $y_i \in C$
基学习器算法 $\mathcal{L}$
训练轮数 T
过程：
1: $D_1(i) = \dfrac{1}{m}, i=1,2,\cdots,m$
2: **for** $t=1,2,\cdots,T$ **do**
3: **do**
4: $h_t = \mathcal{L}(D, D_t)$;
5: $\epsilon_t = \sum_{i=1}^{m} D_t(i) I(y_i \neq h_t(x_i))$
6: $\alpha_t = \dfrac{\epsilon_t}{1-\epsilon_t}$
7: **while** $\alpha_t < 0$
8: $\text{temp}(i) = D_t(i) * \alpha_t^{1-I(y_i \neq h_t(x_i))}, \text{for } i=1,2,\cdots,m$
9: 标准化 D_{t+1} 使其为一个分布，即 $D_{t+1}(i) = \dfrac{\text{temp}(i)}{\sum_{i=1}^{m} \text{temp}(i)}$
10: **end for**
输出：$H(x) = \arg\max_{y \in C} \sum_{t=1}^{T} \ln(\dfrac{1}{\alpha_t}) I(y = h_t(x))$

2.3.3 代码实现及分析

1. 分词处理

代码清单 2-14 分词处理

```
import pandas as pd
import jieba
import numpy as np

#加载数据
data_df = pd.read_csv('sohu.txt', sep='\t', header=None)
data_df.columns = ['分类', '文章']
```

```python
#读取停用词列表
stopword_list = [k.strip() for k in open('stopwords.txt',
encoding='utf8').readlines() if k.strip() != '']
#对样本循环遍历，使用jieba库的cut方法获得分词列表，判断此分词是否为停用词，
如果不是停用词，则赋值给变量cutWords
cutWords_list = []
for article in data_df['文章']:
 cutWords = [k for k in jieba.cut(article) if k not in stopword_list]
 cutWords_list.append(cutWords)

#由于分词过程较为耗时，将分词结果保存为本地文件cutWords_list.txt，之后就可以
直接读取本地文件
with open('cutWords_list.txt', 'w') as file:
   for cutWords in cutWords_list:
       file.write(' '.join(cutWords) + '\n')
with open('cutWords_list.txt') as file:
  cutWords_list = [k.split() for k in file.readlines()]
```

2. 特征提取和向量化

1) Word2Vec

代码清单 2-15　Word2Vec

```
#调用gensim.models.word2vec库中的LineSentence方法实例化模型对象，并忽略
警告提示
from gensim.models import Word2Vec
import warnings
#调用sklearn.preprocessing库的LabelEncoder方法对文章分类做标签编码
from sklearn.preprocessing import LabelEncoder
import pickle

#cutWords_list为训练数据；size是输出词向量的维数，值太小会导致词映射因为冲突
而影响结果，值太大则会耗内存并使算法计算变慢，一般取100~200；iter (int, optional)
指定训练数据迭代训练多少遍；min_count是对词进行过滤，频率小于min-count的单词则会被
```

忽视，默认值为5
```
        word2vec_model = Word2Vec(cutWords_list, size=100, iter=10, 
min_count=20)
        warnings.filterwarnings('ignore')
```
　　#模型训练时间较长，保存Word2Vec模型为word2vec_model.w2v文件，之后可以直接读取本地文件
```
        word2vec_model.save('word2vec_model.w2v')
        word2vec_model = Word2Vec.load('word2vec_model.w2v')  #加载训练好的
Word2Vec模型
```
　　#对于每一篇文章，获取文章的每一个分词在Word2Vec模型中的相关性向量，然后把一篇文章的所有分词在Word2Vec模型中的相关性向量求和取平均数，即此篇文章在Word2Vec模型中的相关性向量
　　#定义getVector_v1函数获取每篇文章的词向量，传入两个参数，第1个参数是文章分词的结果，第2个参数是Word2Vec模型对象
```
        def getVector_v1(cutWords, word2vec_model):
            count = 0
            article_vector = np.zeros(word2vec_model.layer1_size)
            for cutWord in cutWords:
                if cutWord in word2vec_model:
                    article_vector += word2vec_model[cutWord]
                    count += 1
            return article_vector / count
        vector_list = []
        for cutWords in cutWords_list:
            vector_list.append(getVector_v1(cutWords, word2vec_model))
        X = np.array(vector_list)
        labelEncoder = LabelEncoder()
        y = labelEncoder.fit_transform(data_df['分类'])
        with open(' word2vec_feature.pkl','wb') as file:  #将Word2Vec特征写入
文件，之后可以直接读取该文件
            save = {
                'featureMatrix':X,
                'label':y
```

```
        }
        pickle.dump(save,file)
```

2）TF-IDF

代码清单 2-16　TF-IDF

```
import pickle
from sklearn.feature_extraction.text import TfidfVectorizer
#调用 sklearn.preprocessing 库的 LabelEncoder 方法对文章分类做标签编码
from sklearn.preprocessing import LabelEncoder
tfidf = TfidfVectorizer(cutWords_list, stop_words=stopword_list, min_df=40, max_df=0.3)
X = tfidf.fit_transform(data_df['文章'])
labelEncoder = LabelEncoder()
y = labelEncoder.fit_transform(data_df['分类'])
with open('tfidf_feature.pkl','wb') as file: #将tfidf特征写入文件，之后可以直接读取该文件
    save = {
        'featureMatrix':X,
        'label':y
    }
    pickle.dump(save,file)
```

3. 基于朴素贝叶斯的新闻文本分类

请读者在 Jupyter Notebook 中新建 Python 3 文件，并运行以下代码。

1）导入程序所需库文件

代码清单 2-17　导入程序所需库文件

```
import pickle #加载模型文件
from sklearn.naive_bayes import MultinomialNB #朴素贝叶斯多项式模型
from sklearn.naive_bayes import BernoulliNB #朴素贝叶斯伯努利模型
from sklearn.model_selection import train_test_split #划分数据集
from sklearn import metrics #构建文本报告
```

2）加载划分数据集

代码清单2-18 加载划分数据集

```
with open('tfidf_feature.pkl','rb') as file:
    tfidf_feature = pickle.load(file)
    X = tfidf_feature['featureMatrix']
    y = tfidf_feature['label']

train_X, test_X, train_y, test_y = train_test_split(X, y,
test_size=0.2, random_state=1)
```

3）模型训练和测试

新闻文本分类中的特征属于离散型特征，这里分别采取多项式模型和伯努利模型来实现新闻文本的分类，下面分别看下两种模型文本分类的准确率。

（1）多项式模型。

代码清单2-19 采用多项式模型实现新闻文本分类

```
clf=MultinomialNB(alpha=1.0e-10).fit(train_X,train_y)
doc_class_predicted=clf.predict(test_X)
print(clf.score(test_X, test_y))
print(metrics.classification_report(test_y,doc_class_predicted))
```

（2）伯努利模型。

代码清单2-20 采用伯努利模型实现新闻文本分类

```
clf1=BernoulliNB(alpha=1.0e-10).fit(train_X,train_y)
doc_class_predicted1=clf1.predict(test_X)
print(clf1.score(test_X, test_y))
print(metrics.classification_report(test_y,doc_class_predicted1))
#classification_report 函数用于显示主要分类指标的文本报告，包括每个类的精确度、召回率、f1值等信息
```

以上是朴素贝叶斯算法的实现过程，读者可以在自己的计算机中下载数据集测试算法，当然也可以使用其他的数据集。

（3）多项式模型运行结果。

平滑因子α默认值为1，此时运行程序得到如图2-16所示的结果。

```
0.789375
              precision    recall   f1-score   support

        0       0.89        0.87     0.88       394
        1       0.82        0.85     0.84       418
        2       0.87        0.85     0.86       387
        3       0.87        0.83     0.85       420
        4       0.86        0.65     0.74       415
        5       0.84        0.79     0.82       383
        6       0.86        0.74     0.79       395
        7       0.56        0.79     0.65       391
        8       0.86        0.80     0.83       379
        9       0.78        0.80     0.79       360
       10       0.78        0.78     0.78       443
       11       0.65        0.74     0.69       415

micro avg       0.79        0.79     0.79      4800
macro avg       0.80        0.79     0.79      4800
weighted avg    0.80        0.79     0.79      4800
```

图 2-16 使用多项式模型实现新闻文本分类的结果（$\alpha=1$）

结果矩阵中，第一列的 0～11 表示总共有 12 类新闻；第二列 precision 为准确率；第三列 recall 为召回率，recall=TP/(TP+FN)，其中，TP 为将正类预测为正类数，FN 为将正类预测为负类数，这个指标表示有多少正类被正确分类；第四列 f1-score 为综合评价准确率与召回率，计算公式为 f1-score=(2×precision×recall)/(precision+recall)，该指标越高表示分类效果越好；最后一列 support 为数据集中该类的总数。最后三行数据的含义如下。

- micro avg：表示微平均，计算公式为 micro avg=(TP+FP)/(TP+FP+TN+FN)，分母为预测样本总数，分子为预测正确的样本个数（无论类别）。
- macro avg：表示宏平均，其计算方法是将各类 f1-score 的值取算术平均，它是一个整体评价指标。
- weighted avg：表示加权平均值，考虑了各类的样本比例。

将平滑因子 α 调整为 1e-10，则得到如图 2-17 所示的运行结果。

由以上结果可知，默认的 α 值并不一定是最佳值，可以通过调整 α 提高模型性能。

第 2 章 分类案例

```
0.8127083333333334
              precision    recall  f1-score   support

         0       0.94      0.90      0.92       394
         1       0.81      0.80      0.81       418
         2       0.88      0.87      0.88       387
         3       0.87      0.89      0.88       420
         4       0.90      0.66      0.76       415
         5       0.83      0.81      0.82       383
         6       0.82      0.72      0.77       395
         7       0.61      0.84      0.71       391
         8       0.88      0.79      0.83       379
         9       0.84      0.80      0.82       360
        10       0.79      0.81      0.80       443
        11       0.73      0.85      0.78       415

 micro avg       0.81      0.81      0.81      4800
 macro avg       0.82      0.81      0.81      4800
weighted avg    0.82      0.81      0.81      4800
```

图 2-17 使用多项式模型实现新闻文本分类的结果（$\alpha=1e-10$）

（4）伯努利模型运行结果。

α 取默认值 1 时，利用伯努利模型得出如图 2-18 所示的文本分类结果。

```
0.66625
              precision    recall  f1-score   support

         0       0.85      0.75      0.80       394
         1       0.64      0.93      0.76       418
         2       0.72      0.87      0.79       387
         3       0.97      0.21      0.34       420
         4       1.00      0.26      0.41       415
         5       0.89      0.31      0.46       383
         6       0.40      0.91      0.55       395
         7       0.57      0.77      0.65       391
         8       0.75      0.85      0.80       379
         9       0.94      0.70      0.81       360
        10       0.67      0.81      0.74       443
        11       0.71      0.66      0.68       415

 micro avg       0.67      0.67      0.67      4800
 macro avg       0.76      0.67      0.65      4800
weighted avg    0.76      0.67      0.65      4800
```

图 2-18 使用伯努利模型实现新闻文本分类的结果（$\alpha=1$）

将 α 调整为 1e-10 时，运用伯努利模型得出如图 2-19 所示的文本分类结果。

```
0.8027083333333334
              precision    recall   f1-score   support

         0       0.92       0.87      0.89       394
         1       0.76       0.91      0.83       418
         2       0.87       0.88      0.88       387
         3       0.97       0.78      0.86       420
         4       1.00       0.39      0.56       415
         5       0.92       0.77      0.84       383
         6       0.68       0.87      0.76       395
         7       0.60       0.86      0.71       391
         8       0.84       0.85      0.85       379
         9       0.90       0.81      0.86       360
        10       0.74       0.84      0.79       443
        11       0.77       0.81      0.79       415

 micro avg       0.80       0.80      0.80      4800
 macro avg       0.83       0.80      0.80      4800
weighted avg     0.83       0.80      0.80      4800
```

图 2-19 使用伯努利模型实现新闻文本分类的结果（$\alpha = 1e-10$）

结果分析：

- 由于本实验使用 TF-IDF 进行词向量化，并不是只有 0 和 1 的特征表示，所以实验中无论 α 的值设置为多少，多项式模型的分类效果都比伯努利模型要好。
- 由于新闻文本数据经过预处理以后得到的特征表示中很少有同一属性存在 0 的情况，所以 α 的值设置得非常小却能得到较高的准确率。
- 由于词向量化后的模型中的矩阵为稀疏矩阵，所以运行高斯模型时会出现以下错误：TypeError: A sparse matrix was passed, but dense data is required.

4. 基于 SVM 的新闻文本分类代码实现及分析

请读者在自己的计算机中新建 svm.py 文件实现基于 SVM 的新闻文本分类，测试该分类算法。

1）代码实现

调用 sklearn 库自带的 SVM 模型实现新闻文本分类的完整代码如下。

第2章 分类案例

代码清单 2-21　基于 Word2Vec 的 SVM 新闻文本分类

```python
#调用sklearn库的svm方法实例化模型对象
#调用sklearn.model_selection库的train_test_split方法划分训练集和测试集
from sklearn import svm
from sklearn.model_selection import train_test_split
from sklearn.metrics import classification_report

# 导入经Word2Vec提取的特征
with open('word2vec_feature.pkl','rb') as file:
    tfidf_feature = pickle.load(file)
    X = tfidf_feature['featureMatrix']
    y = tfidf_feature['label']

# 划分数据集
train_X, test_X, train_y, test_y = train_test_split(X, y, test_size=0.2, random_state=1)
    clf = svm.SVC(C=8, kernel='rbf', gamma=0.06, decision_function_shape='ovo')
    clf.fit(train_X, train_y)
    print(clf.score(test_X, test_y))

# 生成测试报告
y_pred = clf.predict(test_X)
print(classification_report(y_true=test_y, y_pred=y_pred))
```

运行程序后，输出如图 2-20 所示的结果。

2）结果分析

（1）SVM 模型的两个参数 C 和 gamma。

SVM 模型有两个非常重要的参数 C 与 gamma。其中 C 是惩罚系数，即对误差的容忍度。若 C 的值设置过大，则表示不能容忍误差，其效果也就类似于硬间隔 SVM。若 C 值小，则容易欠拟合。

```
0.8510416666666667
            precision    recall   f1-score   support

         0     0.98       0.98      0.98       394
         1     0.92       0.87      0.89       418
         2     0.83       0.88      0.85       387
         3     0.84       0.89      0.86       420
         4     0.93       0.88      0.90       415
         5     0.91       0.90      0.91       383
         6     0.77       0.72      0.74       395
         7     0.69       0.69      0.69       391
         8     0.85       0.84      0.85       379
         9     0.94       0.92      0.93       360
        10     0.83       0.86      0.84       443
        11     0.76       0.78      0.77       415

 micro avg     0.85       0.85      0.85      4800
 macro avg     0.85       0.85      0.85      4800
weighted avg   0.85       0.85      0.85      4800
```

图 2-20 基于 Word2Vec 特征的 SVM 新闻文本分类结果

gamma 是选择 RBF 函数作为 kernel 后，该函数自带的一个参数。该参数决定了数据映射到新的特征空间后的分布，gamma 值越大，支持向量越少；gamma 值越小，支持向量越多。支持向量的个数影响训练与预测的速度。

SVM 高斯核中的 σ 和 gamma 的关系如下：

$$\kappa(x_i, x_j) = \exp(-\frac{x_i - x_j^2}{2\sigma^2}) = \exp(-\text{gamma} \cdot \| x_i - x_j \|^2)$$

$$\Rightarrow \text{gamma} = \frac{1}{2\sigma^2} \qquad (2.59)$$

gamma 可理解为 RBF 的幅宽，它会影响每个支持向量对应的高斯核的作用范围，从而影响泛化性能。如图 2-21 所示，如果 gamma 设置得太大，sigma 会很小，sigma 小的高斯核具有较强的拟合能力，容易产生过拟合问题；而如果将 gamma 设置得过小，则 sigma 会很大，造成平滑效应太大，容易产生欠拟合问题。

（2）Grid Search（网格搜索）。

为了找出最优的参数 C 和 gamma，可以使用 sklearn 工具包中的 Grid Search 工具。Grid Search 是一种调优方法，通过在参数列表中进行穷举搜索，对每种情况进行训练，找到最优的参数。Grid Search 方法的主要缺点是比较耗时。

第 2 章 分类案例

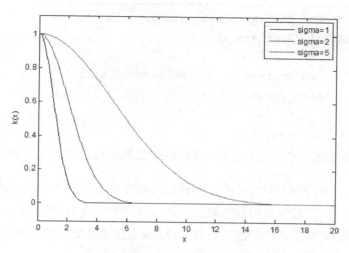

图 2-21 不同 sigma 下的高斯核函数值
（来源：https://www.cnblogs.com/startover/p/3143709.html）

代码清单 2-22 基于 SVM 的新闻文本分类代码实现

```
#调用 sklearn 库的 svm 方法实例化模型对象
#调用 sklearn.model_selection 库的 train_test_split 方法划分训练集和测试集
from sklearn import svm
from sklearn.model_selection import train_test_split
from sklearn.metrics import classification_report
from sklearn.model_selection import GridSearchCV

# 导入经 Word2Vec 提取的特征
with open('word2vec_feature.pkl','rb') as file:
    tfidf_feature = pickle.load(file)
    X = tfidf_feature['featureMatrix']
    y = tfidf_feature['label']
# 划分数据集
train_X, test_X, train_y, test_y = train_test_split(X, y, test_size=0.2, random_state=1)
parameters = { 'kernel':('linear','rbf'), 'C':[1, 2, 4, 8, 16], 'gamma':[0.01, 0.02, 0.06, 0.12, 0.25, 0.5, 1, 2] }
svr = svm.SVC()
```

```
        clf = GridSearchCV(svr, parameters, n_jobs=-1)
        clf.fit(train_X, train_y)

        print('The parameters of the best model are: ')
        print(clf.best_params_)

        y_pred = clf.predict(test_X)
        print(classification_report(y_true=test_y, y_pred=y_pred))
```

程序运行后，可得到下面的结果，即通过网格搜索找到了 SVM 的最优参数设置。注意，该程序运行时间较长，可通过减少网格搜索的参数量来缩短运行时间。另外，也能通过最后两行语句得到最优参数设置的 SVM 模型在测试集上的性能测试报告。

```
The parameters of the best model are:
{'C': 8, 'gamma': 0.06, 'kernel': 'rbf'}
```

（3）基于 TF-IDF 特征的新闻文本分类。

代码清单 2-23　基于 TF-IDF 的 SVM 新闻文本分类

```
#调用 sklearn 库的 svm 方法实例化模型对象
#调用 sklearn.model_selection 库的 train_test_split 方法划分训练集和测试集
from sklearn import svm
from sklearn.model_selection import train_test_split
from sklearn.metrics import classification_report

# 导入 TF-IDF 特征
with open('tfidf_feature.pkl','rb') as file:
    tfidf_feature = pickle.load(file)
    X = tfidf_feature['featureMatrix']
    y = tfidf_feature['label']

# 划分数据集
train_X, test_X, train_y, test_y = train_test_split(X, y,
test_size=0.2, random_state=1)
    clf = svm.SVC(C=8, kernel='rbf', gamma=0.06,
decision_function_shape='ovo')
```

```
clf.fit(train_X, train_y)
print(clf.score(test_X, test_y))

# 生成测试报告
y_pred = clf.predict(test_X)
print(classification_report(y_true=test_y, y_pred=y_pred))
```

运行程序后,输出如图 2-22 所示的结果。

```
0.8552083333333333
              precision    recall  f1-score   support

           0       0.92      0.89      0.90       394
           1       0.97      0.87      0.92       418
           2       0.94      0.88      0.91       387
           3       0.86      0.92      0.89       420
           4       0.74      0.85      0.79       415
           5       0.84      0.88      0.86       383
           6       0.83      0.81      0.82       395
           7       0.70      0.84      0.76       391
           8       0.93      0.85      0.89       379
           9       0.89      0.87      0.88       360
          10       0.88      0.83      0.85       443
          11       0.85      0.79      0.82       415

   micro avg       0.86      0.86      0.86      4800
   macro avg       0.86      0.86      0.86      4800
weighted avg       0.86      0.86      0.86      4800
```

图 2-22 基于 TF-IDF 特征的 SVM 新闻文本分类结果

5. 基于 Adaboost 的新闻文本分类代码实现及分析

请读者下载相应数据集并在自己的计算机中新建 adaboost.py 文件实现基于 Adaboost 的新闻文本分类,测试该分类算法。

调用 sklearn 库自带的 AdaBoostClassifier 方法实现新闻文本分类的完整代码如下。

代码清单 2-24 基于 Adaboost 的新闻文本分类

```python
import pandas as pd
import pickle
from sklearn.model_selection import train_test_split
from sklearn.model_selection import cross_val_score
from sklearn.ensemble import AdaBoostClassifier
from sklearn.metrics import classification_report
```

```python
from sklearn.model_selection import GridSearchCV

# 导入TF-IDF特征
with open('tfidf_feature.pkl','rb') as file:
    tfidf_feature = pickle.load(file)
    X = tfidf_feature['featureMatrix']
    y = tfidf_feature['label']
# 划分数据集
train_X, test_X, train_y, test_y = train_test_split(X, y, test_size=0.2, random_state=1)
# 调入Adaboost分类器，基分类器默认为决策树
ada = AdaBoostClassifier(n_estimators=220, learning_rate=1.0)  # 迭代100次
scores = cross_val_score(ada, train_X, train_y)  # 分类器的精确度
# 用Grid Search寻找最佳参数
parameters = {'n_estimators': [210, 220, 230],
              'learning_rate':[0.9, 1.0, 1.1]}
clf = GridSearchCV(ada, parameters, n_jobs=-1)
clf.fit(train_X, train_y)
cv_result = pd.DataFrame.from_dict(clf.cv_results_)
with open('cv_result.csv', 'w') as f:
    cv_result.to_csv(f)
print('The parameters of the best model are: ')
print(clf.best_params_)
# 输出结果
y_pred = clf.predict(test_X)
print(classification_report(y_true=test_y, y_pred=y_pred))
```

AdaBoostClassifier方法有两个参数。n_estimators表示基分类器数量，默认为50个，基分类器数量过多，模型容易过拟合；数量过少，模型容易欠拟合。learning_rate表示学习率，默认为1，如果学习率过大，容易错过最优值；学习率过小，则收敛速度会很慢。在learning_rate和n_estimators之间需要进行权衡，当分类器数量较多时，学习率可以小一些；当分类器数量较少时，学习率可以适当放大。

程序运行后，可得到如图2-23所示的运行结果。

```
The parameters of the best model are:
{'learning_rate': 0.9, 'n_estimators': 230}
              precision    recall  f1-score   support

           0       0.85      0.80      0.82       394
           1       0.96      0.89      0.92       418
           2       0.86      0.84      0.85       387
           3       0.95      0.76      0.84       420
           4       0.43      0.90      0.58       415
           5       0.86      0.78      0.81       383
           6       0.86      0.77      0.81       395
           7       0.75      0.66      0.70       391
           8       0.97      0.85      0.90       379
           9       0.86      0.74      0.80       360
          10       0.88      0.84      0.86       443
          11       0.93      0.79      0.85       415

   micro avg       0.80      0.80      0.80      4800
   macro avg       0.85      0.80      0.81      4800
weighted avg       0.85      0.80      0.81      4800
```

图 2-23　基于 TF-IDF 特征的 Adaboost 新闻文本分类实验结果

将代码中的 with open('tfidf_feature.pkl','rb') as file: 修改为 with open('word2vec_feature.pkl','rb') as file:，并重新运行，可得到如图 2-24 所示的基于 Word2Vec 特征的实验结果。

```
The parameters of the best model are:
{'learning_rate': 0.9, 'n_estimators': 210}
              precision    recall  f1-score   support

           0       0.93      0.89      0.91       394
           1       0.64      0.67      0.65       418
           2       0.58      0.59      0.59       387
           3       0.63      0.66      0.65       420
           4       0.72      0.67      0.69       415
           5       0.71      0.73      0.72       383
           6       0.41      0.40      0.41       395
           7       0.42      0.35      0.38       391
           8       0.69      0.58      0.63       379
           9       0.85      0.75      0.80       360
          10       0.65      0.58      0.61       443
          11       0.44      0.68      0.54       415

   micro avg       0.63      0.63      0.63      4800
   macro avg       0.64      0.63      0.63      4800
weighted avg       0.64      0.63      0.63      4800
```

图 2-24　基于 Word2Vec 特征的 Adaboost 新闻文本分类实验结果

以上是调用 sklearn 库中自带的 Adaboost 分类器实现的新闻文本分类，读者可以在自己的计算机中实现并测试该分类器。关于自己编写代码实现的 Adaboost 分类器，请读者查看附录 A.4.2。

2.4 手写数字识别

手写数字识别是光学字符识别（Optical Character Recognition，OCR）的一个分支，它研究如何利用计算机自动识别手写在纸张上的 10 个阿拉伯数字。手写数字识别技术对手写邮政编码识别，以及统计报表、财务报表、银行票据等表单上的手写数字识别具有重要应用意义。由于不同人手写数字风格差异较大，有的手写数字甚至人都难以分辨，因此目前手写数字识别技术虽然已经非常成熟，但仍然无法达到 100% 的准确率。

2.4.1 问题描述及数据集获取

手写数字识别是机器学习中的经典案例，可以说是机器学习的 "Hello, World"。本节基于 BP 神经网络实现手写数字识别，并基于 MNIST 数据集进行网络的训练和测试。

MNIST（Modified National Institute of Standards and Technology）数据集是一个由大量手写数字图像组成的数据集。该数据集包含 10 个类别，对应 0~9 共 10 个手写数字。每幅手写数字图像的大小为 28×28=784 像素，训练集包含 60000 个数据，测试集 10000 个数据。如图 2-25 所示是 MNIST 数据集中的手写数字示例。

图 2-25　MNIST 数据集中的手写数字示例
（来源：https://blog.csdn.net/lianzhng/article/details/80319578）

使用的数据集为 .csv 格式，可以用 Excel 打开（下载地址：https://pjreddie.com/projects/mnist-in-csv/）。训练集 mnist_train.csv 包含 60000 个数据，测试集 mnist_test.csv 包含 10000 个数据。训练集和测试集都有 785 列，第一列为分类标签（0~

9），后面784列为每幅手写数字图像的28×28个像素点的值。

本节使用了Keras工具包。Keras是一个用Python编写的高级神经网络API，它能够以TensorFlow、CNTK或者Theano作为后端运行，是一个高度模块化的神经网络库，支持GPU和CPU。Keras的作者是谷歌工程师François Chollet，他表示Keras更像是一个界面而不是一个独立的机器学习框架。本节实验需要安装TensorFlow框架作为后端支持。

2.4.2 求解思路和相关知识介绍

1. 神经元模型和激活函数

在生物神经网络中，一个神经元通常具有多个树突，主要用来接收传入信息；而只有一条轴突，轴突尾端有许多轴突末梢可以给其他多个神经元传递信息。轴突末梢跟其他神经元的树突产生连接，从而传递信号。这个连接的位置在生物学上称为"突触"。人脑神经元模型如图2-26所示。

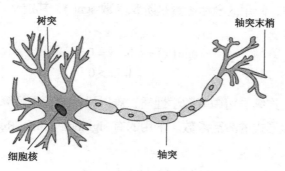

图 2-26 人脑神经元模型

（来源：https://www.jianshu.com/p/f73f5985cda4）

1943年，心理学家McCulloch和数学家Pitts参考生物神经元的结构，发表了抽象的神经元模型MP。在这个模型中，神经元包含输入、输出和计算功能。输入可以类比为神经元的树突，而输出可以类比为神经元的轴突，计算则可以类比为细胞核。连接是神经元中最重要的结构，每一个连接上都有一个权重，一个神经网络的训练算法就是调整权重的值到最佳，以使整个网络的预测效果最好。如图2-27所示是神经元计算过程，其对应的数学表示形式为

$$z = g\left(\sum_{i=1}^{3} a_i w_i\right) \quad (2.60)$$

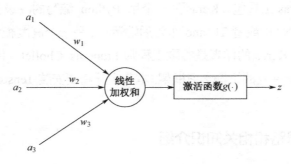

图 2-27　神经元计算过程

可见，将输入和权值的线性加权和通过函数 g 处理，即得到了神经元输出 z，此处的函数 g 称为激活函数（Activation Function）。如果不使用激活函数，无论神经网络有多少层，输出都只是输入的线性组合。引入激活函数为神经元加入了非线性因素，使得神经网络可以任意逼近任何非线性函数，这样神经网络就具有非常强大的数据拟合能力。在最早的 MP 模型中，使用的激活函数是阶跃函数 sgn(·)，其定义为

$$\mathrm{sgn}(x) = \begin{cases} -1, & x < 0 \\ 0, & x = 0 \\ 1, & x > 0 \end{cases} \quad (2.61)$$

阶跃函数不具有连续、可微等数学性质，难以设计优化求解算法。因此，在实际应用中，通常使用其他形式的激活函数。常用的有 sigmod、tanh、ReLU 和 softmax，下面分出给出其数学定义。

sigmoid 激活函数：
$$f(x) = \frac{1}{1 + e^{-x}} \quad (2.62)$$

tanh 激活函数：
$$f(x) = \tanh(x) = \frac{e^x - e^{-x}}{e^x + e^{-x}} \quad (2.63)$$

ReLU 激活函数：
$$f(x) = \max(0, x) \quad (2.64)$$

softmax 激活函数：
$$f(x) = \frac{e^x}{\sum_{z \in Z} e^z} \quad (2.65)$$

其中，softmax 激活函数会根据同一层神经元的输出进行每一个神经元输出值的归一

化，使得同一层神经元输出值之和为 1（对应概率和）。将如图 2-27 所示的神经元按照一定的层次结构进行组织，便得到可用于拟合各种复杂数据的神经网络。

2. 感知机和单隐层神经网络

1958 年，计算科学家 Rosenblatt 提出了由两层神经元组成的神经网络，并命名为"感知机"（Perceptron）。感知机是由输入层和输出层组成的两层神经网络结构。输入层中的神经元只负责传输数据，不做任何计算；而输出层中的神经元则需要对前一层的输出进行计算，并将计算结果作为当前层的输出，这种需要计算的层称为"计算层"。如图 2-28 所示是一个具有 3 个输入神经元和 2 个输出神经元的感知机示意图。

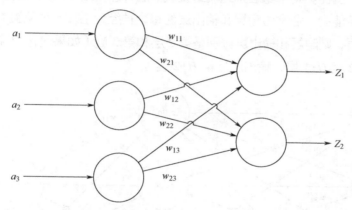

图 2-28　一个具有 3 个输入神经元和 2 个输出神经元的感知机示意图

图 2-28 中，z_1 和 z_2 的计算公式为

$$z_j = g\left(\sum_{i=1}^{3} a_i w_{ji}\right), \ j=1,2 \tag{2.66}$$

令 $\boldsymbol{a} = [a_1, a_2, a_3]^T$（由 a_1、a_2、a_3 组成的列向量），$\boldsymbol{z} = [z_1, z_2]^T$，$\boldsymbol{W} = \{w_{ji}\}_{2 \times 3}$ 是一个 2 行 3 列的矩阵，则式（2.66）可以改写为

$$\boldsymbol{z} = g(\boldsymbol{W} * \boldsymbol{a}) \tag{2.67}$$

式（2.67）就是神经网络中根据前一层的输入计算后一层的输出的数学表示形式，实际上就是先做一个矩阵运算（结果是一个向量），再对结果向量中的每个元素分别用激活函数 g 进行处理。

感知器中的权值通过在训练集上的学习得到。感知器类似一个逻辑回归模型，可以完成线性分类任务。感知器的决策边界形式包括：二维数据平面中的一条直线，三维数据空间中的一个二维平面，n 维数据空间中的一个 $n-1$ 维超平面。

从应用角度来说，感知器的主要问题与线性回归模型相同，就是其不能很好地完成线性不可分的数据分类任务。如果要解决线性不可分问题，则需要使用多层神经元。在多层神经网络中，除输入层和输出层外，中间还会包括一个或多个隐藏层（简称隐层）。除输入层没有激活函数外，隐层和输出层神经元都具有激活函数，而且不同层神经元的激活函数可以相同，也可以不同。如图 2-29 所示是一个单隐层（三层，注意，有的书中不计算输入层，因此会将单隐层神经网络说成两层神经网络）前向神经网络，为了增强神经网络的表示能力，通常为隐层和输出层的每个神经元增加一个偏置参数 b。将输入层定义为第 1 层，则隐层和输出层分别是第 2 层和第 3 层（如果包含 H 个隐层，则这些隐层分别是第 2 至 $H+1$ 层，输出层是第 $H+2$ 层）。

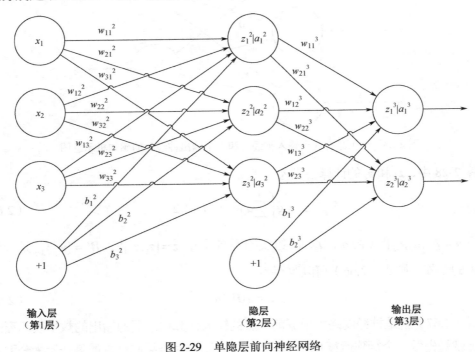

图 2-29 单隐层前向神经网络

对照图 2-29 可知，w_{ij}^l 表示第 $l-1$ 层第 j 个神经元到第 l 层第 i 个神经元的连接权重，

b_i^l 表示第 l 层第 i 个神经元的偏置，z_i^l 表示第 l 层第 i 个神经元的输入，a_i^l 表示第 l 层第 i 个神经元的输出（输入层不做任何处理，因此有 $a_i^l = x_i$）。假设第 l 层使用的激活函数是 g^l，第 l 层神经元的数量是 n^l，则对于 $l>1$ 有下列关系成立：

$$z_i^l = \sum_{j=1}^{n^{l-1}} (w_{ij}^l a_j^{l-1} + b_j^l) \tag{2.68}$$

$$a_i^l = g^l(z_i^l) \tag{2.69}$$

类似于式（2.66）到式（2.67）的转换，令 $\boldsymbol{a}^l = [a_1^l, a_2^l, \cdots, a_{n^l}^l]^T$，$\boldsymbol{z}^l = [z_1^l, z_2^l, \cdots, z_{n^l}^l]^T$，$\boldsymbol{W}^l = \{w_{ij}^l\}_{n^l \times n^{l-1}}$ 是一个 n^l 行 n^{l-1} 列的矩阵，$\boldsymbol{b}^l = [b_1^l, b_2^l, \cdots, b_{n^l}^l]^T$，则式（2.68）和式（2.69）可以改写为

$$\boldsymbol{z}^l = \boldsymbol{W}^l \boldsymbol{a}^{l-1} + \boldsymbol{b}^l \tag{2.70}$$

$$\boldsymbol{a}^l = g^l(\boldsymbol{z}^l) \tag{2.71}$$

3. 反向传播算法

反向传播（Backpropagation）算法是目前用来训练人工神经网络（Artificial Neural Network，ANN）的最常用且最有效的算法。其主要步骤如下。

1）前向推理过程

将训练集数据输入 ANN 的输入层，经过隐层，最后达到输出层并输出结果。对于 L 层神经网络，网络的最终输出为 $\boldsymbol{a}^L = [a_1^L, a_2^L, \cdots, a_{n^L}^L]^T$，多层前向神经网络中信息的传播过程如下：

$$\boldsymbol{x} = \boldsymbol{a}^1 \to \boldsymbol{z}^2 \to \cdots \to \boldsymbol{a}^{L-1} \to \boldsymbol{z}^L \to \boldsymbol{a}^L = \boldsymbol{y} \tag{2.72}$$

2）计算误差

计算 ANN 的输出结果与实际结果之间的误差。假设训练集为 $\{(\boldsymbol{x}^1, \boldsymbol{y}^1), (\boldsymbol{x}^2, \boldsymbol{y}^2), \cdots, (\boldsymbol{x}^i, \boldsymbol{y}^i), \cdots (\boldsymbol{x}^N, \boldsymbol{y}^N)\}$，即共有 N 个训练样本，神经网络模型对这 N 个训练样本的输出为 $\{\boldsymbol{a}^1, \boldsymbol{a}^2, \cdots, \boldsymbol{a}^N\}$（为了书写方便，输出层的输出省略了上标 L），每一个目标输出 $\boldsymbol{y}^i = (y_1^i, y_2^i, \cdots, y_{n^L}^i)^T$。则对于某个数据 $(\boldsymbol{x}^i, \boldsymbol{y}^i)$ 来说，其代价函数定义为：

$$E_i = \frac{1}{2} \| y^i - a^i \|$$
$$= \frac{1}{2} \sum_{k=1}^{n^{(L)}} (y_k^i - a_k^i)^2 \qquad (2.73)$$

其中，加上系数 $\frac{1}{2}$ 是为了后续计算方便。显然，模型在训练数据上的总体代价可表示为

$$E_t = \frac{1}{N} \sum_{i=1}^{N} E_i \qquad (2.74)$$

我们的目标就是不断调整每一层的权重和偏差，使神经网络模型的总体代价最小。

3）反向传播过程

将误差从输出层向隐层反向传播，直至传播到输入层，传播过程中根据误差调整各层参数的值。这里考虑每次取出一个训练样本 (x^i, y^i) 进行模型参数更新，则其计算公式如下（具体推导过程请读者参考附录 A.5.1）：

$$W^l = W^l - \eta \delta^l (a^{l-1})^T \qquad (2.75)$$
$$b^l = b^l - \eta \delta^l \qquad (2.76)$$
$$\delta^L = -(y - a^L) \odot g^{L\prime}(z^L) \qquad (2.77)$$
$$\delta^l = ((W^{l+1})^T \delta^{l+1}) \odot g^{l\prime}(z^l), l = 2, 3, \cdots, L-1 \qquad (2.78)$$

其中，η 是学习率，$\odot$ 为哈达玛积（同型矩阵对应项相乘得到的新矩阵），$g^{L\prime}(z^L)$ 和 $g^{l\prime}(z^l)$ 分别表示 $g^L(z^L)$ 和 $g^l(z^l)$ 的导数。

神经网络训练时不断迭代，直至收敛或达到最大迭代轮数。

2.4.3 代码实现及分析

根据前面介绍的原理编程实现的神经网络，请读者参考附录 A.5.1 的内容。这里仅介绍直接调用 Keras 封装好的包实现基于神经网络的手写数字识别。Sequential 模型可以构建非常复杂的神经网络，包括全连接神经网络、卷积神经网络（CNN）、循环神经网络（RNN）等。这里 Sequential 的含义更多的是堆叠，通过堆叠许多层，构建出深度神

经网络。Sequential 模型的核心操作是添加 layers（图层）。因此，程序从 Keras 中导入了 Sequential 和 Dense。另外，为了对标签进行 One-Hot 编码，从 Keras 中导入了 np_utils。

在 Jupyter 中依次输入以下代码并运行。

1. 导入包

代码清单 2-25　导入包

```
import numpy as np
from keras.models import Sequential
from keras.layers import Dense
from keras.optimizers import SGD
from keras.utils import np_utils
import matplotlib.pyplot as plt
from pylab import mpl
```

2. 读取数据

代码清单 2-26　读取数据

```
def splitdata(datalist):
    inputs_list = []
    targets_list = []
    for record in datalist:
        # 将输入去掉','并转化为向量
        all_values=record.split(',')
        # 对数据进行归一化操作，转化为0与1之间float类型的数字
        inputs=np.asfarray(all_values[1:])/255
        # 定义并初始化标签向量
        targets=np.zeros(10)
        # 将 targets 数组中标签对应的分量的输出置为1，即编码成One-Hot形式
        targets[int(all_values[0])]=1
        inputs_list.append(inputs)
        targets_list.append(targets)
    return np.array(inputs_list), np.array(targets_list)

# 打开训练数据集
```

```python
train_data_file=open('./mnist_dataset_csv/mnist_train.csv','r')
# 得到数据,一行代表一个输入
train_data_list=train_data_file.readlines()
train_data_file.close()
train_inputs,train_targets = splitdata(train_data_list)

# 打开测试数据集
test_data_file = open('./mnist_dataset_csv/mnist_test.csv', 'r')
test_data_list = test_data_file.readlines()
test_data_file.close()
test_inputs,test_targets = splitdata(test_data_list)
```

3. 定义神经网络模型

代码清单2-27　定义神经网络模型

```python
# 定义用于创建神经网络模型的函数
def create_model(num_inputs, hidden_nodes, num_classes):
    model = Sequential()
    # 定义隐层单元和输入层神经元,使用正态分布来初始化权重和偏差,激活函数为sigmoid
    model.add(Dense(units=hidden_nodes, input_dim=num_inputs, kernel_initializer='normal', activation='sigmoid'))
    # 定义输出层神经元,神经元个数为标签数,激活函数为sigmoid
    model.add(Dense(units=num_classes, kernel_initializer='normal', activation='sigmoid'))
    # 编译模型
    model.compile(loss='categorical_crossentropy', optimizer=SGD(lr=0.1), metrics=['accuracy'])
    return model
```

4. 定义评测函数

代码清单2-28　定义评测函数

```python
# 得分函数,在测试集上进行一次测试
def score(nn, inputs, targets):
```

```python
# 通过类方法query输出test数据集中的每一个样本的目标值并和预测值进行对比
scorecord = []
outputs = nn.predict(inputs)
for i in range(outputs.shape[0]):
    # 每个数据的目标值
    correct_label = np.argmax(targets[i])
    # 每个数据的预测值
    label = np.argmax(outputs[i])
    # 若预测正确，则将1加入scorecord数组，错误则加0
    if (label == correct_label):
        scorecord.append(1)
    else:
        scorecord.append(0)
# 将列表转化为array
scorecord_array = np.asarray(scorecord)
# 返回准确率
return scorecord_array.sum() / scorecord_array.size
```

5. 模型训练和测试

代码清单2-29　模型训练和测试

```python
# 创建一个神经网络（隐层有50个神经元），并进行训练
model = create_model(train_inputs.shape[1], 50, train_targets.shape[1])
train_scores=[]
test_scores=[]
for e in range(50):
    print('第%d次迭代...'%(e+1))
    model.fit(x=train_inputs, y=train_targets, epochs=1, batch_size=1)
    train_scores.append(score(model,train_inputs,train_targets))
    test_scores.append(score(model,test_inputs,test_targets))
    print('训练准确率: %f'%train_scores[e])
    print('测试准确率: %f'%test_scores[e])
```

上面的代码运行后,将开始进行网络训练和测试,总共迭代 50 轮。每一轮都会输出当前的训练准确率和测试准确率,如图 2-30 所示。

```
Epoch 1/1
60000/60000 [==============================] - 140s 2ms/step - loss: 0.0588 - acc: 0.9917
训练准确率: 0.992117
测试准确率: 0.965200
第48次迭代...
Epoch 1/1
60000/60000 [==============================] - 141s 2ms/step - loss: 0.0533 - acc: 0.9934
训练准确率: 0.987083
测试准确率: 0.961600
第49次迭代...
Epoch 1/1
60000/60000 [==============================] - 129s 2ms/step - loss: 0.0570 - acc: 0.9938
训练准确率: 0.993817
测试准确率: 0.966800
第50次迭代...
Epoch 1/1
60000/60000 [==============================] - 132s 2ms/step - loss: 0.0594 - acc: 0.9930
训练准确率: 0.994100
测试准确率: 0.967300
```

图 2-30 代码运行结果

6. 结果的图形化显示

代码清单 2-30 结果的图形化显示

```python
#优化 Matplotlib 汉字显示乱码的问题
mpl.rcParams['font.sans-serif'] = ['FangSong']
mpl.rcParams['axes.unicode_minus'] = False

plt.figure(figsize=(10,4))
plt.xlabel('迭代轮数')     # x 轴标签
plt.ylabel('准确率')      # y 轴标签
plt.plot(range(1,51),train_scores,c='red',label='训练准确率')
plt.plot(range(1,51),test_scores,c='blue',label='测试准确率')
plt.legend(loc='best')
plt.grid(True)   # 产生网格
plt.show()   # 显示图像
```

在上面的代码中,网络结构和超参数设置与自己实现的 BP 网络相同,准确率随迭代轮数的变化如图 2-31 所示。

第 2 章 分类案例

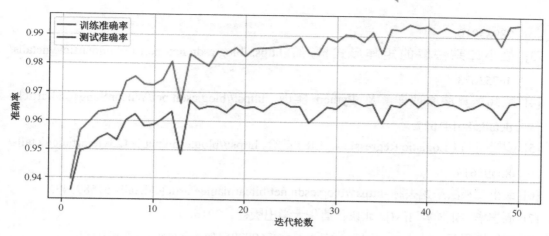

图 2-31 准确率随迭代轮数的变化

无论是自己实现的网络（附录 A.5.2）还是用 Keras 实现的网络，其测试准确率都不到 97%，并没有达到理想的性能。在实际应用中，可以通过调整激活函数、设置优化器等方式提高网络性能，如可尝试将 Keras 实现网络中的隐层激活函数改为 ReLU，将优化器设置为 adam。

2.5 本章小结

本章通过几个典型案例介绍了机器学习中有监督的分类方法，解决问题的过程中涉及了机器学习中的许多典型算法，包括线性回归、k 近邻、决策树、朴素贝叶斯、支持向量机、Adaboost 集成学习和 BP 神经网络。希望读者能够通过本章的案例掌握机器学习中的这些典型算法，并能够应用这些算法解决分类问题。

2.6 参考文献

[1] cs231n 笔记（一）线性分类器. https://www.cnblogs.com/ooon/p/5869504.html.
[2] 线性模型之线性分类器之间的博弈. https://blog.csdn.net/qq_30666517/article/details/

78985810.

[3] 最小二乘法解的矩阵形式推导. https://blog.csdn.net/monsterhoho/article/details/46753673.

[4] 感知器算法原理详解及Python实现. https://blog.csdn.net/WilsonSong1024/article/details/80141027.

[5] 逻辑回归（Logistic Regression，LR）简介. https://blog.csdn.net/jk123vip/article/details/80591619.

[6] 最小二乘法来龙去脉. https://blog.csdn.net/bitcarmanlee/article/details/51589143.

[7] 周志华. 机器学习[M]. 北京：清华大学出版社，2016.

[8] 感知机原理小结. https://blog.csdn.net/qq_36092251/article/details/79610781.

[9] 感知器学习笔记. https://blog.csdn.net/liyuanbhu/article/details/51622695.

[10] 梯度下降法求解感知机模型. https://blog.csdn.net/tkingreturn/article/details/39642249.

[11] 机器学习笔记三：梯度下降. https://blog.csdn.net/xierhacker/article/details/53261008.

[12] 梯度下降算法原理讲解——机器学习. https://blog.csdn.net/qq_41800366/article/details/86583789.

[13] 【机器学习】逻辑斯蒂回归原理推导与求解. https://blog.csdn.net/pxhdky/article/details/82497304.

[14] 利用逻辑回归进行员工离职预测. https://blog.csdn.net/qq_41996090/article/details/88370999.

[15] Python中DictVectorizer的使用. https://blog.csdn.net/qq_36847641/article/details/78279309.

[16] Iris（Iris数据集）. https://baike.baidu.com/item/IRIS/4061453.

[17] Python实现KNN分类算法（Iris数据集）. https://blog.csdn.net/chen_shiqiang/article/details/51927598.

[18] 机器学习（一）——k近邻（KNN）算法. https://www.cnblogs.com/ybjourney/p/4702562.html.

[19] KNN最近邻算法原理详解. https://blog.csdn.net/qq_36330643/article/details/77532161.

[20] 机器学习十大经典算法——KNN（最近邻）. https://blog.csdn.net/Michael__Corleone/

article/details/72773748#commentBox.

[21] 使用朴素贝叶斯进行文本的分类. https://www.jianshu.com/p/845b16559431.

[22] sklearn 之贝叶斯分类器使用. https://www.cnblogs.com/JosonLee/p/10053716.html.

[23] 利用 jieba,word2vec,LR 进行搜狐新闻文本分类. https://www.cnblogs.com/always-fight/p/ 10159547.html.

[24] 贝叶斯决策理论与贝叶斯分类器. https://blog.csdn.net/qq_35992440/article/details/81003412.

[25] 文本分类综合（word2vec，TfidfVectorizer，rnn，cnn）. https://blog.csdn.net/weixin_43435675/ article/details/88129137.

[26] 文本分类技术. http://www.blogjava.net/zhenandaci/category/31868.html?Show=All.

[27] 支持向量机通俗导论（理解 SVM 的三层境界）. https://blog.csdn.net/v_JULY_v/article/details/7624837.

[28] Adaboost 入门教程——最通俗易懂的原理介绍（图文实例）. https://blog.csdn.net/px_528/article/details/72963977.

[29] AdaBoostClassifier 参数. https://blog.csdn.net/weixin_38648232/article/details/85084660.

[30] 召回率 Recall、精确度 Precision、准确率 Accuracy. https://blog.csdn.net/zhangpinghao/article/details/8522805.

[31] AdaBoost.M1 算法. https://blog.csdn.net/attitude_yu/article/details/84061462.

[32] 多标签分类. https://blog.csdn.net/weixin_34034261/article/details/86020519.

[33] 【机器学习】Boosting 与 Adaboost 分类与回归原理详解与公式推导. https://blog.csdn.net/pxhdky/article/details/84857366.

[34] 一文搞定 BP 神经网络——从原理到应用（原理篇）. https://blog.csdn.net/u014303046/article/details/78200010.

[35] 基于 Keras：手写数字识别. https://blog.csdn.net/yph001/article/details/82941913.

[36] MNIST 介绍. https://blog.csdn.net/lianzhng/article/details/80319578.

[37] DeepLearning tutorial（6）易用的深度学习框架 Keras 简介. https://blog.csdn.net/u012162613/article/details/45397033.

[38] Tanh. https://blog.csdn.net/Michaelwubo/article/details/41120055.

[39] 反向传播算法（过程及公式推导）. https://blog.csdn.net/u014313009/article/details/51039334.

[40] 神经网络 BP 反向传播算法原理和详细推导流程. https://blog.csdn.net/qq_32865355/article/details/80260212.

[41] 辨析 matmul product（一般矩阵乘积）、hadamard product（哈达玛积）、kronecker product（克罗内克积）. https://blog.csdn.net/yjk13703623757/article/details/77016867.

[42] 理解 Keras 中的 sequential 模型. https://blog.csdn.net/mogoweb/article/details/82152174.

[43] Keras 中的 keras.utils.to_categorical 方法. https://blog.csdn.net/nima1994/article/details/82468965.

[44] 手把手教你搭建 BP 神经网络，并实现手写 MNIST 手写数字识别. https://blog.csdn.net/ weixin_41822392/article/details/89639783.

[45] 用 Python 创建的神经网络——MNIST 手写数字识别率达到 98%. https://blog.csdn.net/ ebzxw/article/details/81591437.

[46] Keras 手写数字识别（初识 MNIST 数据集）. https://blog.csdn.net/weixin_41137655/article/details/83997684.

[47] Keras 多层感知器识别手写数字. https://blog.csdn.net/weixin_41137655/article/details/84001391.

第 3 章
聚 类 案 例

机器学习案例分析——基于 Python 语言

在移动互联网高速发展的今天，各行各业都在产生大量的数据信息，如社交平台的文字和图像信息、短视频平台产生的视频数据信息、电商平台产生的商品评论信息和客服平台产生的资讯类信息等。如何在这些纷繁多样的数据中挖掘出对个人或企业有价值的信息，是数据挖掘的目标。

聚类分析是数据挖掘中的重要技术之一，有着不可替代的作用。聚类分析技术就是将数据样本按照特征的相似度划分到不同的类别（注意，与有监督分类中预先指定类别不同，聚类中的类别是自动生成的），以同一类别样本之间尽可能相似、不同类别样本之间尽可能不相似为目标。

3.1 人脸图像聚类

人脸识别是一种重要的生物特征识别技术，与指纹、虹膜等其他身份识别方法相比，具有直接、友好和方便的特点。随着人脸识别和检索系统应用的推广，人脸图像数据急剧增长，人脸图像聚类技术已经成为提高系统检索效率的重要基础。

3.1.1 问题描述及数据集获取

1. 问题描述

随着深度学习热度的延续，更灵活的组合方式、更多的网络结构被开发出来。在 Go Deeper、More Data、Higher Performance 的思想指导下，神经网络模型越来越深，随之而来的是对呈指数级增长的样本数目的需求，使得样本的标注越来越困难。

目前人脸的公开数据集达到了几十万甚至数百万的规模，人脸识别百万里挑一的正确率达到 99.9%（MegaFace Benchmark）之后，却难以继续提升。专业的标注人员能标出来的数据永远是简单样本。在图像中标注一般物体时，只考虑当前图像即可；而对于人脸识别的标注，则需要同时考虑多幅人脸图像，标注出哪些人脸图像对应同一个人。

为了应对人脸识别样本标注困难这一问题（该问题随着数据量的增加也会越发明显），一种解决方法就是先让计算机对这些数据进行某种分类，将类似的样本集合到一起；然后，在每一个样本子集中进行人工标注，这样标注一幅人脸图像时就可以只关注当前样本子集中的图像，大大降低了工作量。而对于聚类分析技术而言，只需要知道样本的特征描述（Feature）和样本之间的相似度度量标准（Metric）就可以进行相应操作。因此，可以利用聚类来完成待标注人脸图像的预分类。

2. ORL 人脸数据集

本案例使用的是 ORL 人脸数据集（https://www.cl.cam.ac.uk/research/dtg/attarchive/facedatabase.html）。ORL 人脸数据集是由英国剑桥大学的 Olivetti 研究实验室在 1992 年 4 月至 1994 年 4 月制作的，共包含 40 个不同人的数据，每个人均有 10 张不同的人脸图像。

从文件结构上，ORL 人脸数据集共包含 40 个目录，每个目录对应一个人，有 10 张人脸图像。所有图像以 PGM 格式存储，每幅图像的尺寸为 92×112 像素，每像素有 256 个灰度级。每一个目录下的 10 幅图像是在不同时间、不同光照、不同面部表情（睁眼/闭眼、微笑/不微笑）和不同面部细节（戴眼镜/不戴眼镜）条件下采集的。所有图像均在较暗的均匀背景下拍摄，拍摄的是正脸（部分人脸图像有一些轻微的侧偏）。如图 3-1 所示是 ORL 人脸数据集节选。

图 3-1　ORL 人脸数据集节选

（来源：https://blog.csdn.net/fengbingchun/article/details/79008891）

3.1.2 求解思路和相关知识介绍

1. 聚类问题

聚类问题是指给定一个样本集合 $D = \{x_1, x_2, \cdots, x_m\}$，其中每个样本具有 n 个可观测属性，即 $x_i \in R^n, i = 1, 2, \cdots, m$，使用某种算法将 D 划分成 k 个子集，使得每个子集内部的样本之间相似度尽可能高，而不同子集的样本之间相似度尽可能低。通过聚类，具有相似属性的样本最终会被划归到同一簇中，而不同簇中的样本之间存在较大差异。

第 2 章介绍的分类问题是示例式学习，其要求分类前必须明确各个类别，并将用于训练模型的每个样本映射到一个已知类别。与分类不同，聚类是观察式学习，在聚类前可以不知道类别甚至不给定类别数量，因此其属于无监督学习范畴。目前聚类广泛应用于统计学、生物学、数据库技术和市场营销等领域，相应的算法也非常多。这里仅介绍一种最简单的聚类算法——k 均值（k-means）算法。

1）k-means 算法简介

k-means 算法，也称 k 平均或 k 均值算法，是一种简单但经典的基于距离的聚类算法，已得到了广泛应用。该算法采用距离（关于距离的定义，如欧氏距离、曼哈顿距离等，在第 2 章讲解 KNN 时已经做过详细介绍，这里不再进行解释）作为相似性的评价指标，即认为两个样本的距离越近，其相似度就越大。k 均值聚类算法将距离相近的样本分到一个簇中，其目标是根据样本自动生成 k 个簇，使得每个簇中的样本尽可能相似、不同簇中的样本尽可能不相似。

2）k-means 算法的实现步骤

k-means 算法是将样本聚类成 k 个簇（Cluster）。其中，k 在聚类前由用户预先指定，其求解过程描述如下。

（1）随机选取 k 个簇的质心：

$$\mu_1, \mu_2, \cdots, \mu_k \in R^n \tag{3.1}$$

（2）重复下面的过程直至收敛（各簇质心不再变化或变化很小）。

对于每一个样本 x_i，计算其应该属于的簇：

$$c_i = \arg\min_j D(x_i, \mu_j) \tag{3.2}$$

其中，$D(\cdot)$ 是某种距离度量方法。

第 3 章 聚类案例

对于每一个簇，根据其所包含的样本重新计算其质心：

$$\mu_j = \frac{\sum_{i=1}^{m} I(c_i = j) x_i}{\sum_{i=1}^{m} I(c_i = j)} \qquad (3.3)$$

如图 3-2 所示是二维情况下 k-means 算法计算过程示意图（$k=2$，即聚成两类）。其中，圆圈代表样本点，两个叉代表要分类的两个簇的质心。在图 3-2（a）中，随机生成两个簇的初始质心；在图 3-2（b）中，根据两个初始质心将样本按照距离最近原则划分到两个簇中；在图 3-2（c）中，根据样本划分结果更新两个簇的质心；在图 3-2（d）中，根据更新后的两个质心再次进行样本的划分；重复样本划分和质心更新这两个步骤，直至收敛。

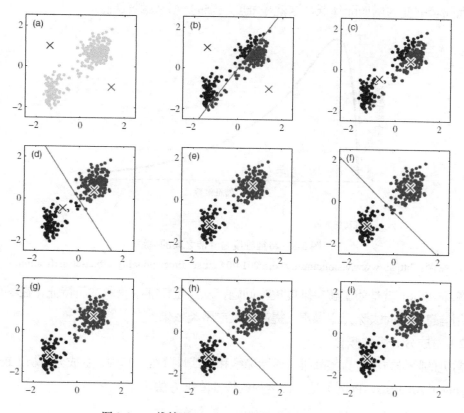

图 3-2 二维情况下 k-means 算法计算过程示意图
（来源：http://www.mamicode.com/info-detail-1491381.html）

2. 降维（Dimension Reduction）

1）降维的意义

在介绍降维之前，不得不提的是维度灾难（Curse of Dimensionality）。例如，假设有一组图像数据集，数据集中每幅图像属于猫、狗两种类别之一，现在需要构建一个分类器将这两种类型的图像分开。那么分类的依据是什么呢？很容易想到使用颜色这个属性，但是单纯使用颜色进行分类效果并不是很好。此时，考虑增加一些属性以改善图像的分类效果，如毛发纹理、眼睛大小和面部尺寸等属性。

现在面临的问题是，到底应该使用多少属性以精确地区分猫和狗呢？是不是属性越多越好呢？答案是否定的。如图 3-3 所示，当特征的维度超过某个限度之后，模型的性能反而随着维度的增加而降低，这就是维度灾难的一个直观表现。

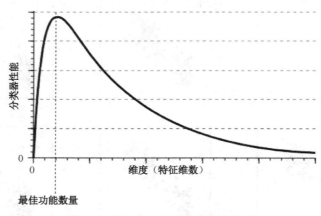

图 3-3　特征维度与性能之间的关系

（来源：https://www.visiondummy.com/2014/04/curse-dimensionality-affect-classification/）

降维实际上就是为了解决维度灾难问题，从大量特征中获取本质特征，在尽可能保留有用信息的同时去除无用噪声，提高分类或聚类效果。

2）主成分分析的概念

常见的降维方法有直接降维、线性降维和非线性降维。其中，主成分分析（Principal Component Analysis，PCA）是一种常用的线性降维方法。

PCA 的核心思想是，通过正交变换，将原本线性相关的 n 维特征映射到 k 维线性无关的特征空间。所得到的样本在 k 维正交空间中的 k 维特征则被称为主成分，其在去除特征相关性和无用噪声的同时，实现了信息保留的最大化（或信息损失的最小化）。

在 PCA 的具体实现中，实际上就是考虑如何在原始特征空间中找到一个 k 维超平面，将样本映射在该超平面上，从而实现降维。具体实现方式有两种：

- 样本对于超平面的最大投影方差；
- 样本的最小投影距离（最小重构代价）。

基于这两种不同的方法，可以得到主成分分析的两种等价推导。这里仅给出最大投影方差的推导过程。

3）最大投影方差

在信号处理中认为信号具有较大的方差，噪声具有较小的方差，信噪比就是信号与噪声的方差比，其值越大越好。因此，在进行特征空间转换时，最好的结果应该是空间转换后的样本点的方差达到最大值。

假设特征空间是 n 维的，将投影超平面的 n 个单位基向量表示为 u_i（$u_i^T u_i = 1$，$i = 1, 2, \cdots, n$），$u = [u_1, u_2, \cdots, u_n]$ 是一个 $n \times n$ 的方阵。同时，为了简化计算，对样本进行中心化操作。因此，首先计算样本均值：

$$\bar{X} = \frac{1}{m} \sum_{i=1}^{m} x_i \tag{3.4}$$

从而得到中心化后的样本：$x_i - \bar{X}$，$i = 1, 2, \cdots, m$。中心化后的样本到超平面的投影可以表示为

$$(x_i - \bar{X})^T u \tag{3.5}$$

所有样本的投影方差如下（中心化后各维度特征均值都为 0）：

$$\begin{aligned} J &= \frac{1}{m} \sum_{i=1}^{m} \left((x_i - \bar{X})^T \cdot u - 0 \right)^2 \\ &= \frac{1}{m} \sum_{i=1}^{m} u^T (x_i - \bar{X})(x_i - \bar{X})^T u \\ &= u^T \left(\frac{1}{m} \sum_{i=1}^{m} (x_i - \bar{X})(x_i - \bar{X})^T \right) u \end{aligned} \tag{3.6}$$

用 S 表示样本特征的协方差矩阵，即：

$$S = \frac{1}{m}\sum_{i=1}^{m}(x_i - \bar{X})(x_i - \bar{X})^{\mathrm{T}} \tag{3.7}$$

则式（3.6）可重写为

$$J = u^{\mathrm{T}} S u \tag{3.8}$$

此时，最大化投影方差就可以写成这样一个最优化问题：

$$\hat{u} = \arg\max u^{\mathrm{T}} S u$$
$$\text{s.t.} \ u^{\mathrm{T}} u = 1 \tag{3.9}$$

构造拉格朗日函数：

$$L(u, \lambda) = u^{\mathrm{T}} S u + \lambda(1 - u^{\mathrm{T}} u) \tag{3.10}$$

并对 u 求偏导，有：

$$\frac{\partial L}{\partial u} = 2Su - 2\lambda u = 0$$
$$\Rightarrow Su = \lambda u$$
$$\text{s.t.} \ u^{\mathrm{T}} u = 1 \tag{3.11}$$

可以看出，协方差矩阵的特征向量就组成了超平面的基向量；要最大化投影方差，只需要将特征向量按其对应的特征值从大到小排序，并取出前 k 个基向量得到降维转换矩阵 $u' = [u_1', u_2', \cdots, u_k']$；最后将中心化后的样本乘以转换矩阵（$(x_i - \bar{X})^{\mathrm{T}} u'$），就可以完成对样本的降维。

3.1.3 代码实现及分析

本案例使用了如图 3-4 所示的 60 张人脸图像，所有图像放在 FaceImage60 文件夹中。

第 3 章 聚类案例

图 3-4 使用的 60 张人脸图像

1. 代码实现

代码清单 3-1　人脸聚类代码实现

```python
#使用sklearn工具包中经过优化的PCA包，运算效率显著提升
from sklearn.decomposition import PCA
import numpy as np
import matplotlib.pyplot as plt
from PIL import Image
import os

#统计文件夹下的图像数量
def countFile(dir):
    tmp = 0
    for item in os.listdir(dir):
        if os.path.isfile(os.path.join(dir, item)):
            tmp += 1
        else:
            tmp += countFile(os.path.join(dir, item))
    return tmp
```

```python
#加载图像
def loadImage(path):
    img = Image.open(path)
    #将图像转换成灰度图
    img = img.convert("L")
    #获取图像宽度和高度
    width = img.size[0]
    height = img.size[1]
    data = img.getdata()
    #图像大小是 92×112,展平为 10304
    #为了避免溢出,这里将像素值缩小 100 倍
    data = np.array(data).reshape(height*width)/100
    return data

#加载图像数据集,转化为图像矩阵
def loadDataSet(path):
    n_samples = countFile(path)
    i = 0
    dataSet = np.zeros(shape=(n_samples,10304))
    for fileName in os.listdir(path):
        data = loadImage(path + '/' + fileName)
        dataSet[i] = data
        i += 1
    return dataSet

#中心化
def zeroMean(dataMat):
    meanVal=np.mean(dataMat,axis=0)
    newData=dataMat-meanVal
    return newData,meanVal

#降维,将 dataMat 数据矩阵的特征投影到 k 维特征空间
#注意:降维的维数不应超过样本个数,否则会出现复数特征值,导致无法计算
def mypca(dataMat,k):
```

```python
    newData,meanVal = zeroMean(dataMat)
    #计算协方差矩阵
    covMat = np.cov(newData,rowvar=0)
    #计算协方差矩阵的特征值与特征向量
    eigVals,eigVects = np.linalg.eig(np.mat(covMat))
    #对特征向量按特征值从小到大排序后，从后往前取出具有最大特征值的k个特征向量
    eigValIndice = np.argsort(eigVals)
    k_eigValIndice = eigValIndice[-1:-(k+1):-1]
    k_eigVect = eigVects[:,k_eigValIndice]
    #将中心化后的数据与特征向量矩阵相乘，即可得到降维之后的数据
    lowDataMat = newData * k_eigVect
    return lowDataMat

#计算欧氏距离
def distEclud(x,y):
    return np.sqrt(np.sum((x-y)**2))

#为给定的数据集随机选出k个样本点，将其组合构建为初始质心集合
def randomCenter(dataSet, k):
    m,n = dataSet.shape
    centers = np.zeros((k,n))
    rd = np.random.RandomState(33) #每次运行生成相同的随机数，以使实验结果可重现
    s = set()
    i = 0
    while i<k:
        index = rd.randint(0,m)
        if index not in s:
            s.add(index)
            centers[i,:] = dataSet[index,:]
            i+=1
    return centers

#k均值聚类
```

```python
def kMeans(dataSet,k):
    m = dataSet.shape[0]
    
    #第一列表示各样本所属的簇,第二列表示各样本到簇的质心的距离
    clusters = np.mat(np.zeros((m,2)))
    changeFlag = True
    
    #第一步,初始化所有簇的质心
    centers = randomCenter(dataSet,k)
    
    avgDist = 0
    while changeFlag:
        changeFlag = False
        avgDist = 0
        #遍历所有样本
        for i in range(m):
            minDist = float('inf')
            minIndex = -1
            
            #第二步,遍历所有质心,并找出最近的一个
            for j in range(k):
                distance = distEclud(centers[j,:],dataSet[i,:])
                if distance < minDist:
                    minDist = distance
                    minIndex = j
            avgDist += minDist
            
            #第三步,更新每一个样本所属的簇
            if clusters[i,0] != minIndex:
                changeFlag = True
                clusters[i,:] = minIndex,minDist ** 2
        
        #第四步,更新每个簇的质心
        for j in range(k):
```

```
                        #先用np.nonzero()[0]提取每个簇中样本点的索引
                        #再取每个样本点坐标
                        points = dataSet[np.nonzero(clusters[:,0].A == j)[0]]
                        #更新质心坐标
                        centers[j,:] = np.mean(points,axis = 0)
            return
centers,clusters,np.asarray(clusters[:,0]).astype(np.int),avgDist/m

    #加载数据集,进行聚类
    data = loadDataSet("FaceImage60")
    rec_data = mypca(data,3)   #使用自己编写的PCA运算较慢
    #也可以直接使用sklearn中的PCA,以加快运算
    #pca = PCA(n_components=3)
    #rec_data = pca.fit_transform(data)
    centers,clusters,code,avgDist = kMeans(np.array(rec_data),10)
    for i in range(10):
        ind = np.where(code==i)[0]
        colnum=6
        rownum=(len(ind)+colnum-1)//colnum
        plt.figure(figsize=(colnum, rownum))
        plt.gray()
        print('Cluster {0}'.format(i+1))
        for j in range(rownum*colnum):
            plt.subplot(rownum,colnum,j+1)
            if j<len(ind):
                plt.imshow(Image.fromarray(data[ind[j]].
                    reshape(112,92)*100))
            plt.axis('off')
        plt.show()
```

2. 实验结果及分析

程序运行完毕后,可看到如图 3-5 所示的人脸聚类结果。可见,该程序将同一人的大多数人脸图像聚到一类中。

图 3-5 人脸聚类结果

第 3 章 聚类案例

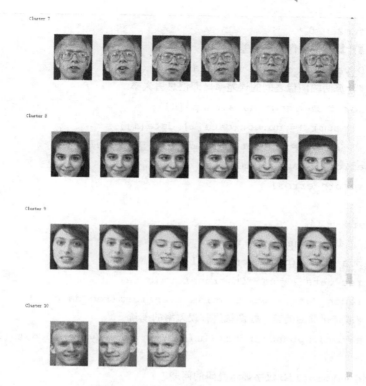

图 3-5　人脸聚类结果（续）

1）降维维数的选择

在前面的代码中提到，降维的维数不宜超过样本的个数，那么应该如何选择维数呢？降维后的数据只保留了原图像的主要成分，那么，怎么知道降维后的图像保留了多少信息呢？可以使用如下的代码进行衡量。

代码清单 3-2　衡量降维图像信息保留量的方法实现

```
#使用sklearn工具包中经过优化的PCA包，运算效率显著提升
from sklearn.decomposition import PCA
from pylab import mpl

#定义error函数，计算降维前后两幅图像的误差率
def error(data,recdata):
    sum1 = 0
```

```
        sum2 = 0
        #计算两幅图像之间的差值矩阵
        D_value = data - recdata
        #计算两幅图像之间的误差率,即信息丢失率
        for i in range(data.shape[0]):
            sum1 += np.dot(data[i],data[i])
            sum2 += np.dot(D_value[i], D_value[i])
        error1 = sum2/sum1
        return error1


errors = []
for i in range(3,60):
    pca = PCA(n_components=i)
    rec_data = pca.fit_transform(data)
    recon_data = pca.inverse_transform(rec_data)
    #取转化前后的第一幅图像进行误差率的衡量
    errors.append(error(data[0],np.asarray(recon_data[0])))

#优化 Matplotlib 汉字显示乱码的问题
mpl.rcParams['font.sans-serif'] = ['FangSong']
mpl.rcParams['axes.unicode_minus'] = False

plt.figure(figsize=(10,4))
plt.rcParams['figure.dpi'] = 600
plt.xlabel('降维维数')
plt.ylabel('误差率')
plt.plot(range(3,60),errors,c='red')
plt.show()
```

降维后图像信息保留量的实验结果如图 3-6 所示。可以看到，随着降维维数的增加，误差率越来越低，说明降维后图像保留的信息越来越多。对于降维的维数，常用的做法是设置信息量的阈值，如保留 99%的信息量或保留 95%的信息量等。对于本实验，降维到 3 维以上就能保留 95%以上的信息，说明原始人脸图像中存在着大量的冗余信息。

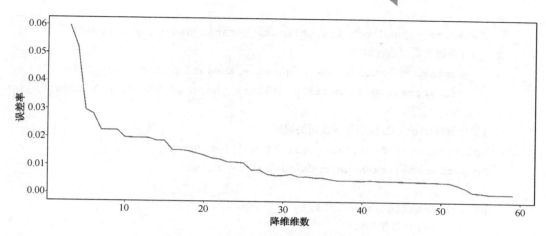

图 3-6　降维后图像信息保留量的实验结果

在量化聚类效果时，使用 CH 指标作为聚类效果优劣的评价标准。CH 指标通过计算类中各点与类中心的距离平方和来度量类内的紧密度（越小越好），通过计算各类中心点与数据集中心点距离平方和来度量数据集的分离度（越大越好），CH 指标由分离度与紧密度的比值得到。CH 越大代表类自身越紧密，类与类之间越分散，即聚类结果更优。

代码清单 3-3　降维维数对聚类效果的影响

```
from sklearn.decomposition import PCA
from sklearn import metrics
import matplotlib.pyplot as plt
from pylab import mpl
import warnings
warnings.filterwarnings("ignore")

data = loadDataSet("FaceImage60")
score = []
rec_score = []
for i in range(1,60):
    pca = PCA(n_components=i)
    rec_data = pca.fit_transform(data)
    #降维前数据进行聚类
    centers,clusters,code,avgDist = kMeans(np.array(data),10)
```

```
        score.append(metrics.calinski_harabaz_score(data,code))
    #降维后数据进行聚类
        centers,clusters,code,avgDist = kMeans(np.array(rec_data),10)
        rec_score.append(metrics.calinski_harabaz_score(data,code))

#优化 Matplotlib 汉字显示乱码的问题
mpl.rcParams['font.sans-serif'] = ['FangSong']
mpl.rcParams['axes.unicode_minus'] = False

plt.figure(figsize=(10,4))
plt.xlabel('降维维数')
plt.ylabel('CH 指标')
plt.plot(range(1,60),score,c='red',label='降维前')
plt.plot(range(1,60),rec_score,c='blue',label='降维后')
plt.legend(loc='best')
plt.show()
```

降维维数对分类效果影响的前后对比如图 3-7 所示。可以看出，当维数在一定范围内时，聚类效果能取得明显的提升。但降维后如果维数较大，聚类效果与原始特征聚类效果相差无几；当降维后特征较少时，则会因为信息损失太多而造成性能下降。

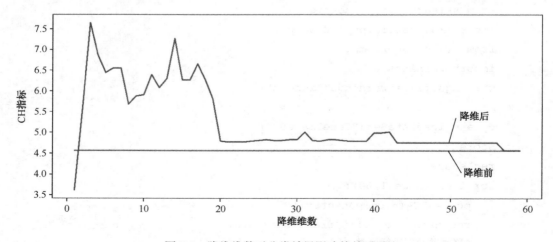

图 3-7　降维维数对分类效果影响的前后对比

2）肘部法求 k 的取值

在 k-means 算法中，首先需要根据初始聚类中心来确定一个初始划分，然后对初始划分进行优化。这个初始聚类中心的选择对聚类结果有较大的影响，如果初始值选择得不好，可能无法得到有效的聚类结果。在具体实验中，k-means 算法可能收敛于局部最小值（对初始 k 个聚类中心的选择敏感），无法得到最优解。同时，在 k-means 算法中 k 是事先给定的，这个 k 值是非常难以估计的。很多时候，事先并不知道给定的数据集应该分成多少个类别才最合适。通常可以使用肘部法估计最佳 k 值。

代码清单 3-4　肘部法估计最佳 k 值

```
#按每一样本到所属簇中心的距离的平均值观察"肘部"
import warnings
warnings.filterwarnings('ignore')

def chooseK(data, i):
    score = []
    pca = PCA(n_components=3)
    rec_data = pca.fit_transform(data)
    for j in range(3, i):
        centers,clusters,code,avgDist = kMeans(np.array(rec_data), j)
        score.append(avgDist)
    return score

data = loadDataSet("FaceImage60")
score = chooseK(data,20)

#优化Matplotlib汉字显示乱码的问题
mpl.rcParams['font.sans-serif'] = ['FangSong']
mpl.rcParams['axes.unicode_minus'] = False

plt.figure(figsize=(10,4))
plt.plot(range(3,20),score)
plt.xlabel('聚类簇数')
plt.ylabel('平均距离')
```

```
plt.show()
```

肘部法估计最佳 k 值如图 3-8 所示。由于受初始聚类中心影响，平均距离并没有严格随着聚类簇数的增加而减小（实际中对每一聚类簇数，可通过多次随机初始化不同的聚类中心，并取多次实验的平均值来获得更为稳定的变化趋势）。但总体上看，当聚类簇数为 11 时，平均距离的减小速度变缓。因此，对于本案例的数据，k-means 聚类的最佳 k 值应该在 11 附近。

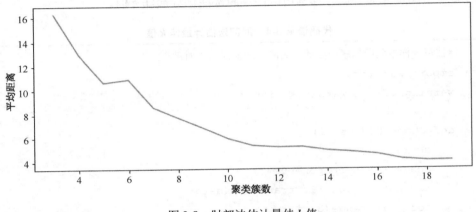

图 3-8　肘部法估计最佳 k 值

3.2　文本聚类

文本聚类是将文本库分成若干个不相交的簇，使具有相似特征的文本被分到同一簇中。文本聚类是一种无监督的学习过程，即聚类算法不需要样本的预先分类，不需要带标注的训练数据，它用于自动挖掘文本数据的潜在类别。

3.2.1　问题描述及数据集获取

1. 问题描述

1）文本聚类简介

首先，把自然语言描述的文档转换成文本特征向量（将每个文档转换为高维空间中的一个点）；其次，通过计算点与点之间的距离，将距离比较近的点聚成一个簇，这些簇的中心称为簇心。与人脸图像聚类类似，文本聚类的目标就是保证簇内不同点之间的距离尽可能近，簇与簇之间的距离尽可能远。

2）文本聚类流程

文本聚类分为3个步骤：

（1）分词处理，把中文文章进行分词；

（2）将分词转换为词向量，常用的方法包括 BOW、Word2Vec 和 TF-IDF；

（3）选择聚类算法，常用的算法包括 k-means、DBSCAN 和 GMM 等。

其中，前两部分的内容已经在 2.3 节中详细介绍过了，这里不再重复。至于聚类算法，本案例选用的是高斯混合模型（Gaussian Mixture Model，GMM）。

2. 数据集介绍

与 2.3 节新闻文本分类相同，本案例使用了来自搜狐新闻 2012 年 6—7 月国内、国际、体育、社会、娱乐等 12 个频道的新闻数据（SogouCS），数据集中提供了分类和正文信息（构建聚类模型时只使用正文信息，而不需要分类信息）。

3.2.2 求解思路和相关知识介绍

1. 极大似然估计（MLE）和隐变量

1）极大似然估计

极大似然估计，是指利用已知的样本结果，反推最有可能（最大概率）导致该结果的参数值。例如，如果需要统计某市所有中学生中男生和女生的身高分布，应该如何统计呢？考虑到待调查样本的数量太大，为了减少工作量，常用的方法是随机抽样，如从所有学生中随机抽取 100 名男生和 100 名女生，然后依次统计他们的身高。对于这个问题，通过数学建模进行求解，这里以男生的身高分布计算为例。

首先，随机抽取并调查 100 名男生的身高，组成样本集 $X=\{x_1,x_2,\cdots,x_N\}$，其中 x_i 表示第 i 名男生的身高，$N=100$ 表示样本个数；假设男生的身高服从正态分布 $N(\mu,\sigma^2)$（在很多问题的求解过程中都会使用分布假设，而正态分布是最常用的一种分布假设），其中均值 μ 和方差 σ 未知，因此待估计参数可记为 $\theta=(\mu,\sigma)^T$。

这里需要通过这 100 名男生的身高数据完成参数估计工作，即使用样本集 X 来估计

正态分布的未知参数 θ。$p(x_i|\theta), i=1,2,\cdots,N$ 表示在假设正态分布情况下抽取到每一样本的概率，又因为各男生身高是相互独立的，因此有：

$$L(\theta)=p(x_1,x_2,\cdots,x_N\mid\theta)=\prod_{i=1}^{N}p(x_i\mid\theta) \quad (3.12)$$

目标就是要找到一个极大似然估计量 $\hat{\theta}$，使似然函数 $L(\theta)$ 的值最大（观测值出现的可能性最大），即：

$$\hat{\theta}=\mathrm{argmax}_\theta L(\theta) \quad (3.13)$$

通过对式（3.12）取对数，得到对数似然函数（将连乘转换为连加以方便求解）：

$$\ln L(\theta)=\ln\prod_{i=1}^{N}p(x_i\mid\theta)=\sum_{i=1}^{N}\ln p(x_i\mid\theta) \quad (3.14)$$

可见，估计参数 θ 的问题实际上是一个最优化问题。在最优化问题求解中，最常用的方法就是直接求导获得解析解，或者用梯度下降的方法迭代求解。

2）隐变量

极大似然估计的目标是计算使观测数据出现的概率最大化的最佳参数 θ。对于分类问题，明确知道每一样本所属的类别，因此可以直接根据每类样本估计参数。然而，对于聚类问题，并不知道每一样本所属的类别，所有类别的样本会混在一起。例如，目前有 200 名学生（100 名男生和 100 名女生）的身高数据，但不知道具体哪些是男生的身高数据、哪些是女生的身高数据，此时性别就是一个隐变量。在存在隐变量的情况下，就无法使用直接求导进行问题求解，而需要使用期望最大化（EM）算法进行迭代优化。关于 EM 算法的原理和推导过程，请读者参阅附录 A.6.1。

2. 高斯混合模型

1）GMM 简介

在人脸聚类的案例中，使用了 k-means 算法。k-means 算法简单、易实现，且具有一定的聚类准确度，但 k-means 算法也有较大的局限性。例如，在二维情况下，k-means 算法假设样本点的分布是圆形的（欧氏距离），但由中心极限定理，实际中高斯（Gaussian）分布（也称正态分布）往往更常见。

高斯混合模型是指多个高斯分布函数通过线性组合得到的模型。理论上，GMM 可以拟合出任意类型的分布，通常用于解决同一集合下的数据包含多个不同分布情况下的问题。使用 GMM 进行聚类，得到的每一个高斯分布对应聚类结果中的一个簇。

如图 3-9 所示，样本点分别通过两个不同的正态分布随机生成。如果只用一个二维高斯分布，则无法较好地描述这些数据。此时，就需要使用由两个高斯分布组成的高斯混合模型，如图 3-10 所示。

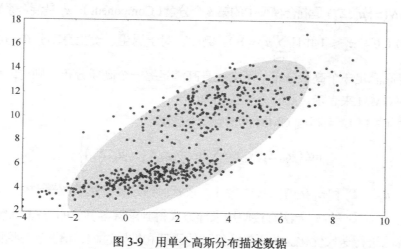

图 3-9　用单个高斯分布描述数据

（来源：https://blog.csdn.net/jinping_shi/article/details/59613054）

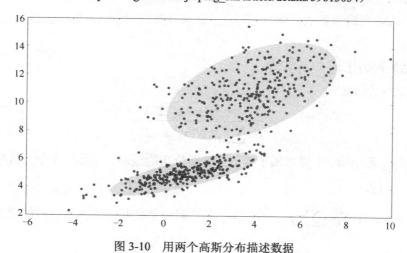

图 3-10　用两个高斯分布描述数据

（来源：https://blog.csdn.net/jinping_shi/article/details/59613054）

下面给出高斯混合模型的数学描述。设有随机变量 X，则高斯混合模型可以表示为

$$p(\pmb{x}) = \sum_{k=1}^{K} p(k) p(\pmb{x}|k)$$
$$= \sum_{k=1}^{K} \pi_k N(\pmb{x}|\pmb{\mu}_k, \pmb{\Sigma}_k) \tag{3.15}$$

其中，$N(\pmb{x}|\pmb{\mu}_k,\pmb{\Sigma}_k)$ 是混合模型中的第 k 个分量（Component），π_k 是混合系数（Mixture Coefficient）（$0 \leqslant \pi_k \leqslant 1$ 并且 $\sum_{k=1}^{K}\pi_k = 1$）。例如，对于男生、女生身高分布的这个例子，如果男生身高满足一个高斯分布，而女生身高满足另一个高斯分布，则可以用两个高斯分布组成的 GMM 来表示，此时分量数 $K=2$。

根据式（3.14），可得到 GMM 的对数似然函数：

$$\ln L(\pmb{\mu}_k, \pmb{\Sigma}_k, \pi_k) = \sum_{i=1}^{N} \ln \left\{ \sum_{k=1}^{K} \pi_k N(\pmb{x}_i|\pmb{\mu}_k, \pmb{\Sigma}_k) \right\} \tag{3.16}$$

其中，$\pmb{\mu}_k$、$\pmb{\Sigma}_k$ 和 π_k 是待求解的参数，求解目标是使似然函数最大化。该似然函数的 ln 函数中有求和运算，无法直接使用求导方式得到求解各参数的方程。此时，就需要使用 EM 算法进行迭代优化。关于 EM 算法的原理和推导过程，请读者参阅附录 A.6.1。

2）GMM 参数求解的实现步骤

关于 GMM 参数求解的具体推导过程，请读者参阅附录 A.6.2，这里只给出具体实现步骤。

（1）随机初始化 π_k、$\pmb{\mu}_k$ 和 $\pmb{\Sigma}_k$。

（2）E 步：计算

$$\gamma_{i,k} = \frac{\pi_k N(\pmb{x}_i|\pmb{\mu}_k, \pmb{\Sigma}_k)}{\sum_{k=1}^{K}\pi_k N(\pmb{x}_i|\pmb{\mu}_k, \pmb{\Sigma}_k)} \tag{3.17}$$

其中，$\gamma_{i,k}$ 表示第 i 个样本属于第 k 个高斯分布的概率，也称第 k 个分量模型对样本数据 $\pmb{x}_i$ 的响应度。

（3）M 步：令 $N_k = \sum_{i=1}^{N} \gamma_{i,k}$，其物理意义是第 k 个高斯分量模型生成的样本数的数学期望。

按式（3.18）至式（3.20）进行参数更新：

第 3 章 聚类案例

$$\pi_k^{\text{new}} = \frac{N_k}{N} \tag{3.18}$$

$$\boldsymbol{\mu}_k^{\text{new}} = \frac{1}{N_k} \sum_{i=1}^{N} \gamma_{i,k} \boldsymbol{x}_i \tag{3.19}$$

$$\boldsymbol{\Sigma}_k^{\text{new}} = \frac{1}{N_k} \sum_{i=1}^{N} \gamma_{i,k} (\boldsymbol{x}_i - \boldsymbol{\mu}_k^{\text{new}})(\boldsymbol{x}_i - \boldsymbol{\mu}_k^{\text{new}})^{\text{T}} \tag{3.20}$$

（4）计算参数更新后的对数似然函数值 $\sum_{i=1}^{N} \ln \left\{ \sum_{k=1}^{K} \pi_k N(\boldsymbol{x}_i \mid \boldsymbol{\mu}_k, \boldsymbol{\Sigma}_k) \right\}$，与参数更新前的对数似然函数值计算差值。如果差值的绝对值小于某个阈值，则认为模型已经收敛并退出循环；否则，再执行步骤（2）和（3）。

3.2.3 代码实现及分析

1. 实验数据介绍

本实验中使用的文件包括：
- sohu.txt：12 个类别共 24 000 条新闻数据（每连续的 2 000 条数据属于同一类别），只选取其中的前 4 000 条数据（两个类别）进行聚类实验。
- stopwords.txt：停用词列表。

2. 导入库

代码清单 3-5　导入 GMM 文本聚类所需库

```
import numpy as np
import copy as cp
import matplotlib as mpl
import matplotlib.pyplot as plt
from sklearn.cluster import KMeans
import pandas as pd
import time
import os
import jieba
from sklearn.preprocessing import LabelEncoder
```

3. 加载数据和分词

代码清单 3-6　加载数据和分词

```
# 加载数据（取前 4000 个共两类样本进行实验）
data_df = pd.read_csv('sohu.txt',sep='\t',header=None)
data_df.columns = ['分类','文章']
data_df = data_df[0:4000]

# 加载停用词
stopword_list = [k.strip() for k in open('stopwords.txt',
encoding='utf8').readlines() if k.strip() != '']

# 对文本分词
cutWords_list = []
i = 0
startTime = time.time()
for article in data_df['文章']:
    cutWords = [k for k in jieba.cut(article) if k not in stopword_list]
    i += 1
    if i % 1000 == 0:
        print('前%d篇文章分词共花费%.2f秒' %(i, time.time()-startTime))
    cutWords_list.append(cutWords)
```

4. 生成 Word2Vec 模型

代码清单 3-7　生成 Word2Vec 模型

```
#调用 gensim.models.word2vec 库中的 LineSentence 方法实例化模型对象
from gensim.models import Word2Vec
import warnings

warnings.filterwarnings('ignore')
word2vec_model = Word2Vec(cutWords_list, size=100, iter=10,
min_count=20)
```

5. 形成词向量

代码清单 3-8　形成词向量

```python
#将分词结果提取特征，形成词向量
def getVector(cutWords, word2vec_model):
    vector_list = [word2vec_model[k] for k in cutWords if k in word2vec_model]
    cutWord_vector = np.array(vector_list).mean(axis=0)
    return cutWord_vector

startTime = time.time()
vector_list = []
i = 0
for cutWords in cutWords_list:
    i += 1
    if i % 1000 ==0:
        print('前%d篇文章形成词向量花费%.2f秒' %(i, time.time()-startTime))
    vector_list.append(getVector(cutWords, word2vec_model))
X = np.array(vector_list)

#转化过程较为费时，保存已经转化为向量的数据集，以便重复使用
import pickle
with open('word2vec_feature.pkl_4000','wb') as file:
    save = {
        'featureMatrix':X,
        'label':y
    }
    pickle.dump(save,file)
```

转换词向量的过程比较费时，所以转换后可以将处理结果保存至文件中，以便后面可以复用该文件。本实验将转换后的结果保存至 **word2vec_feature_4000.pkl** 文件中。

6. 函数定义

代码清单3-9　函数定义

```python
# 计算高斯函数
def Gaussian(data,mean,cov):
    dim = np.shape(cov)[0]
    covdet = np.linalg.det(cov)    #计算|cov|
    covinv = np.linalg.inv(cov)    #计算cov的逆
    if covdet==0:                  #以防行列式为0
        covdet = np.linalg.det(cov+np.eye(dim)*0.01)
        covinv = np.linalg.inv(cov+np.eye(dim)*0.01)
    m = data - mean
    z = -0.5 * np.dot(np.dot(m, covinv),m)
    #返回概率密度值
    return 1.0/(np.power(np.power(2*np.pi,dim)*abs(covdet),0.5))*np.exp(z)


def GMM(data,K):
    N = data.shape[0]
    dim = data.shape[1]

    #每隔5次更新，记录样本的聚类结果
    label = []


    kmeans = KMeans(n_clusters=K, random_state=0)
    kmeans.fit(data)
    means = kmeans.cluster_centers_
    convs=[0]*K
    # 初始方差等于整体data的方差
    for i in range(K):
        convs[i]=np.cov(data.T)
    pis = [1.0/K] * K
    gammas = [np.zeros(K) for i in range(N)]
    loglikelyhood = 0
```

```python
            oldloglikelyhood = 1
            iterCount = 4
            while np.abs(loglikelyhood - oldloglikelyhood) > 0.1:
                oldloglikelyhood = loglikelyhood

                # E步
                for i in range(N):
                    res = [pis[k] * Gaussian(data[i],means[k],convs[k]) for k in range(K)]
                    sumres = np.sum(res)
                    for k in range(K):
                        #gamma 表示第 i 个样本属于第 k 个高斯分布的概率
                        gammas[i][k] = res[k] / sumres


                # M步
                for k in range(K):
                    # Nk 表示属于第 k 个高斯分布的样本数量期望
                    Nk = np.sum([gammas[i][k] for i in range(N)])
                    pis[k] = 1.0 * Nk/N
                    means[k] = (1.0/Nk)*np.sum([gammas[i][k] * data[i] for i in range(N)],axis=0)
                    xdiffs = data - means[k]
                    convs[k] = (1.0/Nk)*np.sum([gammas[i][k]*xdiffs[i].reshape(dim,1)*xdiffs[i] for i in range(N)], axis=0)
                    # 计算最大似然函数
                    loglikelyhood = np.sum([np.log(np.sum([pis[k]*Gaussian(data[i],means[k],convs[k]) for k in range(K)])) for i in range(N)])

                    print(loglikelyhood)

                iterCount += 1
```

```
            if iterCount%5 == 0:
                label.append(np.argmax(np.asarray(gammas),axis =
1).tolist())

    return np.array(label)
```

7. 加载数据并做 GMM 聚类

代码清单 3-10 加载数据并做 GMM 聚类

```
import pickle
with open('word2vec_feature_4000.pkl','rb') as file:
    tfidf_feature = pickle.load(file)
    X = tfidf_feature['featureMatrix']
    y = tfidf_feature['label']


label = GMM(X,2)
```

8. 打印聚类结果

代码清单 3-11 打印聚类结果

```
mpl.rcParams['font.sans-serif'] = ['FangSong']
mpl.rcParams['axes.unicode_minus'] = False
plt.rcParams['figure.dpi'] = 300


acc_1 = []
acc_2 = []


for i in range(label.shape[0]):
    acc_1.append(Counter(label[i,0:2000]).most_common()[0][1]/2000)
    acc_2.append(Counter(label[i,2000:4000]).
    most_common()[0][1]/2000)


plt.plot(range(1,label.shape[0]*5,5),acc_1,color="red",label="前两千样本")
plt.plot(range(1,label.shape[0]*5,5),acc_2,color="blue",label="后两
```

千样本")
        plt.legend()
        plt.xlabel('迭代次数')
        plt.ylabel('准确度')
        plt.show()

9. 结果分析

运行程序后，将生成图 3-11 所示图形，其中分别显示了前 2 000 个样本和后 2 000 个样本的聚类结果的分布情况。数据集中连续排列的每 2 000 个样本实际属于同一文本类别，因此，较好的聚类结果应该将同类样本尽可能聚到一个类中。从实验结果可知，初始用 k-means 算法能达到一定的聚类效果，但后面使用 GMM 算法能够进一步优化聚类效果，提升聚类准确度。

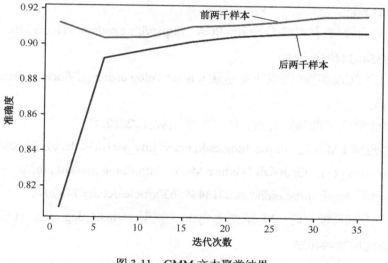

图 3-11　GMM 文本聚类结果

3.3　本章小结

本章通过人脸图像聚类和文本聚类两个案例，介绍了聚类的概念及 k-means 和 GMM

这两种聚类算法的原理和实现。在人脸图像聚类案例中，还介绍了降维的概念及PCA降维方法的原理和实现。除本章介绍的这些算法外，还有很多其他聚类算法（如层次聚类、子空间聚类等），建议读者查阅相关资料，了解这些聚类算法的基本原理及具体应用。

3.4 参考文献

[1] The Curse of Dimensionality in Classification. https://www.visiondummy.com/2014/04/curse- dimensionality-affect-classification/.

[2] 周志华. 机器学习[M]. 北京：清华大学出版社, 2016.

[3] 机器学习算法总结（九）——降维（SVD, PCA）. https://www.cnblogs.com/jiangxinyang/p/9291741.html.

[4] 【机器学习降维】主成分分析 PCA. https://blog.csdn.net/Hemk340200600/article/details/85548344#34__160.

[5] 机器学习之 PCA 实战（图像压缩还原）. https://blog.csdn.net/Vincent_zbt/article/details/88648739.

[6] 李航. 统计学习方法[M]. 北京：清华大学出版社, 2012.

[7] 如何通俗理解 EM 算法. https://blog.csdn.net/v_july_v/article/details/81708386.

[8] 漫谈 Clustering (3)：Gaussian Mixture Model. http://blog.pluskid.org/?p=39.

[9] EM 算法理解. https://blog.csdn.net/u013488563/article/details/74330461.

[10] GMM 混合高斯模型的 EM 算法及 Python 实现. https://blog.csdn.net/zhangwei15hh/article/details/78494026.

第 4 章

回归预测案例

机器学习案例分析——基于 Python 语言

4.1 房价预测

4.1.1 问题描述及数据集获取

房价问题事关国计民生，对国家经济发展和社会稳定有重大影响，一直是各国政府关注的问题。近年来随着房价的不断飙升，房价问题已经成为全民关注的焦点议题之一。本案例以房价为主要研究对象，通过对历年房价走势的分析，对房价进行作图、拟合，找出影响其上涨的因素，并对未来房价的走势进行预测。

本案例使用了两个数据集，第一个数据集为 sklearn 包中的波士顿房价数据集，该数据集规模为 506×14，数据集的部分内容如图 4-1 所示。

	CRIM	ZN	INDUS	CHAS	NOX	RM	AGE	DIS	RAD	TAX	PTRATIO	B	LSTAT	MEDV
0	0.04741	0.0	11.93	0	0.573	6.030	80.8	2.5050	1	273.0	21.0	396.90	7.88	11.9
1	0.10959	0.0	11.93	0	0.573	6.794	89.3	2.3889	1	273.0	21.0	393.45	6.48	22.0
2	0.06076	0.0	11.93	0	0.573	6.976	91.0	2.1675	1	273.0	21.0	396.90	5.64	23.9
3	0.04527	0.0	11.93	0	0.573	6.120	76.7	2.2875	1	273.0	21.0	396.90	9.08	20.6
4	0.06263	0.0	11.93	0	0.573	6.593	69.1	2.4786	1	273.0	21.0	391.99	9.67	22.4

图 4-1 波士顿房价数据集部分内容

该数据集中共有 506 个样本，每个样本有 13 个可能影响房价的特征，以及一个目标变量房价 MEDV 特征。其中，有些特征为离散值，有些特征为连续值。

第二个数据集为 Kaggle 上的 housing 数据集（下载地址：https://www.kaggle.com/anupahuje1/housing），其中 train.csv 规模为 1460×81，数据集的部分内容如图 4-2 所示。

	Id	MSSubClass	MSZoning	LotFrontage	LotArea	Street	Alley	LotShape	LandCon
0	1	60	RL	65.0	8450	Pave	NaN	Reg	
1	2	20	RL	80.0	9600	Pave	NaN	Reg	
2	3	60	RL	68.0	11250	Pave	NaN	IR1	
3	4	70	RL	60.0	9550	Pave	NaN	IR1	
4	5	60	RL	84.0	14260	Pave	NaN	IR1	

5 rows × 81 columns

图 4-2 housing 数据集的部分内容

该数据集中共有 1 460 个样本，每个样本有 80 个可能影响房价的特征及一个目标变量 SalePrice 特征。

4.1.2 求解思路和相关知识介绍

本案例使用线性回归和岭回归两种回归方式对训练集进行拟合，并根据在测试集上所表现的性能指标比较不同的回归模型和不同的数据处理方法。

1. 如何选取与目标变量相关的特征

1）皮尔逊相关系数（针对连续型变量）

在统计学中，皮尔逊相关系数用于度量两个变量 X 和 Y 之间的相关（线性相关）性，其值介于-1 与 1 之间。两个变量之间的皮尔逊相关系数定义为两个变量之间的协方差和标准差的商：

$$\rho_{X,Y} = \frac{\text{cov}(X,Y)}{\sigma_X \sigma_Y} = \frac{E[(X-\mu_X)(Y-\mu_Y)]}{\sigma_X \sigma_Y} \tag{4.1}$$

其中，$\text{cov}(X,Y)$ 为协方差，μ 为均值，σ 为标准差。

假设有 n 个样本 $\{(x_1, y_1), (x_2, y_2), \cdots, (x_n, y_n)\}$，则皮尔逊相关系数的估计值为

$$\begin{aligned} r &= \frac{\sum_{i=1}^{n}(x_i - \mu_x)(y_i - \mu_y)}{\sqrt{\sum_{i=1}^{n}(x_i - \mu_x)^2}\sqrt{\sum_{i=1}^{n}(y_i - \mu_y)^2}} \\ &= \frac{1}{n}\sum_{i=1}^{n}\left(\frac{x_i - \mu_x}{\sigma_x}\right)\left(\frac{y_i - \mu_y}{\sigma_y}\right) \end{aligned} \tag{4.2}$$

其中，$\mu_x = \frac{1}{n}\sum_{i=1}^{n}x_i$ 和 $\mu_y = \frac{1}{n}\sum_{i=1}^{n}y_i$ 分别表示样本 x_i 和 y_i 的均值，$\sigma_x = \sqrt{\frac{1}{n}\sum_{i=1}^{n}(x_i - \mu_x)^2}$ 和 $\sigma_y = \sqrt{\frac{1}{n}\sum_{i=1}^{n}(y_i - \mu_y)^2}$ 分别表示样本 x_i 和 y_i 的标准值，$\frac{(x_i - \mu_x)}{\sigma_x}$ 和 $\frac{(y_i - \mu_y)}{\sigma_y}$ 分别表示样本 x_i 和 y_i 的标准分数。

通过调用 seaborn 中的 jointplot 方法可以绘制散点图并计算皮尔逊相关系数。由图 4-3 可以很明显地看出，第一幅图片中的 GrLivArea 和 SalePrice 具有比较强的正相关性，皮尔逊相关系数为 0.71；第二幅图片中的 PoolArea 和 SalePrice 相关性就比较弱，皮

尔逊相关系数只有 0.092。

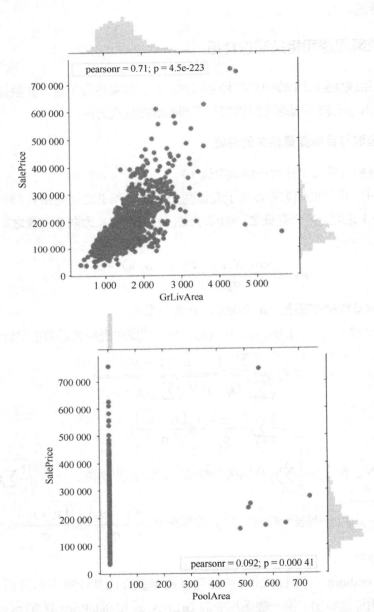

图 4-3　散点图和皮尔逊相关系数（以 Kaggle 上的 housing 数据集为例）

2)通过 seaborn 绘制的图形判断相关性

皮尔逊相关系数适用于连续型变量，而对于离散型变量、分类型变量，可以通过绘制各种功能图来判断两个变量之间的相关性。如图 4-4 所示，第一幅图片中随着自变量（OverallQual）的增大，因变量（SalePrice）也在不断地上升，说明 OverallQual 和 SalePrice 具有明显的正相关性；而第二幅图片就显得没有规律，随着自变量（YearBuilt）的增大，因变量（SalePrice）上下波动，这间接说明 YearBuilt 与 SalePrice 的相关性较弱。

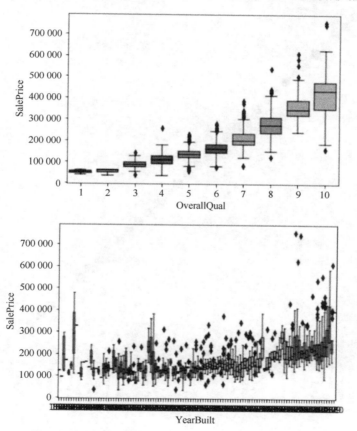

图 4-4　基于箱图的相关性分析（以 Kaggle 上的 housing 数据集为例）

3）通过热力图显示相关性

前面介绍的两种方法都是针对单个特征与目标变量逐一分析，而热力图可以通过对数据集整体特征（数值型数据）进行分析，显示两两之间的相关系数，从而一次选择出与目标变量最相关的若干特征。通过调用 seaborn 中的 heatmap 函数，可以很方便地绘制出热力图。如图 4-5 所示是根据 Kaggle 上的 housing 数据集绘制的热力图。

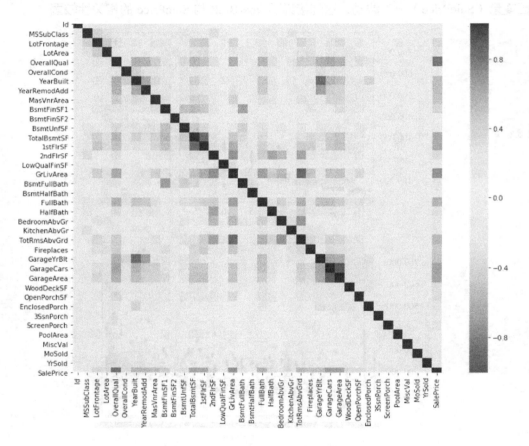

图 4-5　根据 Kaggle 上的 housing 数据集绘制的热力图

提示　机器学习中第一步往往是数据预处理，而这一步基本上又占整个实验的大部分工作。如果数据处理得当，后面的模型训练和预测将会事半功倍。数据预处理中最重要的是特征工程，在特征工程中通过数据分析剔除不必要的特征，可以减少无用特征对模型的影响。当然，单纯通过相关性分析选择与目标变量相关性最大的若干自变量，再根据这些自变量搭建模型，并不一定能够提升模型的性能。相关性分析更重要的作用是对待解决问题的解释（如目标变量主要由哪些因素决定）。如果需要在保留尽可能多信息的同时剔除噪声数据，建议采用3.1节介绍的PCA等数据降维方法。

2. 回归模型

回归是一种预测建模方法，研究因（目标）变量和自变量之间的关系。本节主要介绍线性回归和岭回归这两种回归模型的原理，以及回归预测的三个主要评价指标（误差平方和、决定系数和校正决定系数）。

1）线性回归（Linear Regression）

线性回归是一种通过属性的线性组合来进行预测的线性模型，其目的是找到一条直线（二维空间）、一个平面（三维空间）或者超平面（三维以上空间），使得预测值与真实值之间的误差最小化。数学原理与推导如下。

给定数据集 $D = \{(\boldsymbol{x}_i, y_i)\}_{i=1}^{n}$，其中 $\boldsymbol{x}_i = (x_{i1}, x_{i2}, \cdots, x_{id})$，$y_i \in R$（线性回归的输出空间是整个实数空间），$n$ 是样本数，d 是属性维度。线性回归的实质就是通过数据集学到下列数学公式中的参数 w 和 b：

$$f(\boldsymbol{x}_i) = \boldsymbol{w}^\mathrm{T} \boldsymbol{x}_i + b \tag{4.3}$$

使得对于每一个 $\boldsymbol{x}_i$，模型预测值 $f(\boldsymbol{x}_i)$ 尽量与真实值 y_i 接近。令 $b = w_0 \cdot x_0$（$x_0 = 1$），则式（4.3）可重写为

$$f(\boldsymbol{x}_i) = \boldsymbol{w}^\mathrm{T} \boldsymbol{x}_i \tag{4.4}$$

其中，$\boldsymbol{w} = (w_0, w_1, \cdots, w_d)$，$\boldsymbol{x}_i = (1, x_{i1}, \cdots, x_{id})$，$i = 1, 2, \cdots, n$。

考虑真实值之间通常存在噪声，因此加上一个误差项 ε_i：

$$y_i = \boldsymbol{w}^\mathrm{T} \boldsymbol{x}_i + \varepsilon_i \tag{4.5}$$

假设误差项 ε_i 独立同分布且服从高斯分布，即：

$$p(\varepsilon_i) = \frac{1}{\sqrt{2\pi}\sigma} \exp\left(-\frac{\varepsilon_i^2}{2\sigma^2}\right) \tag{4.6}$$

将式（4.5）代入式（4.6）中，得到在已知参数 w 和数据 $\boldsymbol{x}_i$ 的情况下，预测值为 y_i 的条件概率：

$$p(y_i \mid \boldsymbol{x}_i; \boldsymbol{w}) = \frac{1}{\sqrt{2\pi}\sigma} \exp\left(-\frac{(y_i - \boldsymbol{w}^\mathrm{T} \boldsymbol{x}_i)^2}{2\sigma^2}\right) \quad (4.7)$$

将式（4.7）连乘得到在已知参数 $\boldsymbol{w}$ 和数据 $\boldsymbol{x}$ 的情况下，预测值为 $\boldsymbol{y}$ 的条件概率。也就是在已知数据的条件下，$\boldsymbol{w}$ 是真实参数的概率（似然函数）：

$$L(\boldsymbol{w}) = \prod_{i=1}^{n} p(y_i \mid \boldsymbol{x}_i; \boldsymbol{w}) = \prod_{i=1}^{n} \frac{1}{\sqrt{2\pi}\sigma} \exp\left(-\frac{(y_i - \boldsymbol{w}^\mathrm{T} \boldsymbol{x}_i)^2}{2\sigma^2}\right) \quad (4.8)$$

为了便于计算，通过对数将乘法转换为加法，得到对数似然函数：

$$\begin{aligned}
\log L(\boldsymbol{w}) &= \log \prod_{i=1}^{n} \frac{1}{\sqrt{2\pi}\sigma} \exp\left(-\frac{(y_i - \boldsymbol{w}^\mathrm{T} \boldsymbol{x}_i)^2}{2\sigma^2}\right) \\
&= \sum_{i=1}^{n} \log \frac{1}{\sqrt{2\pi}\sigma} \exp\left(-\frac{(y_i - \boldsymbol{w}^\mathrm{T} \boldsymbol{x}_i)^2}{2\sigma^2}\right) \\
&= n \log \frac{1}{\sqrt{2\pi}\sigma} - \frac{1}{\sigma^2} \frac{1}{2} \sum_{i=1}^{n} (y_i - \boldsymbol{w}^\mathrm{T} \boldsymbol{x}_i)^2
\end{aligned} \quad (4.9)$$

将与参数 $\boldsymbol{w}$ 无关的项去除，则可得到损失函数：

$$\begin{aligned}
J(\boldsymbol{w}) &= \frac{1}{2} \sum_{i=1}^{n} (y_i - \boldsymbol{w}^\mathrm{T} \boldsymbol{x}_i)^2 \\
&= \frac{1}{2} \| \boldsymbol{y} - \boldsymbol{w}^\mathrm{T} \boldsymbol{x} \|^2 \\
&= \frac{1}{2} (\boldsymbol{y} - \boldsymbol{w}^\mathrm{T} \boldsymbol{x})^\mathrm{T} (\boldsymbol{y} - \boldsymbol{w}^\mathrm{T} \boldsymbol{x})
\end{aligned} \quad (4.10)$$

其中，$\boldsymbol{y} = (y_1, y_2, \cdots, y_n)^\mathrm{T}$，$\boldsymbol{x} = (x_1, x_2, \cdots, x_n)^\mathrm{T}$。似然函数表示 $\boldsymbol{w}$ 为真实参数的概率，因此式（4.9）的结果越大越好，这也就意味着目标函数 $J(\boldsymbol{w})$ 越小越好。目标函数是凸函数，只要找到一阶导数为 0 的位置，就能找到最优解。对式（4.10）求偏导 [具体计算过程请参考 2.1.2 节的式（2.7）至式（2.9）]，可得：

$$\frac{\partial J(\boldsymbol{w})}{\partial \boldsymbol{w}} = \frac{1}{2} \frac{\partial}{\partial \boldsymbol{w}} ((\boldsymbol{y} - \boldsymbol{w}^\mathrm{T} \boldsymbol{x})^\mathrm{T} (\boldsymbol{y} - \boldsymbol{w}^\mathrm{T} \boldsymbol{x})) = \boldsymbol{x}^\mathrm{T} \boldsymbol{x} \boldsymbol{w} - \boldsymbol{x}^\mathrm{T} \boldsymbol{y} \quad (4.11)$$

令偏导为 0 可得：

$$\boldsymbol{x}^\mathrm{T} \boldsymbol{x} \boldsymbol{w} = \boldsymbol{x}^\mathrm{T} \boldsymbol{y} \quad (4.12)$$

如果 $\boldsymbol{x}^\mathrm{T} \boldsymbol{x}$ 可逆，可得唯一解：

$$\hat{\boldsymbol{w}} = (\boldsymbol{x}^\mathrm{T} \boldsymbol{x})^{-1} \boldsymbol{x}^\mathrm{T} \boldsymbol{y} \quad (4.13)$$

对应的线性回归模型表示为

$$\hat{y} = w^T x = x^T w = x^T(x^T x)^{-1} x^T y \tag{4.14}$$

其中，$\hat{y}$ 即模型对于输入 x 所给出的预测值。

2）岭回归（Ridge Regression）

在线性回归模型中，需要计算矩阵 $x^T x$ 的逆。如果矩阵为奇异矩阵、不可逆，则无法按式（4.14）进行求解。针对该问题，可以对标准的线性回归模型做一些修改，使原来无法求逆的奇异矩阵转换为非奇异矩阵，从而使问题可解。

岭回归是在式（4.10）的基础上加上一个惩罚项 $\lambda \sum_{i=1}^{n} w_i^2$（称为 L2 正则化），则可得：

$$f(w) = \sum_{i=1}^{n}(y_i - w^T x_i)^2 + \lambda \sum_{i=0}^{d} w_i^2 \tag{4.15}$$

通过加入此惩罚项进行优化，实际上是限制了回归系数 w_i 的绝对值，避免其取值太大，数学上可以证明式（4.15）等价于：

$$f(w) = \sum_{i=1}^{n}(y_i - w^T x_i)^2$$
$$\text{s.t.} \sum_{i=1}^{n} w_i^2 \leq t \tag{4.16}$$

其中，t 为一个阈值，用于限制回归系数 w_i 的绝对值。在使用普通最小二乘回归时，如果两个变量具有相关性，则可能会使得其中一个系数的值是很大的正数，而另一个系数的值是很大的负数。通过岭回归正则项的限制，可以避免这个问题。

将岭回归系数用矩阵的形式表示：

$$\hat{w} = (x^T x + \lambda I)^{-1} x^T y \tag{4.17}$$

对比式（4.13）可以看到，实际上就是通过将 $x^T x$ 加上一个对角矩阵，使得矩阵变成非奇异矩阵，从而可以进行求逆运算。

3. 回归模型的评价指标

1）SSE（误差平方和）

SSE 的计算公式为

$$SSE = \sum_{i=1}^{n}(y_i - \widehat{y_i})^2 \qquad (4.18)$$

其中，y_i 表示真实值，$\widehat{y_i}$ 表示预测值。在数据集不变的情况下，SSE 越小，则模型效果越好。但 SSE 数值大小本身并没有实际意义，随着样本增加，SSE 必然增大。这意味着，在不同数据集的情况下，比较 SSE 没有实际意义。

2）R-square（决定系数）

决定系数的计算公式为

$$R^2 = 1 - \frac{\sum_{i=1}^{n}(y_i - \widehat{y_i})^2}{\sum_{i=1}^{n}(y_i - \frac{1}{n}\sum_{j=1}^{n}y_j)^2} \qquad (4.19)$$

分母可以理解为原始数据的离散程度，分子为预测数据和原始数据的误差，二者相除可以消除原始数据离散程度的影响。实际上，决定系数通过数据的变化来表征拟合的质量。决定系数的理论取值范围为 $(-\infty, 1]$，正常取值范围为 $[0,1]$。这是因为在实际实验过程中通常会选择拟合较好的曲线计算决定系数，因此很少会出现负无穷的情况。决定系数的值越接近 1，表明模型对数据拟合得越好；越接近 0，表明模型拟合得越差。

3）Adjusted R-Square（校正决定系数）

校正决定系数的计算公式为

$$R^2\_adjusted = 1 - \frac{(1-R^2)(n-1)}{n-p-1} \qquad (4.20)$$

其中，n 为样本数量，p 为特征数量。校正决定系数的最大优势就是消除了样本数量和特征数量对评价指标的影响。

4.1.3　代码实现及分析

本案例利用线性回归和岭回归模型分别对 Kaggle 上的 housing 数据集和波士顿房价数据集进行了预测。为了对比两种模型对数据不同处理情况下的拟合程度，分别将数据集应用了无处理、log 平滑处理、标准化处理，以及基于相关性的特征选取，调用 sklearn 包中的两种回归模型对其拟合，并计算决定系数作为回归模型的评价指标。

模型在两个数据集上的求解思路一致，下面仅以 Kaggle 上的 housing 数据集为例，

第 4 章 回归预测案例

说明利用回归模型进行预测的求解过程（基于波士顿房价数据集的代码实现，请读者参考附录 A.7）。

请读者在自己的计算机中新建 Python 3 代码文件，依次输入以下代码并运行。

1. 导入包

代码清单 4-1　导入包

```
import pandas as pd
import numpy as np
from sklearn.model_selection import train_test_split    #划分数据集
from sklearn.preprocessing import StandardScaler        #数据标准化处理
from sklearn.datasets import load_boston
import warnings
warnings.filterwarnings('ignore')
from sklearn.linear_model import LinearRegression       #线性回归
from sklearn.linear_model import Ridge                  #岭回归
import seaborn as sns            #绘制热力图
import matplotlib.pyplot as plt
```

2. 加载并划分数据集

代码清单 4-2　加载并划分数据集

```
data=pd.read_csv('kaggle_housing.csv')              #读入数据集
data['MSSubClass']=data['MSSubClass'].astype(str)   #MSSubClass 是一
个分类变量，所以要把它的数据类型改为 str
Id=data.loc[:,'Id']                 #将 ID 列提取出来
data=data.drop('Id',axis=1)         #将数据集的 ID 列去除

x=data.loc[:,data.columns!='SalePrice']     #构造特征矩阵
y=data.loc[:,'SalePrice']            #构造目标向量
mean_cols=x.mean()          #计算均值
x=x.fillna(mean_cols)    #填充缺失值
x_dum=pd.get_dummies(x)      #独热编码
x_train,x_test,y_train,y_test = train_test_split(x_dum,y,test_size = 0.3,random_state = 1)   #划分数据集
```

3. 对原始数据进行线性回归和岭回归

调用 sklearn 包中的线性回归和岭回归函数对数据集进行拟合。

代码清单 4-3　对原始数据进行线性回归和岭回归

```
#对原始数据进行线性回归
linear = LinearRegression()
linear.fit(x_train,y_train)
y_pre_linear = linear.predict(x_test)
score_linear = linear.score(x_test,y_test)
print('线性回归：')
print(score_linear)
#对原始数据进行岭回归
ridge = Ridge()
ridge.fit(x_train,y_train)
y_pre_ridge = ridge.predict(x_test)
score_ridge = ridge.score(x_test,y_test)
print('岭回归：')
print(score_ridge)
```

回归结果如图 4-6 所示。

线性回归：
0.8617862569555984
岭回归：
0.8749957342672439

图 4-6　回归结果

4. 对 log 平滑处理后的数据进行回归预测

代码清单 4-4　对 log 平滑处理后的数据进行回归预测

```
    y_log=np.log(y)            #对目标变量平滑化
    x_train,x_test,y_train_log,y_test_log = train_test_split(x_dum,y_log,test_size = 0.3,random_state = 1)
    #对平滑处理过的数据进行线性回归
    linear = LinearRegression()
```

```python
linear.fit(x_train,y_train_log)
y_pre_linear = linear.predict(x_test)
score_linear = linear.score(x_test,y_test_log)
print('线性回归(log处理)：')
print(score_linear)
#对平滑处理过的数据进行岭回归
ridge = Ridge()
ridge.fit(x_train,y_train_log)
y_pre_ridge = ridge.predict(x_test)
score_ridge = ridge.score(x_test,y_test_log)
print('岭回归(log处理)：')
print(score_ridge)
```

对数据做平滑处理后的回归结果如图 4-7 所示。

```
线性回归(log处理)：
0.8899808420810954
岭回归(log处理)：
0.8911834458339539
```

图 4-7 对数据做平滑处理后的回归结果

5. 对标准化处理后的数据进行回归预测

代码清单 4-5 对标准化处理后的数据进行回归预测

```python
#再整理出一组标准化数据，通过对比可以看出模型的性能有没有提高
x_train1,x_test1,y_train1,y_test1 = train_test_split(x_dum,y,test_size = 0.3,random_state = 1)
scale_x = StandardScaler()
scale_y = StandardScaler()
x_train1 = scale_x.fit_transform(x_train1)
x_test1 = scale_x.fit_transform(x_test1)
y_train1 = np.array(y_train1).reshape(-1,1)
y_test1 = np.array(y_test1).reshape(-1,1)
y_train1 = scale_y.fit_transform(y_train1)
y_test1 = scale_y.fit_transform(y_test1)
#对标准化数据进行线性回归
```

```python
linear = LinearRegression()
linear.fit(x_train1,y_train1)
y_pre_linear = linear.predict(x_test1)
score_linear = linear.score(x_test1,y_test1)
print('线性回归(标准化处理): ')
print(score_linear)
#对标准化数据进行岭回归
ridge = Ridge()
ridge.fit(x_train1,y_train1)
y_pre_ridge = ridge.predict(x_test1)
score_ridge = ridge.score(x_test1,y_test1)
print('岭回归(标准化处理): ')
print(score_ridge)
```

对数据做标准化处理后的回归结果如图 4-8 所示。

线性回归(标准化处理):
-8.353340903016895e+21
岭回归(标准化处理):
0.8661002843241564

图 4-8　对数据做标准化处理后的回归结果

6. 基于相关性最强的变量进行回归预测

代码清单 4-6　显示热力图

```python
corrmatrix = data.corr()    #计算两两特征之间的相关系数
k = 10
#取前十个相关系数最大的特征列的索引
cols = corrmatrix.nlargest(k,'SalePrice')['SalePrice'].index
cm = np.corrcoef(data[cols].values.T)         #得到相关系数的矩阵
plt.figure(figsize=(14,14))              #构造画布
#绘制热力图
sns.heatmap(cm,cmap='RdPu',annot=True,square=True,fmt='.2f',annot_kws={'size':10},yticklabels=cols.values,xticklabels=cols.values)
plt.xticks(rotation=90)       #为了美观,将 x 轴旋转 90°
plt.show()      #显示热力图
```

热力图如图 4-9 所示。

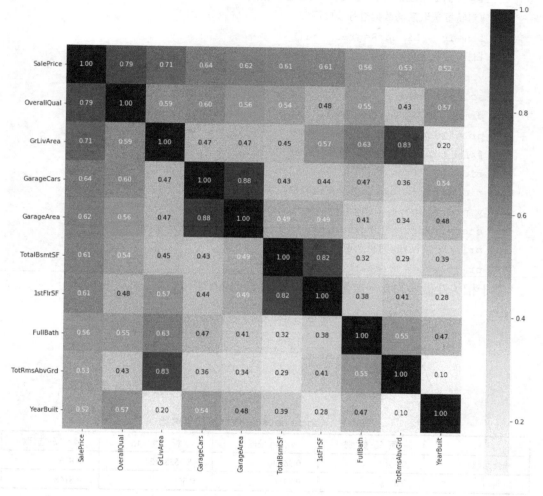

图 4-9 热力图

代码清单 4-7 根据相关性最强的变量进行预测

```
#选取上面得到的相关性最强的 9 个特征（去除目标变量 SalePrice）
    data_x=data.loc[:,('OverallQual','GrLivArea','GarageCars','TotalBs
mtSF','FullBath','TotRmsAbvGrd','YearBuilt','GarageArea','1stFlrSF')]
    data_y = data.loc[:,('SalePrice')]    #构造目标变量
```

```
        x_train2,x_test2,y_train2,y_test2=train_test_split(data_x,data_y,t
est_size=0.3,random_state=1)      #划分数据集
        #对特征选取后的数据进行线性回归
        linear = LinearRegression()
        linear.fit(x_train2,y_train2)
        y_pre_linear = linear.predict(x_test2)
        score_linear = linear.score(x_test2,y_test2)
        print('线性回归(特征选取)：')
        print(score_linear)
        #对特征选取后的数据进行岭回归
        ridge = Ridge()
        ridge.fit(x_train2,y_train2)
        y_pre_ridge = ridge.predict(x_test2)
        score_ridge = ridge.score(x_test2,y_test2)
        print('岭回归(特征选取)：')
        print(score_ridge)
```

基于相关性最强的 9 个变量的预测结果如图 4-10 所示。

```
线性回归(特征选取)：
0.8167479509498
岭回归(特征选取)：
0.8168066357040863
```

图 4-10　基于相关性最强的 9 个变量的预测结果

表 4-1　Kaggle housing 数据集结果对比

	原 始 数 据	log 处理	标 准 化	特 征 选 取
线性回归	0.8617	0.8899	-8.3533e+21	0.8167
岭回归	0.8749	0.8911	0.8661	0.8168

表 4-2　波士顿房价数据集结果对比

	原 始 数 据	log 处理	标 准 化	特 征 选 取
线性回归	0.7836	0.7993	0.7916	0.7233
岭回归	0.7890	0.8086	0.7924	0.7226

根据表 4-1 和表 4-2 可知：

第 4 章 回归预测案例

（1）housing 数据集在线性回归模型上不适合对数据进行标准化。
（2）总体而言，岭回归效果普遍好于线性回归。
（3）不管采用哪个回归模型，log 平滑处理后得到的效果最好。
（4）特征选取并没有提升性能，主要原因是不能单纯地根据每一特征与目标变量的相关性进行特征选择，还要考虑特征之间的相关性（当然，在有些数据上，根据每一特征与目标变量的相关性进行特征选择也能够提升性能）。一般可以考虑选择 PCA 等特征降维方法去除特征相关性，在保留大多数有用信息的同时减少数据中的噪声干扰，从而提升模型性能。

4.2 基于 LSTM 的股票走势预测

4.2.1 问题描述及数据集获取

本案例利用神经网络进行股票走势预测，使用的数据集通过 tushare 包获取。tushare 是一个财经数据接口包，通过调用 tushare 内置函数可获得 2019 年股票代码为 002739 的股票数据。获取数据后，将数据存到 CSV 文件中以避免每次实验都需要重复下载数据，图 4-11 是股票数据 CSV 文件中的前五条数据。

```
0         date    open  close   high    low    volume  code
0   2019-01-02   21.88  21.92  22.36  21.81   80427.0  2739
1   2019-01-03   21.88  21.55  22.08  21.30   71771.0  2739
2   2019-01-04   21.34  21.78  21.93  20.89  106128.0  2739
3   2019-01-07   21.88  22.37  22.58  21.80  114516.0  2739
4   2019-01-08   22.25  22.06  22.46  21.88   83388.0  2739
```

图 4-11 股票数据 CSV 文件中的前五条数据

本数据集中共有 136 条数据，即 2019-01-01—2019-07-25 期间所有工作日产生的数据，每条数据包括股票在某一天的 open（开盘价）、close（收盘价）、high（最高价）、low（最低价），以及 volume（交易量）等信息。

4.2.2 求解思路和相关知识介绍

本案例根据前几天的历史股票数据预测后一天的股票走势，本质上是一个时间序列预测问题，可以用循环神经网络完成。第 2 章已经介绍过神经网络的相关内容，本节直接介绍循环神经网络（RNN），以及循环神经网络中的一种重要结构——长短周期记忆（LSTM）网络。

1. 循环神经网络

循环神经网络用于对序列数据进行建模，除了可以有效完成股票预测、销量预测等与时间有关的序列数据预测问题，在自然语言处理方面也有着非常广泛的应用。循环神经网络结构示意图如图 4-12 所示，图 4-12（a）是压缩表示形式，图 4-12（b）是展开表示形式，二者对应的是同样的网络，展开表示形式更直观、更容易理解。与前面介绍的 BP 神经网络不同，循环神经网络中同一隐层的节点之间是有连接的，即一个隐节点除接收当前时刻的输入数据外，还会接收前一时刻隐节点的输出数据。因此，循环神经网络可以记忆之前的信息，并利用之前的信息影响后面节点的输出。

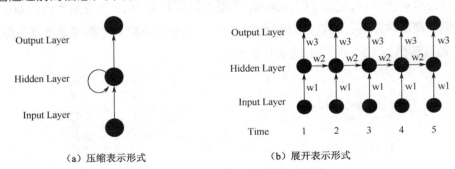

（a）压缩表示形式　　　　　　（b）展开表示形式

图 4-12　循环神经网络结构示意图

（来源：https://blog.csdn.net/qq_38593211/article/details/80460821）

下面对每个隐节点内部结构进行分析，每个隐节点都会对当前时刻输入和上一时刻隐节点的输入进行加工（使用激活函数进行计算），如图 4-13 所示。

其中，RNN 用到的激活函数是 tanh 函数（双曲正切函数），它和前面在 BP 网络中使用的 sigmoid 函数的区别在于：tanh 函数在(-1, 1)区间函数值变化没有那么敏感，用于梯度求解更不容易发生梯度弥散的现象。对于 RNN 的训练和 BP 神经网络相似，前向传播只需要按照时间顺序依次计算每个时刻的输出值，反向传播需要在 BP 算法的基础上加上时序变化，从最后一个时刻将累积的残差传递回来。

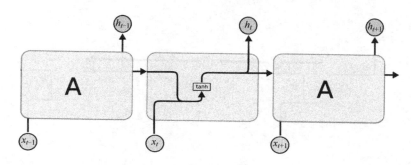

图 4-13　隐节点结构示意图

（来源：https://blog.csdn.net/qq_38593211/article/details/80460821）

2. LSTM（Long Short-Term Memory）网络

LSTM 网络是当前广泛应用的一种循环神经网络，适合处理和预测时间序列中间隔或延迟相对较长的事件。当相关信息和当前预测位置之间的间隔变大时，普通 RNN 的感知能力会下降，而 LSTM 网络可以很好地表示数据之间的长期依赖关系。与普通 RNN 相比，LSTM 网络中加入了一种用于信息选择的 Cell（细胞），每个 Cell 中含有三种门控结构（遗忘门、输入门和输出门）和一个状态参数 Cell State（细胞状态）。图 4-14 为 LSTM 网络中隐节点内部结构示意图，其中 σ 表示使用 sigmoid 激活函数。

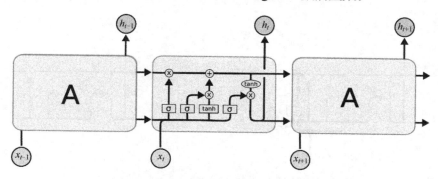

图 4-14　LSTM 网络中隐节点内部结构示意图

（来源：https://blog.csdn.net/qq_38593211/article/details/80460821）

下面分析 LSTM 网络的细胞状态及三种门结构。如图 4-15 所示是细胞状态示意图。其中，C_t 是细胞状态。该图类似于传送带，信息直接在整个传送带上传递，并通过×和+操作引入相关信息，进行细胞状态更新。

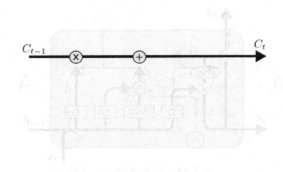

图 4-15　细胞状态示意图

（来源：https://blog.csdn.net/qq_38593211/article/details/80460821）

如图 4-16 所示是隐节点中的遗忘门结构示意图，遗忘门的作用是决定从细胞状态中丢弃多少信息。遗忘门根据上一时刻隐节点的输出 h_{t-1} 和当前时刻的输入 x_t，通过计算得到一个 0 与 1 之间的数值（1 表示"完全保留"，0 表示"完全丢弃"），并将该数值与上一时刻的细胞状态 C_{t-1} 做乘运算。遗忘门的具体计算方法为

$$f_t = \text{sigmoid}(W_f \cdot [h_{t-1}, x_t] + b_f) \tag{4.21}$$

其中，W_f 和 b_f 分别表示遗忘门的权重和偏置参数。

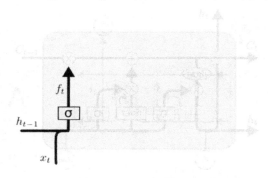

图 4-16　隐节点中的遗忘门结构示意图

（来源：https://blog.csdn.net/qq_38593211/article/details/80460821）

如图4-17所示是LSTM网络中的输入门结构示意图，输入门的作用是决定什么信息应该被存入细胞状态。输入门由两部分组成：第一部分使用sigmoid激活函数，输出i_t；第二部分使用tanh激活函数，输出$\tilde{C}_t$。两部分的结果相乘后，通过加运算将乘法运算结果用于更新细胞状态。输入门的具体计算方法如下：

$$i_t = \text{sigmoid}(W_i \cdot [h_{t-1}, x_t] + b_i) \qquad (4.22)$$

$$\tilde{C}_t = \tanh(W_C \cdot [h_{t-1}, x_t] + b_C) \qquad (4.23)$$

其中，W_i和b_i分别表示输入门第一部分运算的权重和偏置参数，W_C和b_C分别表示输入门第二部分运算的权重和偏置参数。

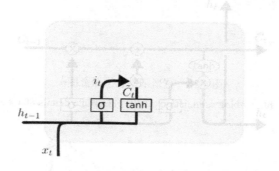

图4-17　LSTM网络中的输入门结构示意图
（来源：https://blog.csdn.net/qq_38593211/article/details/80460821）

如图4-18所示是更新细胞状态示意图，即上一时刻的细胞状态先与遗忘门的输出f_t相乘，再加上输入门中两种信息的乘积。具体计算方法为

$$C_t = f_t \cdot C_{t-1} + i_t \cdot \tilde{C}_t \qquad (4.24)$$

如图4-19所示是输出门结构示意图，其决定一个隐节点输出什么值。这个输出基于前面计算的当前时刻细胞状态：首先，通过sigmoid对前一时刻隐节点的输出h_{t-1}和当前时刻的输入x_t进行处理，得到o_t；其次，把当前时刻的细胞状态通过tanh进行处理（得到一个-1与1之间的值）；最后，将tanh的处理结果和经sigmoid计算得到的o_t相乘，得到当前时刻隐节点的输出h_t。具体计算方法如下：

$$o_t = \sigma(W_o \cdot [h_{t-1}, x_t] + b_o) \qquad (4.25)$$

$$h_t = o_t \cdot \tanh(C_t) \tag{4.26}$$

其中，W_o 和 b_o 分别表示输出门的权重和偏置参数。

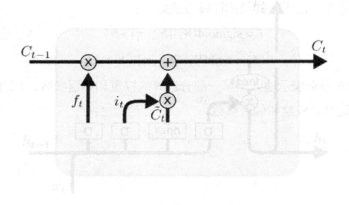

图 4-18　更新细胞状态示意图

（来源：https://blog.csdn.net/qq_38593211/article/details/80460821）

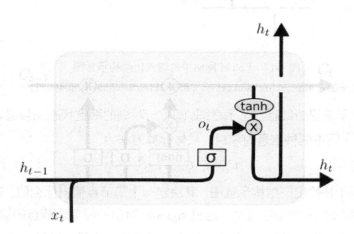

图 4-19　输出门结构示意图

（来源：https://blog.csdn.net/qq_38593211/article/details/80460821）

第4章 回归预测案例

4.2.3 代码实现及分析

1. 导入库

代码清单4-8 导入库

```python
import pandas as pd
import numpy as np
from sklearn.preprocessing import MinMaxScaler
import tensorflow as tf
import matplotlib.pyplot as plt
from pylab import mpl
from tensorflow.contrib import rnn
from sklearn.metrics import mean_absolute_error, mean_squared_error
import warnings
warnings.filterwarnings('ignore')
import tushare as ts   #导入tushare模块,用于获取股票数据
```

2. 数据集获取和处理

代码清单4-9 数据集获取和处理

```python
wdyx = ts.get_k_data('002739','2019-01-01','2019-07-25')   #调用tushare内置函数get_k_data获取数据
wdyx.to_csv('stock.csv')          #将获取到的数据读入stock.csv

data = pd.read_csv('stock.csv')  #读取数据
print(data)  #查看数据
#删除数据集中的无用特征
data = data.drop(['Unnamed: 0','date','code'],1)
#得到行列值
row = data.shape[0]
col = data.shape[1]
#将数据变成数组形式
data_value = data.values
#定义训练集和测试集大小
train_start = 0
```

```
train_end = int(np.floor(0.8*row))
test_start = train_end-1
test_end =row
#划分训练集和测试集
data_train = data_value[np.arange(train_start,train_end),:]
data_test = data_value[np.arange(test_start,test_end),:]
#数据归一化,减小噪声样本的影响
scaler = MinMaxScaler()
scaler.fit(data_train)
data_train = scaler.transform(data_train)
data_test = scaler.transform(data_test)
```

3. 定义参数及生成训练数据和测试数据

代码清单 4-10　定义参数及生成训练数据和测试数据

```
#定义参数
lr = 1e-3          #学习率
#lr_decay = 0.5
batch_size = 1     #一次训练所取样本数
input_size = 5     #一次输入的样本个数
time_step = 4      #时间步
hidden_size = 20   #隐层节点数
layer_num = 2      #网络层数
output_size = 5
keep_prob = 0.8    #每批数据输入时神经网络中的每个单元会以 1-keep_prob 的概率不工作

cell_type='lstm'

#划分训练集
X_train,y_train,batch_index=[],[],[]
for i in range(len(data_train)-time_step):
    batch_index.append(i)
    x=data_train[i:i+time_step,:]
    y=data_train[i+1:i+time_step+1,:]
    X_train.append(x.tolist())
```

```python
        y_train.append(y.tolist())
    batch_index.append((len(data_train)-time_step))

    #划分测试集
    X_test,y_test=[],[]
    for i in range(len(data_test)-time_step):
        x=data_test[i:i+time_step,:]
        y=data_test[i+1:i+time_step+1,:]
        X_test.append(x.tolist())
        y_test.append(y.tolist())
    y_train = np.reshape(y_train,[len(data_train)-time_step,time_step,col])

    y_test = np.reshape(y_test,[len(data_test)-time_step,time_step,col])
```

4. 定义网络

代码清单4-11 定义网络

```python
#初始化RNN的输入、输出、权重、偏置
X_input=tf.placeholder(tf.float32,shape=[None,time_step,input_size])

Y_input=tf.placeholder(tf.float32,shape=[None,time_step,output_size])

W = tf.Variable(tf.truncated_normal([hidden_size,output_size],stddev=0.1),dtype=tf.float32)
bias=tf.Variable(tf.constant(0.1,shape=[output_size]),dtype=tf.float32)
#定义输入层
X=X_input
#定义lstm_cell来构造神经元
def lstm_cell(cell_type,num_nodes,keep_prob):
    if cell_type == "lstm":
        cell = tf.contrib.rnn.BasicLSTMCell(num_nodes)
    else:
        cell = tf.contrib.rnn.LSTMBlockCell(num_nodes)
```

```
        cell=tf.contrib.rnn.DropoutWrapper(cell,
        output_keep_prob=keep_prob)
        return cell
    #调用 MultiRNNCell 来实现多层 LSTM
    mlstm_cell=tf.contrib.rnn.MultiRNNCell([lstm_cell(cell_type,hidden_size,keep_prob) for _ in range(layer_num)],state_is_tuple=True)
    #初始化 state
    init_state=mlstm_cell.zero_state(batch_size,dtype=tf.float32)
    #隐层输出
    outputs=[]
    state=init_state  #初始化状态,即原理中的第一个时刻的 C,其他时刻的状态由前一个时刻的输出决定
    with tf.variable_scope('RNN'):
        for timestep in range(time_step):
            #在第一个时刻声明 LSTM 结构中使用的变量,在之后的时刻都需要复用之前定义好的变量
            if timestep>0:
                tf.get_variable_scope().reuse_variables()
            # 经过两层 LSTM 层得到的 cell_output 为输出,即原理中的 h
            # state 为输入下一个神经元的信息状态,即原理中的 c
            (cell_output,state)=mlstm_cell(X[:,timestep,:],state)
            outputs.append(cell_output)
    h_state=outputs  #得到最终的 LSTM 层的输出
```

5. 模型训练和预测

代码清单 4-12　模型训练和预测

```
#调用 TensorFlow 的相关函数进行训练和预测
y_pre = []
for i in range(time_step):
    pre = tf.matmul(h_state[i], W) + bias
    y_pre.append(pre)
loss_function = tf.reduce_mean(abs(Y_input - y_pre))
train_op = tf.train.AdamOptimizer(lr).minimize(loss_function)  #优化算法,使用 Adam 策略进行梯度下降,从而优化
```

```python
        correct_prediction = tf.equal(y_pre, Y_input)
        accuracy = tf.reduce_mean(tf.cast(correct_prediction, "float"))
        saver = tf.train.Saver()
        with tf.Session() as sess:
            #初始化变量
            sess.run(tf.global_variables_initializer())
            #训练模型
            for i in range(30):  #迭代训练30轮
                for step in range(len(batch_index) - 1):
                    cost, acc, _ = sess.run([loss_function, accuracy, train_op],
                                            feed_dict={X_input: X_train[batch_index[step]:batch_index[step + 1]],
                                                       Y_input: y_train[batch_index[step]:batch_index[step + 1]]})

                print('The current step is', i+1, 'the loss function value is', cost, '\n')

            #预测
            test_predict = []
            for step in range(len(X_test)):
                prob = sess.run(y_pre, feed_dict={X: [X_test[step]]})
                pre = prob[-1]  #只保留最后一天的预测结果（前面数据已知）
                test_predict.append(pre)
            test_predict = np.array(test_predict)
            test_predict = test_predict.reshape(len(X_test), col)
            y_test = y_test[:,-1,:].reshape(len(X_test), col)  #只保留最后一天的目标数据

            test_predict = np.ravel(test_predict)
            y_test = np.ravel(y_test)
```

6. 绘制结果

代码清单 4-13　绘制结果

```
#绘图
mpl.rcParams['font.sans-serif'] = ['FangSong']
mpl.rcParams['axes.unicode_minus'] = False
plt.figure(figsize=(15,25))
plt.xlabel('样本数量')
plt.ylabel('标准化后的股价相对值')
y_predict = scaler.inverse_transform(test_predict.reshape(-1,5)).reshape(-1,1)
y_target = scaler.inverse_transform(y_test.reshape(-1,5)).reshape(-1,1)
titles = ['开盘价','收盘价','最高价','最低价','交易量']
for i in range(col):
    axes = plt.subplot(col,1,i+1,title=titles[i])
axes.plot(range(1,len(test_predict[i::col])+1),y_predict[i::col],c='red',label='测试值')
axes.plot(range(1,len(y_test[i::col])+1),y_target[i::col],c='blue',label='真实值')
    axes.legend(loc='best')
plt.show()
```

7. 实验结果

如图 4-20 所示是测试值与真实值的对比图。可以看到，对于开盘价、收盘价、最高价和最低价来说，前期数据的测试值和真实值一致度较高，而后期一些数据的测试值偏离真实值较大。在实际进行时间序列预测时，建议采用在线训练方式。例如，假设目前是 2019 年 7 月 25 日股票交易结束后的时间，此时已经有了截止到 2019 年 7 月 25 日的所有股票数据，可以利用这些数据训练模型，并利用训练好的模型对 2019 年 7 月 26 日的数据进行预测；当 2019 年 7 月 26 日股票交易结束时，就有了截止到 2019 年 7 月 26 日的所有股票数据，可以利用新获取的股票数据对模型进行微调，再用微调后的模型预测 2019 年 7 月 27 日的数据。对于交易量来说，测试值和真实值偏差较大，说明交易量的预测更为困难。

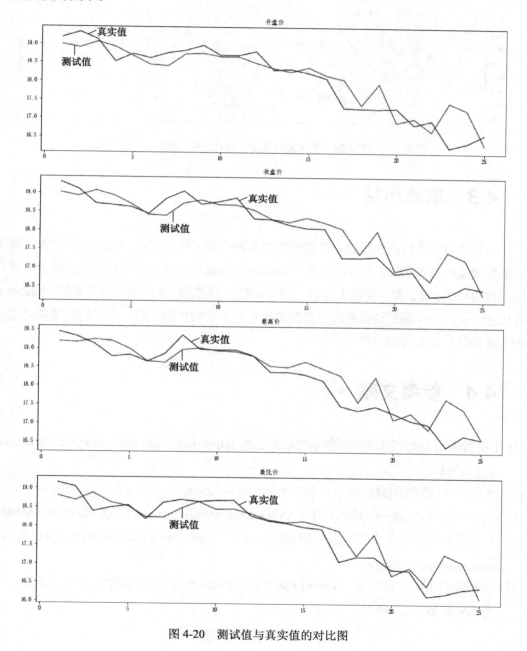

图 4-20 测试值与真实值的对比图

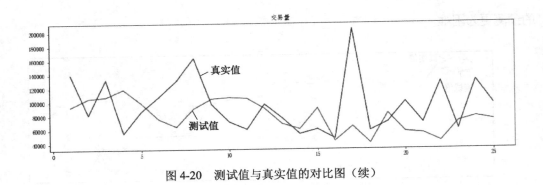

图 4-20 测试值与真实值的对比图（续）

4.3 本章小结

本章通过房价预测和股票走势预测两个案例介绍了线性回归、岭回归和 LSTM 神经网络等模型的基本原理，并给出了基于 sklearn、keras 等工具包的具体实现。除了本章介绍的这些模型，第 2 章介绍的 k 近邻、支持向量机、决策树、多层前向神经网络、Adaboost 等模型针对回归问题的特点做适当修改后也可用于求解预测问题，感兴趣的读者可查阅相关资料并尝试编写相应代码。

4.4 参考文献

[1] 【机器学习】线性回归原理推导与算法描述. https://blog.csdn.net/pxhdky/article/details/82388964.

[2] 周志华. 机器学习[M]. 北京：清华大学出版社，2016.

[3] 机器学习算法实践——岭回归和 LASSO. http://www.sohu.com/a/202269297_99964548.

[4] 【机器学习之路】十三种回归模型预测房价. https://blog.csdn.net/weixin_41779359/article/details/88782343.

[5] 郑泽宇，梁博文，顾思宇. TensorFlow 实战 Google 深度学习框架[M]. 2 版. 北京：电子工业出版社，2018.

[6] 蒋子阳. TensorFlow 深度学习算法原理与编程实战[M]. 北京：中国水利水电出版社, 2019.

[7] 神经网络用于股市分析. https://blog.csdn.net/qq_38593211/article/details/80460821.

[8] 使用 TensorFlow 的 lSTM 网络进行时间序列预测. https://blog.csdn.net/flying_sfeng/article/details/78852816.

第 5 章 综合案例

第 5 章 综合案例

5.1 场景文本检测

随着计算机技术的进步、移动设备性能的全面升级，以及网络传输速率的提升，图片逐渐成为人们获取资讯、表达情感、传播知识的首选媒介。网络中存储着数以亿计的图片数据，"读懂"这些图片所承载的信息对于科学研究、商务应用等方面有着重要意义。不同于易于编辑、表述方式单一的文本内容，图像表达信息的方式更加复杂多样，既可用通过全局的色彩对比来传递，也能够通过局部的文本符号来传达。因此，图像识别领域中的文本检测、字符识别逐渐成为重要的研究热点。

OCR（Opitcal Character Recognition）技术便是当下的热点之一，传统上它是指通过分析处理扫描的图像，识别出图像中有关文字的信息。但近年来深度学习的发展吸引着人们向更为复杂的场景中的文字识别发起挑战，传统 OCR 技术逐渐演进为场景文字识别技术，其主要包含文字检测和文字识别两个步骤。这些技术有着非常广泛的应用场景，如识别名片、识别车牌、识别身份证等。同时，不少互联网企业还提供图像文本检测和识别的服务，使用预先训练完备的模型提供在线的卡证识别、文档扫描等云服务，以及为客户提供定制化 AI 服务系统集成等。在学术界，各种基于深度学习的技术解决方案被相继提出，如 2016 年提出的 CTPN 模型已发展为目前流传最为广泛、影响最大的开源文本检测模型，可有效检测微斜的文本行，而 2017 年提出的 EAST 模型则是更为高效精确的场景文字检测器，也支持多方向文本的定位。

5.1.1 问题描述及数据集获取

本案例将使用传统文本检测的方法和适当的文本识别库，以实现一个能在较复杂的街景中提取文字信息的简易程序。本案例的实现，既是对计算机视觉和机器学习理论的学习和深入理解，也是将其与实际相联系的初步探索，同时有助于为日后更高效、更便捷的应用开发提供思路和经验。

本案例的数据集采用的是 ICDAR2015，读者可以在网站 http://rrc.cvc.uab.es 中选择 Challenges→Incidental Scene Text→Downloads，下载 Training Set 内容，下载页面如图 5-1 所示。

Downloads - Incidental Scene Text

Download below the training dataset and associated ground truth information for each of the Tasks.

Task 4.1: Text Localization (**2015 edition**)

Training Set

- Training Set Images (88.5MB).- 1000 images obtained with wearable cameras
- Training Set Localisation and Transcription Ground Truth (157KB).- 1000 text files with word level loca ground truth

图 5-1　ICDAR2015 数据集下载页面

下载后，解压缩得到图 5-2 中的两个文件夹，trainning 文件夹中包含 1000 张训练用的街景图像，另一个文件夹中包含 1000 个 TXT 文件，记录着每幅图像中文本区域坐标及对应文本内容。

图 5-2　解压缩得到的文件夹

5.1.2　求解思路和相关知识介绍

1. 相关知识介绍

1）选择性搜索

选择性搜索算法由 J.R.R. Uijlings 于 2012 年提出，其综合了滑动窗口与图像分割的方法，旨在找出图像中可能的目标位置集合。同时，在搜索过程中，作者提出了保持区域多样性的组合策略，计算同一物体在一定像素点尺度范围内的相似性，并不断合并达到相似性阈值的邻近像素点，最终形成候选区域。该算法较传统的滑窗法而言，能够大幅度降低搜索空间，减少计算量，节省大量时间。

其基本算法如下所示。

```
算法：选择性搜索
输入：目标图片
输出：候选的目标集合 L
1： 利用切分方法得到候选的区域集合 R = {r_1, r_2, ..., r_n}
2： 初始化相似集合 S = ∅。
3： for 每个相邻区域对(r_i, r_j) do
4：   计算相似度 s(r_i, r_j)
5：   S = S ∪ s(r_i, r_j)
6： end for
7： while S ≠ ∅ do
8：   从 S 中得到最大的相似度 s(r_i, r_j) = max(S)
9：   合并对应的区域 r_t = r_i ∪ r_j
10：  移除 r_i 对应的所有相似度：S = S\s(r_i, r*)
11：  移除 r_j 对应的所有相似度：S = S\s(r_j, r*)
12：  计算 r_t 对应的相似度集合 S_t
13：  S = S ∪ S_t
14：  R = R ∪ r_t
15： end while
16： L = R 中所有区域对应的边框
```

其中，区域相似度计算是选择性搜索算法中的关键步骤，是判断经图像分割算法生成的多个区域是否能够进一步合并的基本条件。作者主要考虑了颜色相似度、纹理相似度、尺寸相似度及交叠相似度这四项参数。

（1）颜色相似度。

首先对输入的区域图像单个颜色通道使用 L1 范数正则化，得到具有 25 个区间的直方图。然后将三个颜色通道的直方图合并为一个 75 维向量，再通过式（5.1）计算得到两个区域的颜色相似度：

$$S_{\text{color}}(r_i, r_j) = \sum_{k=1}^{n} \min(c_i^k, c_j^k) \tag{5.1}$$

其中，右式为两个输入区域的颜色向量组，依次取对应位置上的最小值，最终累加得出颜色相似度。由于单通道直方图经过了归一化处理，因此三个通道相似度累加的最大值为 3.0，而两个直方图向量组差距越大，所得颜色相似度越小。

（2）纹理相似度。

纹理相似度的计算方式与颜色相似度类似，只是其输入变为能代表区域纹理特征的240维向量。向量组具体计算方式是对单颜色通道采用方差为 1 的高斯分布在 8 个方向上做梯度统计，接着将统计结果按 10 个区间计算获得直方图，因此最终表示纹理特征的240 维（$3 \times 8 \times 10$）向量由式（5.2）计算得到。

$$S_{\text{texture}}(r_i, r_j) = \sum_{k=1}^{n} \min(t_i^k, t_j^k) \tag{5.2}$$

（3）尺寸相似度。

尺寸相似度是为了赋予较小区域更高的权重，以防止较大区域连续吞并周围区域。这样处理的结果有助于保证多尺度应用在全局而非图像局部。其计算公式如式（5.3）所示，其中右侧 size(im) 为原始输入图像的像素大小。

$$S_{\text{size}}(r_i, r_j) = 1 - \frac{\text{size}(r_i) + \text{size}(r_j)}{\text{size}(im)} \tag{5.3}$$

（4）交叠相似度。

为更好地执行区域合并，需要考虑区域间的位置关系。如果两个区域存在交叠的情况，则包含合并后的区域的最小矩形 BB_{ij} 面积变小，此时应赋予该组区域更高权重，计算公式如式（5.4）所示。

$$S_{\text{fill}}(r_i, r_j) = 1 - \frac{\text{size}(BB_{ij}) - \text{size}(r_i) - \text{size}(r_j)}{\text{size}(im)} \tag{5.4}$$

（5）最终相似度。

两个区域的最终相似度通过将上述相似度加权而获得，如式（5.5）所示。

$$S(r_i, r_j) = a_1 S_{\text{color}}(r_i, r_j) + a_2 S_{\text{texture}}(r_i, r_j) + a_3 S_{\text{size}}(r_i, r_j) + a_4 S_{\text{fill}}(r_i, r_j) \tag{5.5}$$

2）图像特征提取

（1）HOG 特征。

① 算法概述及流程。

方向梯度直方图（Histogram of Oriented Gradient，HOG）是一种常用的特征提取算法，对局部目标区域的特征能进行较好的描述。HOG 中以梯度的方向分布作为特征，并将 180° 划分为若干区间，统计输入图像内所有像素点所在的区间，最终得到特征直方图。HOG 的优势在于能描述局部的形状信息，同时它计算过程中分块分单元的处理方式能更好地表征图像局部像素点之间的关系。HOG 特征提取流程如图 5-3 所示。

② 图像划分及维度计算。

在 HOG 特征提取过程中，主要对图像进行以下划分：图像（image）→检测窗口（win）→图像块（block）→细胞单元（cell）。其中，细胞单元是计算方向梯度直方图的基本单位，通常情况下大小为 8×8 像素。在计算直方图时，需要将梯度方向划分为指定数目的区间，通常分为 9 个区间；随后即可根据梯度幅值与梯度方向得出单个细胞单元的直方图，可用维度为 9 的向量进行表示。而图像块由多个细胞单元组成，通常的组合方式是将 2×2 个细胞单元合为一个图像块。因此，单个图像块包含 36 维向量，除将单个细胞单元的向量融合外，图像块还需要进一步对所包含向量做规范化处理，可选择的规范化方式如下。

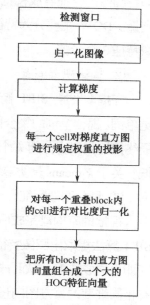

图 5-3　HOG 特征提取流程

a. L2-norm：$v \leftarrow v / \sqrt{\|v\|_2^2 + \varepsilon^2}$

b. L2-Hys：先进行 L2-norm，对结果进行截断，将值限制在 $v \sim 0.2v$，然后重新归一化。

c. L1-norm：$v \leftarrow v / \sqrt{\|v\|_1 + \varepsilon}$

d. L1-sqrt：$v \leftarrow v / \sqrt{\|v\|_1 + \varepsilon}$

将经过规范化后的所有图像块拼接起来即组成 HOG 特征向量，其中图像块的数量由输入图像和检测窗口的大小决定。假设输入图像大小为 64×128 像素，则当细胞单元和图像块取上述大小时，将会有 8×16 个细胞单元、7×15 个图像块，因此在该条件下的 HOG 特征向量是维度为 105×36=3 780 的向量。

（2）BOW 特征。

① BOW 算法概述及流程。

BOW 模型最初应用于信息检索领域，该模型通过计算各个单词出现在文档中的频次，构建文档的直方图特征以进行分类和检索。在计算机视觉领域中，应用 BOW 模型即将图像的特征看成视觉单词，把图像"单词化"后，构建出能够反映图像视觉特征的向量。BOW 主要分为特征提取（本案例提取 SIFT 特征）、构建词库和利用词库量化图像特征 3 个步骤。

② 构建视觉词库。

在提取图像 SIFT 特征后，将特征点组成的集合进行聚类，所得的聚类中心便是视觉单词。视觉单词的集合便构成了视觉词库。本案例采用 k-means 聚类算法，k 作为参数，最终把输入集合分为 k 个簇，并且使各个簇内具有较高相似度，而簇与簇之间相似度较低。关于 k-means 聚类算法的介绍，读者可参考 3.1.2 节。

③ 量化图像特征。

视觉词库构建完成后，即可用该词库中的视觉单词描述输入图像。对输入图像使用 SIFT 算法提取出图像特征，计算所提特征与词库中所有词的特征间距离，距离最短的特征即可构成映射，从而能够统计出每个视觉词汇出现的次数，最终将输入图像描述为具有相同维度的直方图向量。

3) 分类器

在提取完图像特征之后，需要将向量输入分类器进行训练，以得到具有预测能力的分类器。目前，常用的分类器包括 Adaboost 分类器、随机森林（Random Forest）分类器、支持向量机（SVM）等。由于本案例只解决文本区域与非文本区域的二分类问题，且使用的样本数量不大，故选用 SVM 进行实验。

2. 搭建实验环境

（1）开发工具：Jupyter Notebook。

（2）操作系统：Windows 或 Linux。

（3）工具包：Anaconda 2019.03（Python 3.7.3）+ OpenCV 3.2.0 + PyTorch + TorchVision + Colour + LMDB。

其中，Anaconda 环境中已经集成了一部分库，只需要打开 Anaconda Prompt，将表 5-1 所列出的库安装上即可。

第 5 章 综合案例

表 5-1 库安装命令

库 名 称	安 装 命 令
PyTorch	pip install pytorch-cpu torchvision-cpu -c pytorch
Colour	pip install colour
LMDB	pip install lmdb
cv2	pip install opencv-contrib-python

3. 实验数据介绍

本案例的文件结构如图 5-4 所示。dic 文件夹中保存了用于初始化 BOW 模型的样本；MORAN 文件夹中保存了用于文本识别的第三方模型；Positive 和 Negative 文件夹中分别保存了用于训练 SVM 模型的正、负样本；TestPictures 文件夹中保存了用于测试场景文本检测 demo 的图片；engdict.csv 中保存了英文单词列表，可用于文本识别结果的有效性检查；hog_bow_model_sec.m 中保存了训练好的 SVM 模型；train.py 中包含了训练 SVM 模型的代码；test.py 中包含了场景文本检测 demo 的代码；utils.py 中包含了一些工具函数的定义。

		Name	Last Modified	File size
□ 0 ▼	■ / TextDetection			
	..		几秒前	
□	□ dic		10 小时前	
□	□ MORAN		10 小时前	
□	□ Negative		1 小时前	
□	□ Positive		1 小时前	
□	□ TestPictures		1 小时前	
□	≣ run.ipynb	运行	1 小时前	689 B
□	□ engdict.csv		2 个月前	232 kB
□	□ hog_bow_model_sec.m		3 个月前	9.67 kB
□	□ test.py		10 天前	7.9 kB
□	□ train.py		1 小时前	1.15 kB
□	□ utils.py		2 个月前	3.49 kB
□	□ 实验步骤.gif		2 个月前	505 kB
□	□ 实验环境.txt		2 个月前	378 B
□	□ 文件说明及实验步骤.txt		2 个月前	354 B

图 5-4 本案例的文件结构

4. 求解思路

1）制作样本

（1）生成候选框。

首先对 ICDAR2015 中的训练图片逐一使用选择性搜索算法，获取可能包含文本区域的候选框。出于时间效率的考量，在实验过程中，每幅图片仅取前 100 个候选框，然后分别将每幅图像的候选框坐标保存到文本文件中。

（2）正负样本制作。

在得到选择性搜索算法生成的候选框信息后，可将其与训练数据集提供的文本区域标签逐一进行交并比计算。具体计算公式如式（5.6）所示。

$$\text{IOU} = \frac{\text{area}(\text{ROI}_T \bigcap \text{ROI}_G)}{\text{area}(\text{ROI}_T \bigcup \text{ROI}_G)} \quad (5.6)$$

在计算交并比的同时，设置阈值进行筛选，本案例以 IOU>0.3 为条件筛选出包含文本区域的候选框，并将其统一缩放到 128×64 像素，得到初始正样本。而负样本则是在文本文档中剔除掉已选用的正样本坐标之后，再次随机选取 20 个 IOU=0 的候选框，缩放至统一大小作为负样本。

由于最终生成的负样本数量远大于正样本数量，出于增加正样本数量、提高 SVM 预测准确率的考虑，本案例逐一将正样本进行+15°旋转与-15°旋转，得到最终的正样本集合。

2）提取图像特征向量

（1）提取 HOG 特征。

本案例利用 skimage 库中的 hog 函数提取输入图像的 HOG 特征，并将梯度方向划分为 12 个区间，细胞单元大小设置为 16×16 像素，图像块由 2×2 个细胞单元组成，规范化方式选用 L2 范式。由于输入图像格式均为 128×64 像素，因此最后得到的 HOG 特征向量维度为（8-2+1）×（4-2+1）×4×12 = 1 008 维。

（2）提取 BOW 特征。

进行图像 BOW 特征提取需要先制作词库。本案例只需要判断图像中的文本区域而非进行多分类，故构建的词库包含能够描述文本特征的视觉单词即可。因此，本案例只在正样本中随机选取 60 张图像用于提取视觉单词。其主要步骤是通过调用 OpenCV 库中的 SIFT_create 函数得到描述图像的特征点，随后通过 k-means 聚类算法对上述特征点进行聚类，从而得到能够描述图像文本特征的视觉单词。本案例中 k 值设置为 100，故在随后用词库描述图像 BOW 特征的过程中，所得的向量维度为 100 维。

（3）加权组合串行特征融合。

为提高 SVM 的分类效果，本案例将 HOG 特征与 BOW 特征进行融合，从而得到新的特征向量。本案例采用加权组合串行特征融合的方式，即对参与融合的两组特征按一定比例加权组合为新的特征，该方法在多数情况下能够有效地提高识别效果，并且简单易行，所需运算量少。具体的融合方法如式（5.7）所示。

$$\gamma = \begin{pmatrix} m\alpha \\ n\beta \end{pmatrix} \quad (5.7)$$

其中，m、n 作为加权因子，均为非零实数，具体数值由实验效果决定。α 即 HOG 特征向量，β 为 BOW 特征向量，融合后得到的新向量维度为两者维度之和（1108 维）。

3）训练并使用分类器

（1）训练分类器。

按上述特征提取过程，即可提取出所有样本的特征向量，随后利用 NumPy 中的 vstack 方法，将正负样本的特征向量竖直合并。然后，使用 NumPy 中的 ones 和 zeros 方法，生成样本标签，其中正样本标注为 1，而负样本标注为 0。标签用一维数组表示，其维度等于参与训练的图像总数。本案例使用 sklearn 库中的 LinearSVC 模型进行训练，并将训练数据随机划分为训练子集与测试子集，以此作为评测分类器的性能指标。

（2）使用分类器。

本案例在以上 SVM 训练结果中，选用预测准确率最高的 HOG-BOW 特征组合所训练出的 SVM 模型进行接下来的实验，即对测试图像中的文本区域进行检测。文本区域检测的主要步骤：先在输入图像上运用选择性搜索算法生成候选框；然后，将生成的候选框缩放到 128×64 像素，并提取其图像特征；最后，将生成的图像特征向量输入已训练好的 SVM 模型中进行分类，保留分类结果为 1 的候选框。

4）候选框过滤

（1）检测热图。

由于 SVM 模型在分类性能上具有一定局限性，并且选择性搜索算法生成的候选框

机器学习案例分析——基于 Python 语言

具有不可预测性和重复性,因此仅通过 SVM 模型进行文本检测,存在窗口重叠、有预测错误的候选框、候选框尺寸过大或过小等问题。针对窗口重叠及 SVM 模型可能将非文本区域预测为文本区域两个问题,本案例应用检测热图,对生成的候选框进行初步过滤。其基本步骤如下。

- 初始化一张与原始图像等大且像素值均为 0 的图像,结合候选框坐标信息,在该图中对候选框所在区域赋予一定数值,本案例设置为 1。
- 设置阈值对该图进行过滤,将低于阈值的像素值重置为 0。阈值的设定在一定情况下取决于生成候选框的数量。生成候选框越多,尽管包含文本区域的候选框数量会相应增多,文本对应的热图区域数值较高,但同时会产生更多的错误区域,使得较小的阈值难以过滤掉这些区域,故阈值的设定应当适应候选框数量。
- 对过滤后的检测热图应用 SciPy 库中的 label 方法划分出含有不同标签的区域,所得区域的数量即过滤后的候选框数量,标签相同的区域即一个独立的候选框。

(2)候选框筛选。

在实验中有两处需要根据图像尺寸筛选候选框。第一处是在 SVM 模型分类之前,过滤掉选择性搜索算法生成的尺寸过大或过小的候选框,目的是保证经由 SVM 模型判断后的候选框在尺寸上更加均匀,从而使得生成的检测热图更能体现文本区域。第二处是在热图过滤之后,由于文本区域附近的候选框的数量较多,多个候选框之间易产生交叠且交叠面积相对较小,这使得交叠区域在热图中被误认为是文本区域,因此需要再次过滤掉尺寸过小的候选框。

5)结合文本识别编写界面

(1)MORAN 文本识别模型简述。

MORAN 模型是基于分解思想所提出的一种像素级预测的不规则文本纠正模型,该模型主要流程是将文本图像分解为多块小图像,对每块小图像回归偏移值,并对偏移值进行平滑操作后,在原图像上进行采样,得到新的形状更加规则的水平文本。MORAN 文本识别算法主要架构由矫正子网络 MORN 和识别子网络 ASRN 组成。同时,该模型在 MORN 网络中设计了一种新颖的像素级弱监督学习机制用于不规则文本的形状矫正,大大降低了不规则文本的识别难度。MORAN 网络框架如图 5-5 所示。

第 5 章 综合案例

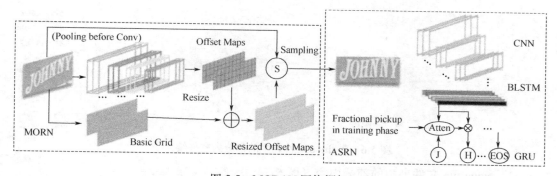

图 5-5　MORAN 网络框架
（来源：https://arxiv.org/pdf/1901.03003.pdf）

（2）编写运行界面。

本案例结合上文所述的文本检测模型与文本识别模型，运用 **tkinter** 库编写程序运行界面。该程序主要功能：通过选择图像路径输入目标图像，同时在提取图像中的文字内容前，可以预先设定待预测的候选框数目、热图过滤时的阈值及是否启用字典对文本识别结果进行过滤，最终将带有候选框标注的图像、候选框坐标及相对应的文本内容在主界面中展示出来。

5.1.3　代码实现及分析

1. SVM 模型训练的代码实现

1）Positive 文件夹中的部分内容（图 5-6）

	Name ↓	Last Modified	File size
..		几秒前	
00001.jpg		3 个月前	3.07 kB
00002.jpg		3 个月前	2.77 kB
00003.jpg		3 个月前	2.47 kB
00004.jpg		3 个月前	2.79 kB
00005.jpg		3 个月前	2.54 kB
00006.jpg		3 个月前	4.37 kB
00007.jpg		3 个月前	2.6 kB
00008.jpg		3 个月前	2.35 kB
00009.jpg		3 个月前	2.7 kB

图 5-6　Positive 文件夹中的部分内容

图 5-6 Positive 文件夹中的部分内容（续）

2）Negative 文件夹中的部分内容（图 5-7）

图 5-7 Negative 文件夹中的部分内容

3）train.py

```python
# -*- coding: utf-8 -*-
import os
import glob
import cv2
import numpy as np
import random
from sklearn.model_selection import train_test_split
from sklearn.svm import LinearSVC
from sklearn.externals import joblib
```

```python
import utils

#读入指定路径的正负数据集
pwd = os.getcwd()
neg_src_path = os.path.join(pwd,'Negative','*.jpg')
pos_src_path = os.path.join(pwd,'Positive','*.jpg')
neg_src= glob.glob(neg_src_path)
pos_src = glob.glob(pos_src_path)

#提取出特征向量
pos_features = utils.extract_features(pos_src[:100])
neg_features = utils.extract_features(neg_src[:200])

#合并正负特征向量并给予标签
X = np.vstack((pos_features,neg_features))
print("shape of X:",X.shape)
X = X.astype(np.float64)
y = np.hstack((np.ones(len(pos_features)),np.zeros(len(neg_features))))

rand_state = np.random.randint(0,100)
X_train,X_test,y_train,y_test = train_test_split(X,y,test_size=0.2,random_state=rand_state)

svc = LinearSVC()
svc.fit(X_train,y_train)
print("Test Accuracy of classifier = ",round(svc.score(X_test,y_test),4))
#保存SVM
joblib.dump(svc,"hog_bow_model_sec.m")
```

4）utils.py

```
# -*- coding: utf-8 -*-
import os
import cv2
```

```python
import numpy as np
from skimage.feature import hog

#初始化BOW词库
k=100
pwd = os.getcwd()
dic_dir = os.path.join(pwd,'dic')
dic = os.listdir(dic_dir)
detect = cv2.xfeatures2d.SIFT_create()
extract = cv2.xfeatures2d.SIFT_create()
flann_params = dict(algorithm=1,tree=5)
matcher = cv2.FlannBasedMatcher(flann_params,{})
bow_kmeans_trainer = cv2.BOWKMeansTrainer(k)
extract_bow = cv2.BOWImgDescriptorExtractor(extract,matcher)
for item in dic:
    img = cv2.imread(os.path.join(dic_dir,item),0)
    features = extract.compute(img,detect.detect(img))[1]
    bow_kmeans_trainer.add(features)
voc = bow_kmeans_trainer.cluster()
#print(type(voc),voc.shape)
extract_bow.setVocabulary(voc)

def get_bow_features(img):
    temp = extract_bow.compute(img,detect.detect(img))
    if temp is not None:
        bow_features = temp.flatten()
        return bow_features
    else:
        return np.zeros(k)

def get_hog_features(img):
    features = hog(img,orientations=12,pixels_per_cell=(16,16),
cells_per_block=(2,2),block_norm='L2-Hys',feature_vector=True,)
```

```python
        return features

def extract_features(imgs):
    features =[]
    for item in imgs:
        image = cv2.imread(item,cv2.IMREAD_GRAYSCALE)
        hog_features = get_hog_features(image)
        bow_features = get_bow_features(image)
        #hog_lbp = np.hstack((hog_features,lbp_features))
        hog_bow = np.hstack((hog_features,bow_features))
        features.append(hog_bow)
        #features.append(hog_features)
        #features.append(bow_features)
    return features


def datawash():
    pwd = os.getcwd()
    pos_dir = os.path.join(pwd,"Positive2")
    pos_file = os.path.join(pwd,"delete_pos.txt")
    #neg_dir = os.path.join(pwd,"Negative")
    #neg_file = os.path.join(pwd,"delete_neg.txt")
    f = open(pos_file,'r')
    for line in f.readlines():
        file_name = line.strip('\n')
        #delete_target = os.path.join(neg_dir,file_name)
        delete_target = os.path.join(pos_dir,file_name)
        os.remove(delete_target)

def rename():
    pwd = os.getcwd()
    src_dir = os.path.join(pwd, 'Positive2')
    count = 0
    src = os.listdir(src_dir)
```

```python
    for item in src:
        count += 1
        print(count)
        oldname = os.path.join(src_dir, item)
        temp = "{:0>5d}".format(count) + ".jpg"
        if item != temp:
            newname = os.path.join(src_dir, temp)
            os.rename(oldname, newname)
        else:
            continue


def rotate(img,degree):
    (h, w) = img.shape[:2]
    center = (w // 2, h // 2)
    M = cv2.getRotationMatrix2D(center, degree, 1.0)
    rimg = cv2.warpAffine(img, M, (w, h))
    return rimg


def rotation():
    pwd = os.getcwd()
    load_dir = os.path.join(pwd, 'Positive')
    save_dir = os.path.join(pwd, 'Positive2')
    loads = os.listdir(load_dir)

    count = 1
    for item in loads:
        img = cv2.imread(os.path.join(load_dir, item))
        rimg = rotate(img, 15)
        limg = rotate(img, -15)
        outname1 = "{:0>5d}".format(count) + ".jpg"
        outname2 = "{:0>5d}".format(count + 1) + ".jpg"
        outname3 = "{:0>5d}".format(count + 2) + ".jpg"
```

```
            cv2.imwrite(os.path.join(save_dir, outname1), img)
            cv2.imwrite(os.path.join(save_dir, outname2), rimg)
            cv2.imwrite(os.path.join(save_dir, outname3), limg)
            count += 3
```

5）SVM 模型训练

新建 Python 3 代码文件并运行：

```
%run train.py
```

```
In [7]:  1  %run train.py
        shape of X: (300, 1108)
        Test Accuracy of classifier =  0.8667
```

执行完毕后，会生成训练好的模型文件 hog_bow_model_sec.m。

2. 场景文本检测 Demo 的代码实现

1）test.py

```python
# -*- coding: utf-8 -*-
import os
import sys
import cv2
import numpy as np
from sklearn.externals import joblib
from scipy.ndimage.measurements import label
import tkinter as tk
from tkinter import ttk
from tkinter import filedialog
from tkinter import scrolledtext
from PIL import Image,ImageTk
from pandas import read_csv

#调用 MORAN 文件夹下文本识别模块
pwd = os.getcwd()
moranpath = os.path.join(pwd,'MORAN')
sys.path.append(moranpath)
```

```python
import demo

#utils模块包含特征提取相关函数
import utils

#返回所有候选框
def get_ssrects(src):
    img = cv2.pyrDown(src)
    ss = cv2.ximgproc.segmentation.createSelectiveSearchSegmentation()
    ss.setBaseImage(img)
    ss.switchToSelectiveSearchQuality()
    ss_results = ss.process()
    #print("number of ss:",len(ss_results))
    rects = ss_results
    return rects

#使用SVM进行文本区域预测
def predict(svc,src,rects):
    img = cv2.pyrDown(src)
    result_rects = []
    count =0
    for rect in rects:
        test_img = img[rect[1]:rect[3] + rect[1], rect[0]:rect[2] + rect[0]]
        test_img = cv2.resize(test_img, (128, 64), interpolation=cv2.INTER_CUBIC)
        test_gray = cv2.cvtColor(test_img, cv2.COLOR_RGB2GRAY)
        hog_feature = utils.get_hog_features(test_gray)
        bow_feature = utils.get_bow_features(test_gray)
        x_test = np.hstack((hog_feature,bow_feature))
        # predict
        result = svc.predict([x_test])
        #print("Index={0},result:{1}".format(count,result))
```

```python
            count +=1
            if result != 1:
                continue
            #width and height treshold
            elif rect[2]>192 or rect[3]>96:
                continue
            else:
                result_rects.append(rect)
    #print("number of result:",len(result_rects))
    return result_rects

#画出所有候选框
def ss_draw(src,ss_rects,size=100):
    for rect in ss_rects[0:size]:
        x1, y1, x2, y2 = 2 * rect[0], 2 * rect[1], 2 * (rect[0] + rect[2]), 2 * (rect[1] + rect[3])
        cv2.rectangle(src, (x1, y1), (x2, y2), (0, 0, 255), 2)
    cv2.imshow("Selective Search", src)

#候选框所在区域热度+1
def add_heat(heatmap,rects):
    for rect in rects:
        x1, y1, x2, y2 = 2 * rect[0], 2 * rect[1], 2 * (rect[0] + rect[2]), 2 * (rect[1] + rect[3])
        heatmap[y1:y2,x1:x2] += 1
    return heatmap

#热图过滤
def heat_threshold(heatmap,threshold):
    heatmap[heatmap <= threshold] = 0
    return heatmap

#返回左上角 x 坐标
def getx(str):
```

```python
    temp = str.split(",")
    tempint = int(temp[0])
    return tempint

#返回字符串数组和标记好的图
def output(imgname,labels,check):
    srcimg = cv2.imread(imgname)
    outimg = srcimg.copy() #保存候选框
    strbox =[]
    if check == 1:
        #加载英文字典
        engdict = read_csv('engdict.csv',header=0).values
    for text_number in range(1,labels[1]+1):
        nonzero = (labels[0] == text_number).nonzero()
        nonzeroy = np.array(nonzero[0])
        nonzerox = np.array(nonzero[1])
        bbox = ((np.min(nonzerox), np.min(nonzeroy)), (np.max(nonzerox), np.max(nonzeroy)))
        x1,y1,x2,y2 = bbox[0][0],bbox[0][1],bbox[1][0],bbox[1][1]
        w = x2-x1
        h = y2-y1
        if w>384 and h>192:
            continue
        elif w<24 or h<12:
            continue
        elif h/w >3:
            continue
        else:
            region = srcimg[y1:y2, x1:x2]
            #调用demo中的recognizer函数进行文本识别,传入截取的图像区域即可
            result_text = demo.recognizer(region)
            if check == 1:
                word = filter(lambda x:x in engdict,[result_text])
                wordlist = list(word)
```

```python
                if len(wordlist) == 0:
                    continue
                cv2.rectangle(outimg, (x1, y1), (x2, y2), (0, 0, 255), 2)
                outstr = "{0},{1},{2},{3}:{4}\r\n".format(x1,y1,x2,y2,result_text)
                strbox.append(outstr)
        #按 x1 从小到大排序
        strbox.sort(key=getx)
        #转换为 PIL.Image 格式再返回
        image = Image.fromarray(cv2.cvtColor(outimg,cv2.COLOR_BGR2RGB))
        return strbox,image


#界面路径选择
def selectPath(path):
    pathname = filedialog.askopenfilename()
    path.set(pathname)


#界面图片加载
def showImg(imgpath):
    src = Image.open(imgpath)
    src = src.resize((640, 320), Image.ANTIALIAS)
    img = ImageTk.PhotoImage(src)
    # 加载图片覆盖 canvas
    l_img = tk.Label(width=640, height=320, image=img)
    l_img.place(x=10, y=80)
    l_img.image = img


# 调用 output 函数输出文本内容和图像到运行界面
def extract(scr, c_num, c_heat, checkdic, e_pic):
    num = int(c_num.get())
    entrance = int(c_heat.get())
    check_state = int(checkdic.get())
    imgname = e_pic.get()
    # test_main
```

```python
        cv2.setUseOptimized(True)
        cv2.setNumThreads(4)
        #加载训练好的SVM
        svc = joblib.load("hog_bow_model_sec.m")

        src = cv2.imread(imgname)
        heatimg = src.copy()

        rectsbox = get_ssrects(src)
        ss = rectsbox[0:num]
        result_rects = predict(svc, src, ss)
        heat_map = np.zeros(heatimg.shape[0:2])
        heat_map = add_heat(heat_map, result_rects)
        heat_map_threshold = heat_threshold(heat_map, entrance)
        labels = label(heat_map_threshold)

        outstring,outimg= output(imgname, labels,check_state)

        outimg = outimg.resize((640, 320), Image.ANTIALIAS)
        imgshow = ImageTk.PhotoImage(outimg)
        # 加载图片覆盖canvas
        l_img = tk.Label(width=640, height=320, image=imgshow)
        l_img.place(x=10, y=80)
        l_img.image = imgshow

        scr.delete(1.0,tk.END)
        for item in outstring:
            scr.insert(tk.END, item)

def main():
    # 程序窗口
    win = tk.Tk()
    win.title("Text Extraction Tool")
    win_w, win_h = 960, 500
```

```python
        win.geometry('{0}x{1}'.format(win_w, win_h))
        win.resizable(False, False)

        # 选择图片路径
        path = tk.StringVar()

        b_path = tk.Button(win, text="Select Path", font=("Arial", 12),
command=lambda: selectPath(path))
        e_pic = tk.Entry(win, width=60, textvariable=path)
        b_show = tk.Button(win, text="Load Picture", font=("Arial", 12),
command=lambda: showImg(e_pic.get()))

        b_path.place(x=10, y=15)
        e_pic.place(x=130, y=20)
        b_show.place(x=580, y=15)

        # 空白区域
        canvas = tk.Canvas(win, width=640, height=320, bg="white")
        canvas.place(x=10, y=80)

        # 文本显示
        text_scr = scrolledtext.ScrolledText(win, width=28, height=18,
font=("Arial", 12), wrap=tk.WORD)
        text_scr.place(x=670, y=80)

        # 参数调整：候选框数目、热图阈值、字典过滤
        rectsnum = tk.IntVar()
        threshold = tk.IntVar()
        checkdic = tk.IntVar()

        l_num = tk.Label(win, text="Number of Rects:", font=("Arial", 12))
        c_num = ttk.Combobox(win, width=8, font=("Arial", 12),
textvariable=rectsnum, state='readonly')
        c_num['values'] = (800, 1200, 1600, 2000, 2400, 2800)
```

```
        c_num.current(1)
        l_num.place(x=10, y=430)
        c_num.place(x=140, y=432)

        l_heat = tk.Label(win, text="Heat Threshold:", font=("Arial", 12))
        c_heat = ttk.Combobox(win, width=8, font=("Arial", 12),
textvariable=threshold, state='readonly')
        c_heat['values'] = (1, 2, 3, 4)
        c_heat.current(0)
        l_heat.place(x=250, y=430)
        c_heat.place(x=370, y=432)

        check = tk.Checkbutton(win, text="Dictionary Filter",
font=("Arial", 12), variable=checkdic)
        check.deselect()
        check.place(x=480, y=430)
        #rectsbox = []
        # 提取按钮
        b_extract = tk.Button(win, text="Extract", font=("Arial",
13),command=lambda: extract(text_scr, c_num, c_heat, checkdic, e_pic))
        b_extract.place(x=750, y=430)

        win.mainloop()

    if __name__ == '__main__':
        main()
```

2）运行 Demo

在 Jupyter Notebook 中新建 Python 3 文件并运行：

```
%run test.py
```

3. Demo 界面说明

经过上述实验步骤，最终得到如图 5-8 所示的程序界面。其中，用户通过 Select Path 按钮自行选择图片，通过 Load Picture 按钮读取目标图片并显示在界面上。Number of

Rects 下拉框用于进行文本区域预测时输入候选框的数量，默认值为 1200；Heat Threshold 下拉框用于调节热图过滤时的阈值大小，默认值为 1，通常情况下，当候选框数量增多时，阈值应相应增大才能过滤掉误判的非文本区域；Dictionary Filter 为字典过滤复选框，启用过滤器后，不能组成英文单词的字母排列及其所属的图像区域不会在界面中显示。右侧文本框按照左侧 x 轴坐标从小到大排序输出所有文本区域的左上、右下坐标，以及对应的文本内容。

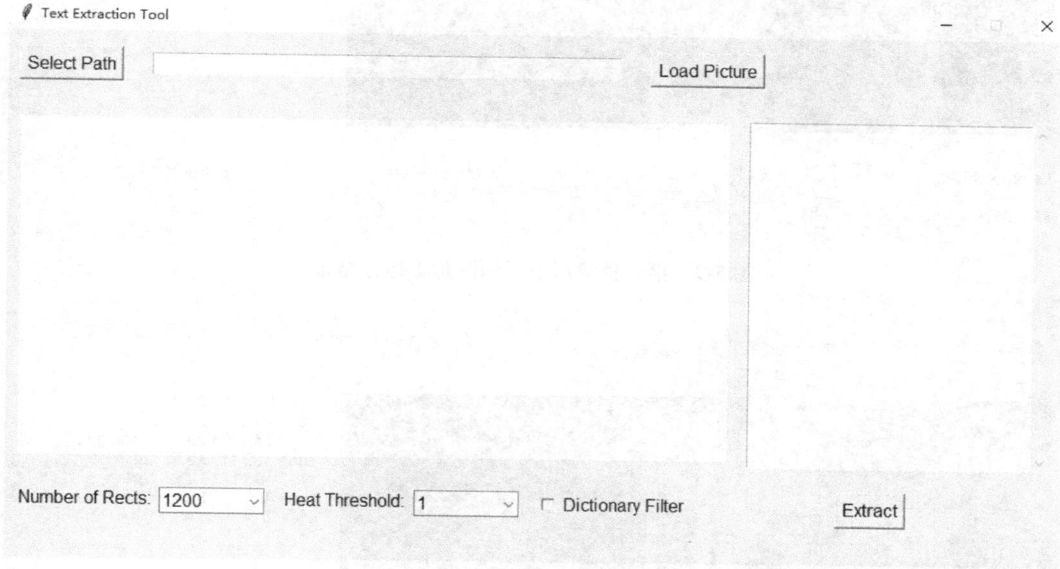

图 5-8　程序界面

4. 运行效果分析

本案例分别在下述三种情形下进行实验。

（1）候选框数目为 1200，阈值为 1，不启用字典过滤。

（2）候选框数目为 1200，阈值为 1，启用字典过滤。

（3）候选框数目为 2000，阈值为 2，不启用字典过滤。

随机选取 ICDAR2015 数据集 Test 文件夹中的图像进行实验，并结合有代表性的实验结果进行分析。三种情形下示例图片 1 运行结果如图 5-9～图 5-11 所示。

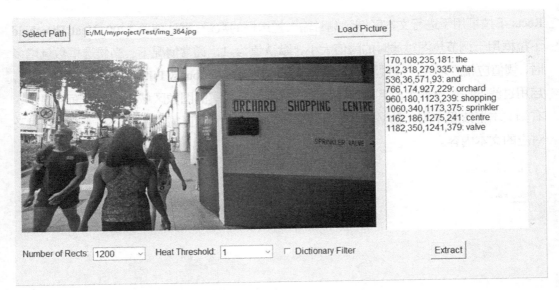

图 5-9 第一种情形下示例图片 1 运行结果

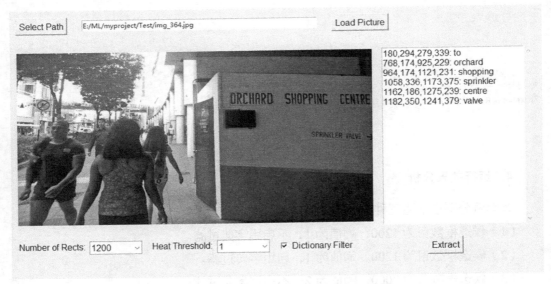

图 5-10 第二种情形下示例图片 1 运行结果

第 5 章 综合案例

图 5-11 第三种情形下示例图片 1 运行结果

在图 5-9 中基本能检测出所有本文区域，同时具有一定的识别准确率，但图像左侧仍存在三处被误判的非文本区域。图 5-10 在启用字典过滤之后，左侧误判的非文本区域有所减少。在增大候选框数目及阈值后，图 5-11 中误判的情况仍然存在，同时 VALVE 对应的区域被过滤掉，文本检测召回率有所下降。从该结果可以看出，字典过滤的方式并不能从根本上解决文本检测中存在的误差，由于所使用的识别模型对于非文本图像同样可能输出属于英文单词的字符串，因此该方式对于文本识别准确率的提升有限。此外，在增加候选框数量的同时也可能引入更多的误判区域，从而造成文本检测准确率降低。因此，对于背景较简单、文本清晰度较高的街景图像，使用较少的候选框更容易提升检测和识别效果。

三种情形下示例图片 2 运行结果如图 5-12～图 5-14 所示。

在上述三幅图片中，均存在部分文本区域未被检测到而非文本区域被误判的情况。同时，在启用字典过滤后，图 5-13 中本应是文本的区域被过滤掉，其原因在于商店的标识本身并不一定是字典中的单词，因此字典过滤对于街景中店铺标识的提取反而产生一种负面效果。此外，在上述图像中存在较多误判，且无法通过热图过滤，其主要原因在于文本检测结果的召回率与准确性过低。文本检测性能过低的主要原因包括：第一，候选框生成算法在背景复杂的图像中生成的包含文本的候选框数量占比不高；第二，SVM

预测的准确率具有局限性,手工提取的图像特征难以充分反映文本图像应有的结构特征,同时在图像中也往往存在类似于文本的区域;第三,在预测完区域是否包含文本后,还需要进一步对文本区域进行精确定位,所使用的热图较简单,难以准确区分文本所在的边框,从而导致边框过大或者多个区域合并。

图 5-12 第一种情形下示例图片 2 运行结果

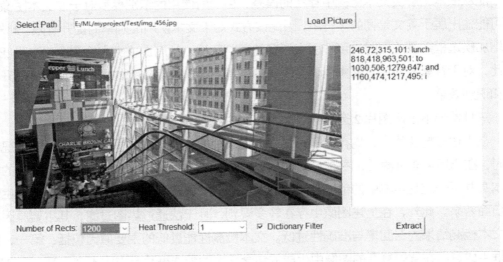

图 5-13 第二种情形下示例图片 2 运行结果

第 5 章 综合案例

图 5-14　第三种情形下示例图片 2 运行结果

作为一个场景文本检测的入门级案例，本案例各处理步骤所使用的方法都比较简单。对场景文本检测问题感兴趣的读者可阅读近几年 **CVPR** 等顶级会议上关于场景文本检测的论文，以获取相关问题的最新方法。

5.2　面部认证

随着计算机技术的飞速发展，人类社会已经变得更加便捷、高效，网上购物、移动支付等技术的推广，逐渐将人们从过去烦琐的劳动中解放出来。与此同时，人们更加重视生产生活环境的安全，特别是人身和财产的安全。为了满足人们在身份识别时对方便和安全的双重需求，计算机视觉在社会生活中占据着越来越重要的地位。

人脸确认识别是一种识别每个人特有面部特征的有效手段。其一般应用场景通常分为两类：一类是面部识别，即识别图像中的面部，将其与数据库中的信息进行比较，并分析该面部所属的用户；另一类是面部验证，即将待验证的面部图像与存储在数据库中的已知身份信息的面部图像进行比较，以确定是不是同一个人。二者看似两种不同的技术，然而其本质是相同的，主要思想都是将人像照片转化为低维空间的特征向量，然后

235

利用这些特征向量来完成人脸的辨析。

5.2.1 问题描述及数据集获取

本案例的重点是借助计算机利用深度学习（Deep Learning）技术实现面部认证方法。将人脸应用于身份认证，具有用户友好、简便、不易作假、准确等优点，因此这种认证技术可应用于各种场合，如电子交易或银行交易中的身份验证，以及各种监控和门禁系统。

本案例模型训练与测试所使用的数据集为 LFW（Labeled Faces in the Wild）数据集，这是由 Massachusetts State University 计算机视觉实验室整理的数据集，主要测试人脸识别的准确性，并被广泛用于评价 Face Verification 算法的性能。该数据集主要是来自互联网的图像集合，并非来自一个实验室，其中包含 13 000 多幅人脸图像，每幅图像对应相应人名，有 1 680 人对应多幅图像（同一人对应两幅以上的人脸图像）。如图 5-15 所示是 LFW 数据集示意图。

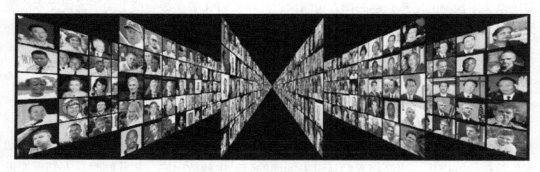

图 5-15　LFW 数据集示意图

（来源：http://vis-www.cs.umass.edu/lfw/）

5.2.2 求解思路和相关知识介绍

1. Siamese（孪生）网络介绍

1. Siamese 网络模型原理

Siamese 网络是一个曾经用于签名认证识别（手写笔迹识别）的网络。该网络利用 CNN（卷积神经网络）提取描述算子，获得特征向量；然后通过构造损失函数，将两幅图像的特征向量用于网络训练以确定相似度。在计算机视觉顶级会议 CPVR 的论文 *Learning a Similarity Metric Discriminatively, with Application to Face Verification*①中，作者系统地介绍了利用 Siamese 网络对人脸相似性进行判定的方法。

Siamese 网络结构如图 5-16 所示，在两个共享权重的 CNN 分支分别输入样本对 X_1、X_2，在经过相关映射后得到高维数据的低维表示，输出为一对特征向量 $G_W(X_1)$、$G_W(X_2)$。然后，通过构造的两个特征向量距离度量函数（相似度计算函数）确定两幅面部图像是否相似。

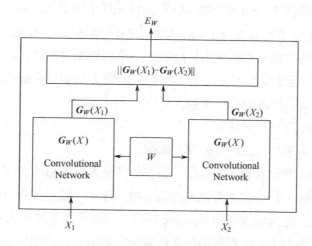

图 5-16　Siamese 网络结构
（来源：http://yann.lecun.com/exdb/publis/pdf/chopra-05.pdf）

这里使用的 Loss 函数是 Siamese 网络的传统 Loss 函数——对比损失函数（Contrastive Loss Function），其实质是根据数据集学习某种映射函数（Mapping Function），将数据集在空间的样本分布转化为另一种形式的空间分布，而这种新的空间分布可以增大不同类型的样本之间的差异，同时缩小同类样本的差异。

设 $G_W(X_1)$、$G_W(X_2)$ 为低维空间中的两个点，它们在空间内的距离（如 Euclidean Distance、Cosine Distance 等）如式（5.8）所示：

---

① Chopra S, Hadsell R, Lecun Y. Learning a Similarity Metric Discriminatively, with Application to Face Verification. CVPR, 2005.

$$D_W(X_1, X_2) = \| G_W(X_1) - G_W(X_2) \| \tag{5.8}$$

Siamese 网络的基本思想：使同类样本间的距离尽可能小，不同类样本间的距离尽可能大。为了满足条件使整个网络有效，则需要满足：$\exists m > 0$，对于 $\forall X_1$、X_2，有 $D_W(X_1, X_2) + m < D_W(X_1', X_2')$。其中，$(X_1, X_2)$ 为正样本对，(X_1', X_2') 为负样本对。

于是可以定义下面的损失函数：

$$L\left(W, (Y, X_1, X_2)^i\right) = YL_P(D_W(X_1, X_2)^i) + (1-Y)L_N(D_W(X_1, X_2)^i) \tag{5.9}$$

其中，L_P 表示正样本的损失函数，L_N 则表示负样本的损失函数，$(Y, X_1, X_2)^i$ 通过上标 i 表示不同样品对，Y 的取值为 1（正样本）或 0（负样本）。L_P 是一个单调递增函数，其值随同类样本对的距离减小而减小；L_N 则是一个单调递减函数，其值随不同类样本对的距离增大而减小。因此，训练的目标是使损失函数 L 的值尽可能小，即同类样本对的距离越小越好，不同类样本对的距离越大越好。

2）Siamese 模型面部认证流程

（1）通过摄像头采集待认证人的面部图像。

（2）通过人脸检测和人脸对齐程序，得到待认证人对齐后的面部图像。

（3）将经过步骤（1）、（2）得到的图像与数据库中一幅已知身份的人脸图像组成一个样本对作为输入，送入训练好的 Siamese 网络，得到是不是同一人的验证结果。

（4）反复执行步骤（3），直到遍历完数据库中的所有人脸图像，得到与待认证图像相似度最高的图像。若该相似度大于 0.5，则返回数据库中对应的人脸 ID，验证成功；若相似度小于 0.5，则验证失败。

3）iamese 模型的 TensorFlow 实现

（1）TensorFlow 简介。

TensorFlow 是一个著名的基于数据流（Data Flow）进行数值计算的机器学习算法执行框架。其中的 Nodes（节点）表示对应关系图中的数学运算，也可以表示数据输入的起点（或输出的终点），或者表示读取（或写入）持久变量的终点；Edges（边）表示节点之间相互连接形成的边所对应的多维数组，即 Tensor（张量）。

在 TensorFlow 中，Session（会话）是客户端与系统程序间交互的载体。其对应接口提供的一个重要操作是 Run，用于执行图的片段，也就是子图。在使用 TensorFlow 的过程中，先将操作步骤转化为一个关系图（如 CNN 的训练图等），然后对一个关系图初始化一个 Session，最后通过对 Run 函数的成千上万次调用来执行子图，完成整个流程图的执行。由于其结构功能的灵活性，TensorFlow 能在各种计算平台及计算群集中执行任务。

（2）Siamese 模型实现。

整个 Siamese 网路由两个简单的共享权重的 CNN 构成，输入为一幅图像对，在分别由两个 CNN 进行特征提取后得到两个特征向量，再由对比损失（Contrastive Loss）函数来判断二者的相似度。

本案例使用的 CNN 采用了简化的 VGG 网络，通过加深网络结构来提升其性能，同时在每个卷积层采用了小卷积核（3×3、5×5），去除传统 VGG 网络的几个全连接层，以达到显著减少计算量和参数量的目的。每个 CNN 共包含五层，每层包含一个卷积层和一个池化层，激活函数为 ReLU。

在进行样本对距离计算时，本案例采用的是欧氏距离：

$$D_W(X_1,X_2)=\sqrt{\sum_{k=1}^{K}(X_1^k-X_2^k)^2} \qquad (5.10)$$

其中，K 是特征数。

本案例采用的损失函数为

$$L=\frac{1}{2N}(\sum_{n=1}^{N}(Y^n D_W^2(X_1^n-X_2^n)+(1-Y^n)\max(\text{margin}-D_W^2(X_1^n-X_2^n),0)^2 \qquad (5.11)$$

求和符号中的第一项是正样本（同类样本对）的误差项，当 Y^n 等于 1 时，第一项生效，第二项恒等于 0；第二项是负样本（不同类样本对）的误差项，当 Y^n 等于 0 时，第二项生效，第一项恒为 0。margin 是一个超参数，不同类样本对的间距达到 margin 时，则认为其间距已足够大，不再需要通过该样本对调整参数，从而避免某个不同类样本对由于距离过大而影响其他样本对的学习效果。

2．求解思路

1）Siamese 网络训练和测试

本案例的 Siamese 网络训练和验证需要训练阶段和验证阶段交替进行，流程如下。

（1）判断是否达到了设置的最大迭代次数。如果是，则结束训练过程；否则，进入下一个步骤。

（2）判断当前训练次数是否为验证周期的整数倍。如果是，则进入验证阶段，验证结束后进入下一步骤；如果不是，则进入下一步骤。

（3）根据 batch_size 的大小依次读入用于训练的样本对，逐层进行网络训练，通过计算得到最后的向量值，并结合样本对的目标值（1 或 0），通过损失函数计算该样本对的 loss 值。

（4）使用上一步骤得到的 loss 值，用 Adam 优化器更新参数。

Siamese 网络在 LFW 数据集上的具体训练步骤如下。

（1）提取 LFW 数据集通过人脸检测得到的已对齐面部图片，通过组合算法生成正、负各 10000 个样本对，并在图片对后打上 1（正样本）或 0（负样本）的标签，生成训练集。

（2）将 Siamese 网络在该训练集上进行训练，直到网络模型收敛。

（3）在 LFW 数据集中共取 4000 个样本对（2000 个正样本，2000 个负样本）作为测试集，测试训练好的 Siamese 网络的性能。

2）基于 Siamese 网络的简易面部认证 Demo

该简易面部系统设计的目的是利用本案例实现的 Siamese 网络模型来实现简单的面部认证功能，其结构由两个模块构成，分别是创建用户模块和面部认证模块。

- 创建用户模块用于给数据库添加新对象，以便进行面部认证测试，该部分主要包括输入用户 ID、人脸检测、图像预处理，以及保存至数据库共 4 个步骤。
- 面部认证模块是该系统的重点模块，用于用户的面部认证，主要包括人脸检测、图像预处理、人脸比对共 3 个步骤。

其中，人脸检测和人脸比对的具体方法如下。

- 人脸检测：该部分使用了 OpenCV 的人脸检测接口，通过摄像头实时检测人脸，并保存获取的裁剪后的人脸图像。
- 人脸比对：该部分使用了本案例训练好的 Siamese 网络模型，将获取到的人脸图像与数据库中的人脸图像一一进行比对，通过分析模型的输出判断待认证对象是不是用户，以及是哪一名用户。由于本案例模型在 LFW 上的准确率仅为 95.6%，识别错误的概率较大，故该系统中采用了多次识别的思路（当限定时间内同一个用户被检测到 5 次时视为认证成功，否则认证失败）。

5.2.3 代码实现及分析

1. 实验环境

1）硬件环境

（1）内存空间：8GB。

（2）硬盘容量：100MB。

（3）是否有 GPU 支持：是（Siamese 网络训练建议使用 GPU）。

2）软件环境

（1）开发工具：Jupyter Notebook。

（2）操作系统：Windows 或 Linux。

（3）工具包：Anaconda 2019.03（Python 3.7.3）+TensorFlow 1.9.0+OpenCV 3.2.0+PyQt5 5.12.2。

3）参数配置

具体的参数配置过程如下。

（1）首先配置学习率和 margin 这两个参数，如表 5-2 所示。

表 5-2 学习率和 margin 参数配置

名称	值	节点
Initial_Learning_Rate	0.001	Initial learning rate
margin	0.5	Margin in loss function

学习率过大可能会导致在网络训练中直接越过最优解，而太小又将导致训练时间长、收敛慢。本案例采用了能够自动更新学习率和权重的 Adam 优化算法[1]，故只要将学习率初值设置为一个适中的值，就能够使 Loss 函数较快速且准确地收敛。Loss 函数中的超参数 margin 的值被设置为 0.5。

（2）卷积层的参数配置如表 5-3 所示。

---

[1] Kingma D P, Ba J Adam. A Method for Stochastic Optimization[J]. Computer Science, 2014.

表 5-3 卷积层参数配置

名 称	参 数	值
Conv1	Kernel_size	[5,5]
	Filters	64
	Strides	[1,1]
	padding	SAME
	activation	Relu
Conv2	Kernel_size	[5,5]
	Filters	128
	Strides	[1,1]
	padding	SAME
	activation	Relu
Conv3	Kernel_size	[3,3]
	Filters	256
	Strides	[1,1]
	padding	SAME
	activation	Relu
Conv4	Kernel_size	[3,3]
	Filters	512
	Strides	[1,1]
	padding	SAME
	activation	Relu
Conv5	Kernel_size	[3,3]
	Filters	16
	Strides	[1,1]
	padding	SAME
	activation	Relu

卷积层通过不断增加深度来提升模型的表示能力和对原始数据的抽象能力。另外，为了降低计算量和内存占有率，本案例采用了小的卷积核（5×5、3×3），并将步长设置为[1,1]以防止偏移过大。同时，为了避免网络训练时边缘丢失的问题，填充方式设置为 SAME。最后，激活函数统一设置为常用的 ReLU 以提高收敛速度。

（3）池化层参数配置如表 5-4 所示。

第 5 章 综合案例

表 5-4 池化层参数配置

名称	参数	值
Pool1、Pool2、Pool3、Pool4、Pool5	pool_size	[3,3]
	Strides	[2,2]
	Padding	SAME
	Pooling	Max-pooling

如表 5-4 所示,五个池化层采用了相同的配置。与卷积层相似,同样采用了较小的池化块([3,3])以降低计算量,采用了较小步长([2,2])以提高精度,填充方式为 SAME。另外,将池化操作设置为 Max-pooling(最大池化)以减少计算量和参数,防止过拟合。

(4)全连接层参数配置如表 5-5 所示。

表 5-5 全连接层参数配置

名称	参数	值
hidden_Weights	Shape	[256,128]
	Stddev	0.1
hidden_biases	Shape	[128]
	value	0.1

权重和偏移的配置如表 5-5 所示,权重按照正态分布初始化,偏移初始值设置为 0.1。

2. Siamese 网络训练和测试的代码实现

本案例的文件结构如图 5-17 所示。

train_positive_pairs_path.txt 和 train_negative_pairs_path.txt 中存储了用于训练的正样本(同一人)和负样本(不同人)文件路径,test_positive_pairs_path.txt 和 test_negative_pairs_path.txt 中存储了用于测试的正样本(同一人)和负样本(不同人)文件路径,lfw 中存放了实际的样本数据。创建 Python 脚本文件 train.py、test.py、dataset.py、model.py 和 config.py。

1)train_positive_pairs_path.txt 中的部分数据(图 5-18)

图 5-17　本案例的文件结构

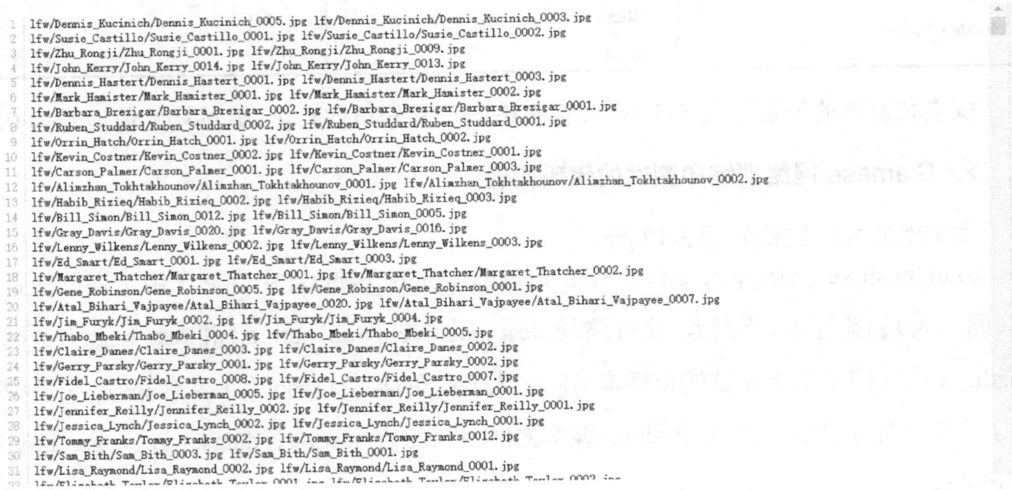

```
lfw/Dennis_Kucinich/Dennis_Kucinich_0005.jpg lfw/Dennis_Kucinich/Dennis_Kucinich_0003.jpg
lfw/Susie_Castillo/Susie_Castillo_0001.jpg lfw/Susie_Castillo/Susie_Castillo_0002.jpg
lfw/Zhu_Rongji/Zhu_Rongji_0001.jpg lfw/Zhu_Rongji/Zhu_Rongji_0009.jpg
lfw/John_Kerry/John_Kerry_0014.jpg lfw/John_Kerry/John_Kerry_0013.jpg
lfw/Dennis_Hastert/Dennis_Hastert_0001.jpg lfw/Dennis_Hastert/Dennis_Hastert_0003.jpg
lfw/Mark_Hamister/Mark_Hamister_0001.jpg lfw/Mark_Hamister/Mark_Hamister_0002.jpg
lfw/Barbara_Brezigar/Barbara_Brezigar_0002.jpg lfw/Barbara_Brezigar/Barbara_Brezigar_0001.jpg
lfw/Ruben_Studdard/Ruben_Studdard_0002.jpg lfw/Ruben_Studdard/Ruben_Studdard_0001.jpg
lfw/Orrin_Hatch/Orrin_Hatch_0001.jpg lfw/Orrin_Hatch/Orrin_Hatch_0002.jpg
lfw/Kevin_Costner/Kevin_Costner_0002.jpg lfw/Kevin_Costner/Kevin_Costner_0001.jpg
lfw/Carson_Palmer/Carson_Palmer_0001.jpg lfw/Carson_Palmer/Carson_Palmer_0003.jpg
lfw/Alimzhan_Tokhtakhounov/Alimzhan_Tokhtakhounov_0001.jpg lfw/Alimzhan_Tokhtakhounov/Alimzhan_Tokhtakhounov_0002.jpg
lfw/Habib_Rizieq/Habib_Rizieq_0002.jpg lfw/Habib_Rizieq/Habib_Rizieq_0003.jpg
lfw/Bill_Simon/Bill_Simon_0012.jpg lfw/Bill_Simon/Bill_Simon_0005.jpg
lfw/Gray_Davis/Gray_Davis_0020.jpg lfw/Gray_Davis/Gray_Davis_0016.jpg
lfw/Lenny_Wilkens/Lenny_Wilkens_0002.jpg lfw/Lenny_Wilkens/Lenny_Wilkens_0003.jpg
lfw/Ed_Smart/Ed_Smart_0001.jpg lfw/Ed_Smart/Ed_Smart_0003.jpg
lfw/Margaret_Thatcher/Margaret_Thatcher_0001.jpg lfw/Margaret_Thatcher/Margaret_Thatcher_0002.jpg
lfw/Gene_Robinson/Gene_Robinson_0005.jpg lfw/Gene_Robinson/Gene_Robinson_0001.jpg
lfw/Atal_Bihari_Vajpayee/Atal_Bihari_Vajpayee_0020.jpg lfw/Atal_Bihari_Vajpayee/Atal_Bihari_Vajpayee_0007.jpg
lfw/Jim_Furyk/Jim_Furyk_0002.jpg lfw/Jim_Furyk/Jim_Furyk_0004.jpg
lfw/Thabo_Mbeki/Thabo_Mbeki_0004.jpg lfw/Thabo_Mbeki/Thabo_Mbeki_0005.jpg
lfw/Claire_Danes/Claire_Danes_0003.jpg lfw/Claire_Danes/Claire_Danes_0002.jpg
lfw/Gerry_Parsky/Gerry_Parsky_0001.jpg lfw/Gerry_Parsky/Gerry_Parsky_0002.jpg
lfw/Fidel_Castro/Fidel_Castro_0008.jpg lfw/Fidel_Castro/Fidel_Castro_0007.jpg
lfw/Joe_Lieberman/Joe_Lieberman_0005.jpg lfw/Joe_Lieberman/Joe_Lieberman_0001.jpg
lfw/Jennifer_Reilly/Jennifer_Reilly_0002.jpg lfw/Jennifer_Reilly/Jennifer_Reilly_0001.jpg
lfw/Jessica_Lynch/Jessica_Lynch_0002.jpg lfw/Jessica_Lynch/Jessica_Lynch_0001.jpg
lfw/Tommy_Franks/Tommy_Franks_0002.jpg lfw/Tommy_Franks/Tommy_Franks_0012.jpg
lfw/Sam_Bith/Sam_Bith_0003.jpg lfw/Sam_Bith/Sam_Bith_0001.jpg
lfw/Lisa_Raymond/Lisa_Raymond_0002.jpg lfw/Lisa_Raymond/Lisa_Raymond_0001.jpg
```

图 5-18　train_positive_pairs_path.txt 中的部分数据

2）train_negative_pairs_path.txt 中的部分数据（图 5-19）

```
1  lfw/Tim_Robbins/Tim_Robbins_0004.jpg lfw/Celine_Dion/Celine_Dion_0008.jpg
2  lfw/Georgi_Parvanov/Georgi_Parvanov_0001.jpg lfw/Gisele_Bundchen/Gisele_Bundchen_0002.jpg
3  lfw/Jonathan_Edwards/Jonathan_Edwards_0008.jpg lfw/Wen_Jiabao/Wen_Jiabao_0006.jpg
4  lfw/Jude_Law/Jude_Law_0001.jpg lfw/Ben_Curtis/Ben_Curtis_0003.jpg
5  lfw/Donatella_Versace/Donatella_Versace_0003.jpg lfw/Hassan_Wirajuda/Hassan_Wirajuda_0002.jpg
6  lfw/Yao_Ming/Yao_Ming_0002.jpg lfw/Gisele_Bundchen/Gisele_Bundchen_0002.jpg
7  lfw/Mikhail_Youzhny/Mikhail_Youzhny_0001.jpg lfw/Gil_de_Ferran/Gil_de_Ferran_0001.jpg
8  lfw/Leon_LaPorte/Leon_LaPorte_0002.jpg lfw/Carmen_Electra/Carmen_Electra_0003.jpg
9  lfw/Saburo_Kawabuchi/Saburo_Kawabuchi_0002.jpg lfw/Joseph_Ralston/Joseph_Ralston_0001.jpg
10 lfw/Peter_Arnett/Peter_Arnett_0003.jpg lfw/Pascal_Quignard/Pascal_Quignard_0003.jpg
11 lfw/Hayley_Tullett/Hayley_Tullett_0002.jpg lfw/Thaksin_Shinawatra/Thaksin_Shinawatra_0005.jpg
12 lfw/Rebecca_Romijn-Stamos/Rebecca_Romijn-Stamos_0002.jpg lfw/George_HW_Bush/George_HW_Bush_0011.jpg
13 lfw/Roberto_Carlos/Roberto_Carlos_0001.jpg lfw/Peter_Costello/Peter_Costello_0001.jpg
14 lfw/Kelly_Clarkson/Kelly_Clarkson_0001.jpg lfw/Robert_Kocharian/Robert_Kocharian_0005.jpg
15 lfw/Valdas_Adamkus/Valdas_Adamkus_0001.jpg lfw/Steven_Spielberg/Steven_Spielberg_0004.jpg
16 lfw/Ellen_DeGeneres/Ellen_DeGeneres_0001.jpg lfw/Melanie_Griffith/Melanie_Griffith_0001.jpg
17 lfw/Chen_Shui-bian/Chen_Shui-bian_0004.jpg lfw/Eunice_Barber/Eunice_Barber_0002.jpg
18 lfw/Harry_Kalas/Harry_Kalas_0001.jpg lfw/Pervez_Musharraf/Pervez_Musharraf_0007.jpg
19 lfw/Marisa_Tomei/Marisa_Tomei_0002.jpg lfw/Angela_Lansbury/Angela_Lansbury_0002.jpg
20 lfw/Masum_Turker/Masum_Turker_0001.jpg lfw/Manuel_Poggiali/Manuel_Poggiali_0001.jpg
21 lfw/Cruz_Bustamante/Cruz_Bustamante_0004.jpg lfw/Ruth_Harlow/Ruth_Harlow_0001.jpg
22 lfw/Pervez_Musharraf/Pervez_Musharraf_0009.jpg lfw/Abdoulaye_Wade/Abdoulaye_Wade_0004.jpg
23 lfw/Taha_Yassin_Ramadan/Taha_Yassin_Ramadan_0010.jpg lfw/Jodie_Foster/Jodie_Foster_0001.jpg
24 lfw/Mark_Heller/Mark_Heller_0001.jpg lfw/Joe_Nichols/Joe_Nichols_0003.jpg
25 lfw/Carol_Moseley_Braun/Carol_Moseley_Braun_0002.jpg lfw/Jennifer_Connelly/Jennifer_Connelly_0003.jpg
26 lfw/Johnny_Tapia/Johnny_Tapia_0003.jpg lfw/Andrew_Weissmann/Andrew_Weissmann_0001.jpg
27 lfw/Dianne_Feinstein/Dianne_Feinstein_0003.jpg lfw/Greg_Owen/Greg_Owen_0002.jpg
28 lfw/George_Voinovich/George_Voinovich_0001.jpg lfw/Akbar_Hashemi_Rafsanjani/Akbar_Hashemi_Rafsanjani_0002.jpg
```

图 5-19　train_negative_pairs_path.txt 中的部分数据

3）test_positive_pairs_path.txt 中的部分数据（图 5-20）

```
1  lfw/Fernando_Vargas/Fernando_Vargas_0001.jpg lfw/Fernando_Vargas/Fernando_Vargas_0002.jpg
2  lfw/David_Kelley/David_Kelley_0001.jpg lfw/David_Kelley/David_Kelley_0002.jpg
3  lfw/OJ_Simpson/OJ_Simpson_0002.jpg lfw/OJ_Simpson/OJ_Simpson_0001.jpg
4  lfw/Harbhajan_Singh/Harbhajan_Singh_0001.jpg lfw/Harbhajan_Singh/Harbhajan_Singh_0002.jpg
5  lfw/Cruz_Bustamante/Cruz_Bustamante_0002.jpg lfw/Cruz_Bustamante/Cruz_Bustamante_0001.jpg
6  lfw/David_Kelley/David_Kelley_0002.jpg lfw/David_Kelley/David_Kelley_0001.jpg
7  lfw/Jiang_Zemin/Jiang_Zemin_0019.jpg lfw/Jiang_Zemin/Jiang_Zemin_0015.jpg
8  lfw/Michael_J_Sheehan/Michael_J_Sheehan_0001.jpg lfw/Michael_J_Sheehan/Michael_J_Sheehan_0002.jpg
9  lfw/Noelle_Bush/Noelle_Bush_0002.jpg lfw/Noelle_Bush/Noelle_Bush_0001.jpg
10 lfw/Oprah_Winfrey/Oprah_Winfrey_0003.jpg lfw/Oprah_Winfrey/Oprah_Winfrey_0004.jpg
11 lfw/Art_Hoffmann/Art_Hoffmann_0002.jpg lfw/Art_Hoffmann/Art_Hoffmann_0001.jpg
12 lfw/Elisabeth_Schumacher/Elisabeth_Schumacher_0001.jpg lfw/Elisabeth_Schumacher/Elisabeth_Schumacher_0002.jpg
13 lfw/David_Kelley/David_Kelley_0002.jpg lfw/David_Kelley/David_Kelley_0001.jpg
14 lfw/Daniel_Radcliffe/Daniel_Radcliffe_0001.jpg lfw/Daniel_Radcliffe/Daniel_Radcliffe_0002.jpg
15 lfw/Saburo_Kawabuchi/Saburo_Kawabuchi_0001.jpg lfw/Saburo_Kawabuchi/Saburo_Kawabuchi_0002.jpg
16 lfw/Bob_Dole/Bob_Dole_0003.jpg lfw/Bob_Dole/Bob_Dole_0001.jpg
17 lfw/Kurt_Warner/Kurt_Warner_0001.jpg lfw/Kurt_Warner/Kurt_Warner_0004.jpg
18 lfw/Susan_Collins/Susan_Collins_0002.jpg lfw/Susan_Collins/Susan_Collins_0001.jpg
19 lfw/Aron_Ralston/Aron_Ralston_0001.jpg lfw/Aron_Ralston/Aron_Ralston_0002.jpg
20 lfw/Joerg_Haider/Joerg_Haider_0002.jpg lfw/Joerg_Haider/Joerg_Haider_0001.jpg
21 lfw/Roseanne_Barr/Roseanne_Barr_0001.jpg lfw/Roseanne_Barr/Roseanne_Barr_0002.jpg
22 lfw/Anwar_Ibrahim/Anwar_Ibrahim_0001.jpg lfw/Anwar_Ibrahim/Anwar_Ibrahim_0002.jpg
23 lfw/Sergey_Lavrov/Sergey_Lavrov_0008.jpg lfw/Sergey_Lavrov/Sergey_Lavrov_0003.jpg
24 lfw/Jennifer_Aniston/Jennifer_Aniston_0010.jpg lfw/Jennifer_Aniston/Jennifer_Aniston_0006.jpg
25 lfw/Gary_Doer/Gary_Doer_0002.jpg lfw/Gary_Doer/Gary_Doer_0003.jpg
26 lfw/Megawati_Sukarnoputri/Megawati_Sukarnoputri_0020.jpg lfw/Megawati_Sukarnoputri/Megawati_Sukarnoputri_0023.jpg
27 lfw/Vidar_Helgesen/Vidar_Helgesen_0001.jpg lfw/Vidar_Helgesen/Vidar_Helgesen_0002.jpg
28 lfw/Ricardo_Sanchez/Ricardo_Sanchez_0004.jpg lfw/Ricardo_Sanchez/Ricardo_Sanchez_0003.jpg
```

图 5-20　test_positive_pairs_path.txt 中的部分数据

4）test_negative_pairs_path.txt 中的部分数据（图 5-21）
5）lfw 目录下的部分文件夹（每个文件夹中有同一个人的多幅面部图像）（图 5-22）

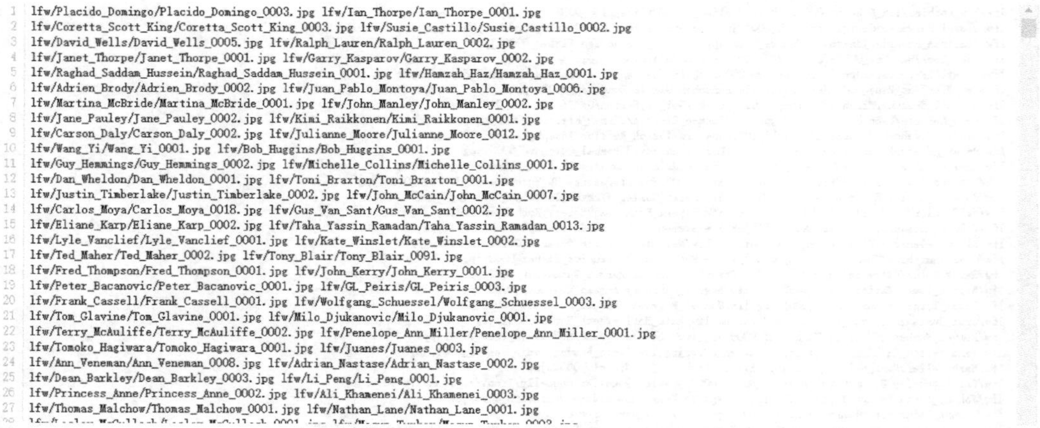

```
1   lfw/Placido_Domingo/Placido_Domingo_0003.jpg lfw/Ian_Thorpe/Ian_Thorpe_0001.jpg
2   lfw/Coretta_Scott_King/Coretta_Scott_King_0003.jpg lfw/Susie_Castillo/Susie_Castillo_0002.jpg
3   lfw/David_Wells/David_Wells_0005.jpg lfw/Ralph_Lauren/Ralph_Lauren_0002.jpg
4   lfw/Janet_Thorpe/Janet_Thorpe_0001.jpg lfw/Garry_Kasparov/Garry_Kasparov_0002.jpg
5   lfw/Raghad_Saddam_Hussein/Raghad_Saddam_Hussein_0001.jpg lfw/Hamzah_Haz/Hamzah_Haz_0001.jpg
6   lfw/Adrien_Brody/Adrien_Brody_0002.jpg lfw/Juan_Pablo_Montoya/Juan_Pablo_Montoya_0006.jpg
7   lfw/Martina_McBride/Martina_McBride_0001.jpg lfw/John_Manley/John_Manley_0002.jpg
8   lfw/Jane_Pauley/Jane_Pauley_0002.jpg lfw/Kimi_Raikkonen/Kimi_Raikkonen_0001.jpg
9   lfw/Carson_Daly/Carson_Daly_0002.jpg lfw/Julianne_Moore/Julianne_Moore_0012.jpg
10  lfw/Wang_Yi/Wang_Yi_0001.jpg lfw/Bob_Huggins/Bob_Huggins_0001.jpg
11  lfw/Guy_Hemmings/Guy_Hemmings_0002.jpg lfw/Michelle_Collins/Michelle_Collins_0001.jpg
12  lfw/Dan_Wheldon/Dan_Wheldon_0001.jpg lfw/Toni_Braxton/Toni_Braxton_0001.jpg
13  lfw/Justin_Timberlake/Justin_Timberlake_0002.jpg lfw/John_McCain/John_McCain_0007.jpg
14  lfw/Carlos_Moya/Carlos_Moya_0018.jpg lfw/Gus_Van_Sant/Gus_Van_Sant_0002.jpg
15  lfw/Eliane_Karp/Eliane_Karp_0002.jpg lfw/Taha_Yassin_Ramadan/Taha_Yassin_Ramadan_0013.jpg
16  lfw/Lyle_Vanclief/Lyle_Vanclief_0001.jpg lfw/Kate_Winslet/Kate_Winslet_0002.jpg
17  lfw/Ted_Maher/Ted_Maher_0002.jpg lfw/Tony_Blair/Tony_Blair_0091.jpg
18  lfw/Fred_Thompson/Fred_Thompson_0001.jpg lfw/John_Kerry/John_Kerry_0001.jpg
19  lfw/Peter_Bacanovic/Peter_Bacanovic_0001.jpg lfw/GL_Peiris/GL_Peiris_0003.jpg
20  lfw/Frank_Cassell/Frank_Cassell_0001.jpg lfw/Wolfgang_Schuessel/Wolfgang_Schuessel_0003.jpg
21  lfw/Tom_Glavine/Tom_Glavine_0001.jpg lfw/Milo_Djukanovic/Milo_Djukanovic_0002.jpg
22  lfw/Terry_McAuliffe/Terry_McAuliffe_0002.jpg lfw/Penelope_Ann_Miller/Penelope_Ann_Miller_0001.jpg
23  lfw/Tomoko_Hagiwara/Tomoko_Hagiwara_0001.jpg lfw/Juanes/Juanes_0003.jpg
24  lfw/Ann_Veneman/Ann_Veneman_0008.jpg lfw/Adrian_Nastase/Adrian_Nastase_0002.jpg
25  lfw/Dean_Barkley/Dean_Barkley_0003.jpg lfw/Li_Peng/Li_Peng_0001.jpg
26  lfw/Princess_Anne/Princess_Anne_0002.jpg lfw/Ali_Khamenei/Ali_Khamenei_0003.jpg
27  lfw/Thomas_Malchow/Thomas_Malchow_0001.jpg lfw/Nathan_Lane/Nathan_Lane_0001.jpg
```

图 5-21　test_negative_pairs_path.txt 中的部分数据

```
0  ▼  / FaceVerify / siamesenet / lfw                             Name ↓    Last Modified   File size
                                                                            几秒前
   Aaron_Peirsol                                                             1小时前
   Abdel_Nasser_Assidi                                                       1小时前
   Abdoulaye_Wade                                                            1小时前
   Abdullah_al-Attiyah                                                       1小时前
   Abdullah_Gul                                                              1小时前
   Abdullatif_Sener                                                          1小时前
   Abel_Pacheco                                                              1小时前
   Adam_Sandler                                                              1小时前
   Adel_Al-Jubeir                                                            1小时前
   Adolfo_Aguilar_Zinser                                                     1小时前
   Adolfo_Rodriguez_Saa                                                      1小时前
   Adrian_Nastase                                                            1小时前
   Adrien_Brody                                                              1小时前
   Ahmed_Chalabi                                                             1小时前
   Ai_Sugiyama                                                               1小时前
   Aicha_El_Ouafi                                                            1小时前
   Akbar_Hashemi_Rafsanjani                                                  1小时前
   Akhmed_Zakayev                                                            1小时前
   Al_Gore                                                                   1小时前
```

图 5-22　lfw 目录下的部分文件夹

6）config.py

```
import tensorflow as tf


flags = tf.app.flags
```

```
FLAGS = flags.FLAGS

flags.DEFINE_integer('train_iter', 20000, 'Total training iter')
flags.DEFINE_integer('validation_step', 50, 'validation step')
flags.DEFINE_integer('step', 1000, 'Save after ... iteration')
flags.DEFINE_integer('DEV_NUMBER', -100, '验证集数量')
flags.DEFINE_integer('batch_size', 128, '批大小')
flags.DEFINE_string('BASE_PATH', './', '图片位置')
flags.DEFINE_string('negative_file',
'train_negative_pairs_path.txt', '不同人的文件')
flags.DEFINE_string('positive_file',
'train_positive_pairs_path.txt', '相同人的文件')
```

7）dataset.py

```
import numpy as np
from PIL import Image
from config import FLAGS
import os

DEV_NUMBER = FLAGS.DEV_NUMBER
BASE_PATH = FLAGS.BASE_PATH
batch_size = FLAGS.batch_size

negative_pairs_path_file = open(FLAGS.negative_file, 'r')
negative_pairs_path_lines = negative_pairs_path_file.readlines()
positive_pairs_path_file = open(FLAGS.positive_file, 'r')
positive_pairs_path_lines = positive_pairs_path_file.readlines()

left_image_path_list = []
right_image_path_list = []
similar_list = []

for line in negative_pairs_path_lines:
    left_right = line.strip().split(' ')
    left_image_path_list.append(left_right[0])
```

```python
            right_image_path_list.append(left_right[1])
            similar_list.append(0)

        for line in positive_pairs_path_lines:
            left_right = line.strip().split(' ')
            left_image_path_list.append(left_right[0])
            right_image_path_list.append(left_right[1])
            similar_list.append(1)

        left_image_path_list = np.asarray(left_image_path_list)
        right_image_path_list = np.asarray(right_image_path_list)
        similar_list = np.asarray(similar_list)

        np.random.seed(10)
        shuffle_indices = np.random.permutation(np.arange
        (len(similar_list)))
        left_shuffled = left_image_path_list[shuffle_indices]
        right_shuffled = right_image_path_list[shuffle_indices]
        similar_shuffled = similar_list[shuffle_indices]

        left_train, left_dev = left_shuffled[:DEV_NUMBER],
left_shuffled[DEV_NUMBER:]
        right_train, right_dev = right_shuffled[:DEV_NUMBER],
right_shuffled[DEV_NUMBER:]
        similar_train, similar_dev = similar_shuffled[:DEV_NUMBER],
similar_shuffled[DEV_NUMBER:]

        def vectorize_imgs(img_path_list):
            image_arr_list = []
            for img_path in img_path_list:
                if os.path.exists(BASE_PATH + img_path):
                    img = Image.open(BASE_PATH + img_path)
                    img_arr = np.asarray(img, dtype='float32')
                    image_arr_list.append(img_arr)
```

```python
        else:
            print(img_path)
    return image_arr_list

def get_batch_image_path(left_train, right_train, similar_train, start):
    end = (start + batch_size) % len(similar_train)
    if start < end:
        return left_train[start:end], right_train[start:end], similar_train[start:end], end
    # 当 start > end 时，从头返回
    return np.concatenate([left_train[start:], left_train[:end]]), \
            np.concatenate([right_train[start:], right_train[:end]]), \
            np.concatenate([similar_train[start:], similar_train[:end]]), \
            end

def get_batch_image_array(batch_left, batch_right, batch_similar):
    return np.asarray(vectorize_imgs(batch_left), dtype='float32') / 255., \
            np.asarray(vectorize_imgs(batch_right), dtype='float32') / 255., \
            np.asarray(batch_similar)[:, np.newaxis]

def get_image_array(image_left, image_right):
    img1 = Image.open(image_left)
    img2 = Image.open(image_right)

    img1_arr=[]
    img2_arr=[]

    img1_arr.append(np.asarray(img1, dtype='float32'))
    img2_arr.append(np.asarray(img2, dtype='float32'))
```

```python
        return np.asarray(img1_arr, dtype='float32') / 255., \
               np.asarray(img2_arr, dtype='float32') / 255.

if __name__ == '__main__':
    pass
```

8）model.py

```python
import tensorflow as tf

variables_dict = {
    "hidden_Weights": tf.Variable(tf.truncated_normal([256, 128], stddev=0.1), name="hidden_Weights"),
    "hidden_biases": tf.Variable(tf.constant(0.1, shape=[128]), name="hidden_biases")
}


class SIAMESE(object):
    def siamesenet(self, input, reuse=False):
        with tf.name_scope("model"):
            with tf.variable_scope("conv1") as scope:
                conv1 = tf.layers.conv2d(input, filters=64, kernel_size=[5, 5], strides=[1, 1],
                                         padding='SAME', activation=tf.nn.relu, reuse=reuse, name=scope.name)
                pool1 = tf.layers.max_pooling2d(conv1, pool_size=[3, 3], strides=[2, 2],
                                                padding='SAME', name='pool1')

            with tf.variable_scope("conv2") as scope:
                conv2 = tf.layers.conv2d(pool1, filters=128, kernel_size=[5, 5], strides=[1, 1],
                                         padding='SAME', activation=tf.nn.relu, reuse=reuse, name=scope.name)
                pool2 = tf.layers.max_pooling2d(conv2, pool_size=[3, 3],
```

```
strides=[2, 2],
                                                        padding='SAME',
name='pool2')

                with tf.variable_scope("conv3") as scope:
                    conv3 = tf.layers.conv2d(pool2, filters=256,
kernel_size=[3, 3], strides=[1, 1],
                                             padding='SAME',
activation=tf.nn.relu, reuse=reuse, name=scope.name)
                    pool3 = tf.layers.max_pooling2d(conv3, pool_size=[3, 3],
strides=[2, 2],
                                                    padding='SAME',
name='pool3')

                with tf.variable_scope("conv4") as scope:
                    conv4 = tf.layers.conv2d(pool3, filters=512,
kernel_size=[3, 3], strides=[1, 1],
                                             padding='SAME',
activation=tf.nn.relu, reuse=reuse, name=scope.name)
                    pool4 = tf.layers.max_pooling2d(conv4, pool_size=[3, 3],
strides=[2, 2],
                                                    padding='SAME',
name='pool4')

                with tf.variable_scope("conv5") as scope:
                    conv5 = tf.layers.conv2d(pool4, filters=16,
kernel_size=[3, 3], strides=[1, 1],
                                             padding='SAME',
activation=tf.nn.relu, reuse=reuse, name=scope.name)
                    pool5 = tf.layers.max_pooling2d(conv5, pool_size=[3, 3],
strides=[2, 2],
                                                    padding='SAME',
name='pool5')
```

```python
                flattened = tf.contrib.layers.flatten(pool5)

            with tf.variable_scope("local") as scope:
                output = tf.nn.relu(tf.matmul(flattened, variables_dict["hidden_Weights"]) +
                                    variables_dict["hidden_biases"], name=scope.name)

            return output

        def contrastive_loss(self, y, model1, model2, batch_size):
            with tf.name_scope("output"):
                d=tf.sqrt(tf.reduce_sum(tf.square(model1-model2),1))
                tmp = y * tf.square(d)
                # tmp= tf.mul(y,tf.square(d))
                tmp2 = (1 - y) * tf.square(tf.maximum((1 - d), 0))

            with tf.name_scope("loss"):
                loss=tf.reduce_sum(tmp + tmp2) / batch_size / 2
            return model1,model2,d,loss
```

9）train.py

```python
import tensorflow as tf
from model import SIAMESE
from dataset import *
#from config import *
import logging

logging.basicConfig(level=logging.DEBUG,
                format="%(asctime)s %(filename)s[line:%(lineno)d] %(levelname)s %(message)s",
                datefmt='%b %d %H:%M')

with tf.name_scope("in"):
    left = tf.placeholder(tf.float32, [None, 128, 128, 3], name='left')
```

```python
        right = tf.placeholder(tf.float32, [None, 128, 128, 3], name='right')
        with tf.name_scope("similarity"):
            label = tf.placeholder(tf.int32, [None, 1], name='label')  # 1 if same, 0 if different
            label = tf.to_float(label)

        left_output = SIAMESE().siamesenet(left, reuse=False)

        right_output = SIAMESE().siamesenet(right, reuse=True)

        model1, model2, distance, loss = SIAMESE().contrastive_loss
        (left_output, right_output, label,FLAGS.batch_size)

        global_step = tf.Variable(0, trainable=False)

        Optimizer=tf.train.AdamOptimizer(0.001)

        train_step =Optimizer.minimize(loss, global_step=global_step)

        # saver = tf.train.Saver()
        with tf.Session() as sess:
            sess.run(tf.global_variables_initializer())
            saver = tf.train.Saver(tf.global_variables(), max_to_keep=20)
            # saver.restore(sess, 'checkpoint_trained/model_3.ckpt')

            # setup tensorboard
            tf.summary.scalar('step', global_step)
            tf.summary.scalar('loss', loss)
            for var in tf.trainable_variables():
                tf.summary.histogram(var.op.name, var)
            merged = tf.summary.merge_all()
            writer = tf.summary.FileWriter('train.log', sess.graph)
```

```python
        left_dev_arr, right_dev_arr, similar_dev_arr = 
get_batch_image_array(left_dev, right_dev, similar_dev)

        # train iter
        idx = 0
        for i in range(FLAGS.train_iter):
            batch_left, batch_right, batch_similar, idx = 
get_batch_image_path(left_train, right_train, similar_train, idx)
            batch_left_arr, batch_right_arr, batch_similar_arr = \
                get_batch_image_array(batch_left, batch_right, 
batch_similar)

            _, l, summary_str = sess.run([train_step, loss, merged],
                                feed_dict={left: batch_left_arr, 
right: batch_right_arr, label: batch_similar_arr})
            writer.add_summary(summary_str, i)
            logging.info("#train strp:%d  Loss:%f", i, l)
            if (i + 1) % FLAGS.validation_step == 0:
                val_distance = sess.run([distance],
                                feed_dict={left: left_dev_arr, right: 
right_dev_arr, label: similar_dev_arr})
                logging.info(np.average(val_distance))

            if i % FLAGS.step == 0 and i != 0:
                saver.save(sess, "checkpoint/model_%d.ckpt" % i)
```

10）test.py

```python
import tensorflow as tf
import matplotlib.pyplot as plt
from dataset import *

file_positive = open('test_positive_pairs_path.txt', 'r')
file_negative = open('test_negative_pairs_path.txt', 'r')

images_positive = [line.strip() for line in file_positive.readlines()]
```

```python
        images_negative = [line.strip() for line in file_negative.readlines()]

        images = np.asarray(images_positive + images_negative)
        labels = np.append(np.ones([2000]), np.zeros([2000]))

        np.random.seed(10)
        shuffle_indices = np.random.permutation(np.arange(len(labels)))
        images_shuffled = images[shuffle_indices]
        labels_shuffled = labels[shuffle_indices]

        graph = tf.Graph()

        results = []

        with graph.as_default():
            session_conf = tf.ConfigProto(allow_soft_placement=True,
log_device_placement=False)
            sess = tf.Session(config=session_conf)
            with sess.as_default():
                saver = tf.train.import_meta_graph('checkpoint/model_19000.ckpt.meta')
                saver.restore(sess, 'checkpoint/model_19000.ckpt')

                left = graph.get_operation_by_name("in/left").outputs[0]
                right = graph.get_operation_by_name("in/right").outputs[0]

                distance = tf.nn.sigmoid(graph.get_operation_by_name("output/distance").outputs[0])

                image_test = []
                label_test = []
                index = 1

                # Generate batches for one epoch
```

```python
                for image, label in zip(images_shuffled, labels_shuffled):
                    index += 1
                    image_test.append(image)
                    label_test.append(label)
                    if index % 100 == 0 and index > 0:
                        left_test = []
                        right_test = []
                        for image_one in image_test:
                            line_one_list = str(image_one).split(' ')
                            left_test.append(line_one_list[0])
                            right_test.append(line_one_list[1])
                        left_test_arr, right_test_arr, _ = get_batch_image_array(left_test, right_test, [])
                        output_distance = sess.run([distance], feed_dict={left: left_test_arr, right: right_test_arr})
                        output_distance = output_distance[0]
                        true_num = 0
                        for distance_one, label_one in zip(output_distance, label_test):
                            if float(distance_one) < 0.5:
                                same_flag = 0
                            else:
                                same_flag = 1
                            if label_one == same_flag:
                                true_num += 1
                        print(true_num/100)
                        image_test = []
                        label_test = []
```

11）checkpoint 文件夹（保存训练好的模型）（图 5-23）

12）模型训练

新建 Python 3 代码文件并输入：

```
%run train.py
```

```
In [2]:   1  %run train.py
```

图 5-23　checkpoint 文件夹

注意，如果没有 GPU 支持，则需要训练较长时间（1～2 周）。训练结束后，会在 checkpoint 文件夹中输出训练好的模型。

13）模型测试

在 Python 3 代码文件中输入：

```
%run test.py
```

```
In [2]:  1  %run test.py
```

运行结束后，可看到评测结果。

3. Siamese 网络性能测试结果

利用包含 4000 对样本的测试集进行测试后，得到的样本对相似度分布图如图 5-24 所示。可以看出，尽管存在一定误差，但是总的来说，正样本的输出结果趋近于 1，而负样本的输出结果趋近于 0，与训练目标一致。

将该测试集分为 40 组（每组 100 个样本对），用本案例中训练的 Siamese 网络模型进行测试。各组的准确率如图 5-25 所示。模型的准确率为 95.6%，且各组的准确率均处于 90%～100%，达到预期目标。

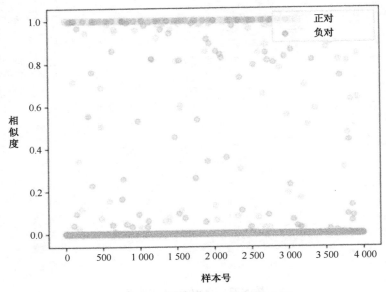

图 5-24 测试集样本对相似度分布图

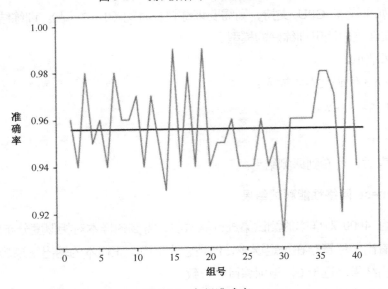

图 5-25 各组准确率

第 5 章 综合案例

4. 面部认证 Demo 的代码实现

面部认证 Demo 的文件结构如图 5-26 所示。Datas 文件夹中保存了采集的用户面部数据；models 文件夹中是训练好的 Siamese 模型；haarcascade_frontalface_default.xml 是 OpenCV 中已训练好的人脸检测模型；Main.py 是面部认证 Demo 的主程序，其会调用 face_detect.py 和 face_authentication.py 中的函数。

Name	Last Modified	File size
0 / FaceVerify / facerec		
..	几秒前	
datas	2 小时前	
models	6 小时前	
run.ipynb	运行 2 小时前	803 B
capture.jpg	2 小时前	3.32 kB
face_authentation.py	4 小时前	2.79 kB
face_detect.py	2 小时前	3.72 kB
haarcascade_frontalface_default.xml	5 小时前	930 kB
Main.py	4 小时前	7.09 kB
Read Me	23 天前	389 B

图 5-26　面部认证 Demo 的文件结构

1）datas 文件夹

如图 5-27 所示，该文件夹初始放置了 5 名用户的面部数据（每名用户一个文件夹），通过 demo 采集新用户的面部数据后，会自动增加以用户名命名的文件夹。

Name	Last Modified	File size
0 / FaceVerify / facerec / datas		
..	几秒前	
Alexandra_Vodjanikova	2 小时前	
Ali_Khamenei	2 小时前	
Alice_Fisher	2 小时前	
Alicia_Silverstone	2 小时前	
Alimzhan_Tokhtakhounov	2 小时前	

图 5-27　datas 文件夹

2）models 文件夹（如图 5-28 所示）

Name	Last Modified	File size
0 / FaceVerify / facerec / models		
..	几秒前	
model_19000.ckpt.data-00000-of-00001	2 个月前	21.5 MB
model_19000.ckpt.index	2 个月前	1.69 kB
model_19000.ckpt.meta	2 个月前	159 kB

图 5-28　models 文件夹

3）Main.py

```python
import sys
from PyQt5 import QtCore, QtGui, QtWidgets
from PyQt5.QtWidgets import *
from face_detect import *
import os

class Congra_Ui(QWidget):
    def __init__(self):
        super(Congra_Ui, self).__init__()
        self.init_ui()

    def init_ui(self):
        self.setWindowTitle("Congratulation")
        self.resize(554, 203)

        self.label = QtWidgets.QLabel(self)
        self.label.setGeometry(QtCore.QRect(70, 30, 181, 51))
        font = QtGui.QFont()
        font.setPointSize(13)
        self.label.setFont(font)
        self.label.setObjectName("label")
        self.label.setText('CONGRATULATIONS')

        self.label_2 = QtWidgets.QLabel(self)
        self.label_2.setGeometry(QtCore.QRect(30, 90, 421, 51))
        self.label_2.setFont(font)
        self.label_2.setText("")
        self.label_2.setObjectName("label_2")

class No_Face(QWidget):
    def __init__(self):
        super(No_Face, self).__init__()
```

```python
            self.init_ui()

    def init_ui(self):
        self.setWindowTitle("NO FACE DETECTED")
        self.resize(422, 203)
        font = QtGui.QFont()
        font.setPointSize(13)
        self.label = QtWidgets.QLabel(self)
        self.label.setGeometry(QtCore.QRect(80, 40, 291, 51))
        self.label.setObjectName("label")
        self.label_2 = QtWidgets.QLabel(self)
        self.label_2.setGeometry(QtCore.QRect(130, 110, 171, 31))
        self.label_2.setObjectName("label_2")
        self.label.setFont(font)
        self.label_2.setFont(font)
        self.label_2.setText("PLEASE RETRY LATER")


class Main_Ui(QMainWindow):
    def __init__(self):
        super(Main_Ui, self).__init__()
        self.init_ui()

    def init_ui(self):
        self.resize(375, 286)
        self.setWindowTitle('MAIN FACE')
        self.Begin_Authentication = QCommandLinkButton('FACIAL AUTHENTICATION', self)
        self.Begin_Authentication.setGeometry(QtCore.QRect(80, 80, 251, 41))
        self.Begin_Authentication.clicked.connect(self.click_button1)
        font = QtGui.QFont()
        font.setPointSize(11)
```

```python
            self.Begin_Authentication.setFont(font)
            self.Begin_Authentication.setCursor
(QtGui.QCursor(QtCore.Qt.OpenHandCursor))

            self.Create_New_ID = QCommandLinkButton('CREATE NEW ID', self)
            self.Create_New_ID.setGeometry(QtCore.QRect(100, 160, 201, 41))
            self.Create_New_ID.setFont(font)
            self.Create_New_ID.setCursor(QtGui.Qcursor
(QtCore.Qt.OpenHandCursor))
            self.Create_New_ID.clicked.connect(self.click_button2)

        def click_button1(self):
            self.hide()
            self.s = Face_verify_Ui()
            self.s.show()

        def click_button2(self):
            self.hide()
            self.s = Take_pic_Ui()
            self.s.show()


class Welcome_Ui(QWidget):
    def __init__(self):
        super(Welcome_Ui, self).__init__()
        self.init_ui()

    def init_ui(self):
        self.resize(422, 197)
        self.setWindowTitle('WELCOME')
        font = QtGui.QFont()
        font.setPointSize(13)
        self.we_text = QtWidgets.QLabel(self)
        self.we_text.setGeometry(QtCore.QRect(30, 70, 341, 41))
```

```python
        self.we_text.setText("")
        self.we_text.setObjectName("we_text")
        self.we_text.setFont(font)

class Take_pic_Ui(QWidget):
    def __init__(self):
        super(Take_pic_Ui, self).__init__()
        self.init_ui()

    def init_ui(self):
        self.resize(415, 357)
        self.setWindowTitle('TAKE PICS')

        font = QtGui.QFont()
        font.setPointSize(13)

        self.label1 = QLabel('ID NAME:', self)
        self.label1.setGeometry(QtCore.QRect(80, 50, 91, 31))
        self.label1.setFont(font)
        self.label1.setObjectName("label")

        self.label2 = QLabel('VIDEO:', self)
        self.label2.setGeometry(QtCore.QRect(80, 140, 91, 31))
        self.label2.setFont(font)
        self.label2.setObjectName("label")

        self.label3 = QLabel('', self)
        self.label3.setGeometry(QtCore.QRect(80, 180, 231, 31))
        self.label3.setFont(font)
        self.label3.setObjectName("label")

        self.ID_NAME = QTextEdit(self)
        self.ID_NAME.setFont(font)
        self.ID_NAME.setGeometry(QtCore.QRect(180, 40, 131, 41))
```

```python
        self.ID_NAME.setObjectName("ID_NAME")

        self.VIDEO_PATH = QTextEdit(self)
        self.VIDEO_PATH.setFont(font)
        self.VIDEO_PATH.setGeometry(QtCore.QRect(180, 130, 131, 41))
        self.VIDEO_PATH.setObjectName("VIDEO_PATH")

        self.Start_Pic = QCommandLinkButton("START TAKING PICS",self)
        self.Start_Pic.setGeometry(QtCore.QRect(80, 220, 231, 41))
        self.Start_Pic.setFont(font)
        self.Start_Pic.clicked.connect(self.click_button)

    def click_button(self):
        ID_Name=self.ID_NAME.toPlainText()
        videopath=self.VIDEO_PATH.toPlainText()
        ID_path='datas/'+ID_Name
        if os.path.exists(ID_path):
            self.label3.setText('ID:'+ID_Name+' EXISTS!')
        else:
            os.makedirs(ID_path)
            self.hide()
            result=take_pics(ID_Name, videopath)
            if result==0:
                pic_list=os.listdir(ID_path)
                if pic_list !=[]:
                    for i in range(len(pic_list)):
                        pic_path=ID_path+'/'+pic_list[i]
                        os.remove(pic_path)
                os.rmdir(ID_path)
                self.s=No_Face()
                self.s.label.setText("NO HUMAN FACES WERE DETECTED!")
                self.s.show()
            else:
                self.s = Congra_Ui()
```

```python
                self.s.label_2.setText('SUCESSFULLY CREATED
ID:'+ID_Name)
                self.s.show()

    class Face_verify_Ui(QWidget):
        def __init__(self):
            super(Face_verify_Ui, self).__init__()
            self.init_ui()

        def init_ui(self):
            self.resize(415, 357)
            self.setWindowTitle('Face Verification')

            font = QtGui.QFont()
            font.setPointSize(13)

            self.label1 = QLabel('VIDEO:', self)
            self.label1.setGeometry(QtCore.QRect(80, 50, 91, 31))
            self.label1.setFont(font)
            self.label1.setObjectName("label")

            self.VIDEO_PATH = QTextEdit(self)
            self.VIDEO_PATH.setFont(font)
            self.VIDEO_PATH.setGeometry(QtCore.QRect(180, 40, 131, 41))
            self.VIDEO_PATH.setObjectName("VIDEO_PATH")

            self.Start_Pic = QCommandLinkButton("START VERIFICATION",self)
            self.Start_Pic.setGeometry(QtCore.QRect(80, 130, 251, 41))
            self.Start_Pic.setFont(font)
            self.Start_Pic.clicked.connect(self.click_button)

        def click_button(self):
            videopath=self.VIDEO_PATH.toPlainText()
            result,ID_list = facial_anthentication(videopath)
```

```python
        if result==-1:
            self.s=No_Face()
            self.s.label.setText("UNKNOWN FACE!")
            self.s.show()
        else:
            self.s = Welcome_Ui()
            self.s.we_text.setText('WELCOME!  ID:'+ID_list[result])
            self.s.show()

def main():
    app = QApplication(sys.argv)
    w = Main_Ui()
    w.show()
    sys.exit(app.exec_())

if __name__ == '__main__':
    main()
```

4）face_detect.py

```python
from face_authentation import *
import cv2


def facial_anthentication(videopath):
    ID_path = 'datas/'
    ID_list = os.listdir(ID_path)
    person_num=[]
    for i in range(len(ID_list)):
        person_num.append(0)
    face_cascade = cv2.CascadeClassifier
    ('./haarcascade_frontalface_default.xml')
    if videopath=='':
        camera = cv2.VideoCapture(0)#从摄像头读取数据
    else:
        camera = cv2.VideoCapture(videopath)#从视频文件中读取数据
    result=-1
```

```python
            time = 0
            text=('')
            while (1):
                time+=1
                cv2.waitKey(1)
                if time==100:
                    camera.release()
                    cv2.destroyAllWindows()
                    return -1,ID_list
                else:
                    ret, frame = camera.read()
                    gray = cv2.cvtColor(frame, cv2.COLOR_BGR2GRAY)
                    faces = face_cascade.detectMultiScale(gray, 1.1, 1)
                    for (x, y, w, h) in faces:
                        if w>80:
                            cv2.rectangle(frame, (x, y), (x + w, y + h), (255, 0, 0), 2)
                            if time%5==0:
                                cv2.imwrite('capture.jpg', frame)
                                file_name = os.path.join('capture.jpg')
                                Image.open('capture.jpg').crop((x, y, x + w, y + h)).save(file_name)
                                produceImage('capture.jpg', 128, 128, 'capture.jpg')
                                result=face_recognition(ID_path, ID_list)
                                if result == -1:
                                    pass
                                else:
                                    person_num[result] += 1
                                    text = ID_list[result] + ' '+str(person_num[result])+' OF 5'
                                    if person_num[result] == 5:
                                        camera.release()
                                        cv2.destroyAllWindows()
```

```python
                        return result, ID_list
                cv2.putText(frame, text, (x, y),
cv2.FONT_HERSHEY_COMPLEX, 1, (255, 0, 0), 1)
            cv2.imshow('camera', frame)

    def take_pics(ID_Name, videopath):
        face_cascade = cv2.CascadeClassifier
        ('./haarcascade_frontalface_default.xml')
        if videopath=='':
            camera = cv2.VideoCapture(0)#从摄像头读取数据
        else:
            camera = cv2.VideoCapture(videopath)#从视频文件中读取数据
        count=0
        time=0
        while (1):
            time+=1
            cv2.waitKey(1)
            if time==10000:
                camera.release()
                cv2.destroyAllWindows()
                return 0
            else:
                ret, frame = camera.read()
                gray = cv2.cvtColor(frame, cv2.COLOR_BGR2GRAY)
                faces = face_cascade.detectMultiScale(gray, 1.1, 1)
                for (x, y, w, h) in faces:
                    if w>80:
                        cv2.rectangle(frame, (x, y), (x + w, y + h), (255, 0, 0), 2)
                        if count%15==0:
                            num=int(count/15)
                            if num == 5:
                                camera.release()
                                cv2.destroyAllWindows()
```

```
                        return 1
                    else:
                        pic_path='datas/'+ID_Name+'/'
                        '+ID_Name+'_0'+str(num)+'.jpg'
                        cv2.imwrite(pic_path, frame)
                        file_name = os.path.join(pic_path)
                        Image.open(pic_path).crop((x, y, x + w, y
+ h)).save(file_name)
                        produceImage(pic_path, 128, 128, pic_path)
                    text='pic_num:'+str(num)
                    count += 1
                    cv2.putText(frame,text,(x,y),cv2.
                    FONT_HERSHEY_COMPLEX, 1, (255, 0, 0), 1)
            cv2.imshow('camera', frame)
```

5) face_authentation.py

```
import tensorflow as tf
import os
from PIL import Image
import numpy as np

def get_image_array(image_left, image_right):
    img1 = Image.open(image_left)
    img2 = Image.open(image_right)

    img1_arr=[]
    img2_arr=[]

    img1_arr.append(np.asarray(img1, dtype='float32'))
    img2_arr.append(np.asarray(img2, dtype='float32'))

    return np.asarray(img1_arr, dtype='float32') / 255., \
        np.asarray(img2_arr, dtype='float32') / 255.
```

```python
#比较人脸是否相同
def face_compare(image1_path_list,image2_path,pic_num):
    graph = tf.Graph()
    with graph.as_default():
        session_conf = tf.ConfigProto(allow_soft_placement=True,log_device_placement=False)
        sess = tf.Session(config=session_conf)
        with sess.as_default():
            saver = tf.train.import_meta_graph
            ('models/model_19000.ckpt.meta')
            saver.restore(sess, 'models/model_19000.ckpt')

            left = graph.get_operation_by_name
            ("in/left").outputs[0]
            right = graph.get_operation_by_name
            ("in/right").outputs[0]

            distance = tf.nn.sigmoid(graph.get_operation_by_name
            ("output/distance").outputs[0])
            count=0
            for i in range(pic_num):
                left_test, right_test = get_image_array
                (image2_path, image1_path_list[0])
                del (image1_path_list[0])

                output_distance = sess.run([distance], feed_dict=
                {left: left_test, right: right_test})
                output_distance = output_distance[0]

                count+=float(output_distance)

    output=count/pic_num
    print(output)
    return output
```

```python
#分析人脸对象
def face_recognition(ID_path,ID_list):
    images_path = []
    pic_num_list=[]

    for i in range(len(ID_list)):
        images_path.append(ID_path + ID_list[i] + '/')
    image1_path_list = []
    for i in range(len(images_path)):
        pic_list = os.listdir(images_path[i])
        print(pic_list)
        pic_num_list.append(len(pic_list))
        for j in range(len(pic_list)):
            image1_path_list.append(images_path[i] + pic_list[j])

    image2_path = 'capture.jpg'
    compare_results = []

    for i in range(len(pic_num_list)):
        compare_results.append(face_compare
            (image1_path_list,image2_path,pic_num_list[i]))
    if compare_results!=[]:
        print(compare_results)
        result=compare_results.index(max(compare_results))
        if compare_results[result]>0.5:
            return result
        else:
            return -1
    else:
        return -1

def produceImage(file_in, width, height, file_out):
    image = Image.open(file_in)
```

```
        resized_image = image.resize((width, height), Image.ANTIALIAS)
        resized_image.save(file_out)
```

6）运行面部认证 Demo

新建 Python 3 代码文件并执行：

```
%run Main.py
```

In [2]: 1 %run Main.py

5. 面部认证 Demo 的运行结果

系统运行后出现图 5-29 所示界面，该界面中包含创建新用户模块和面部认证模块。单击 CREATE NEW ID 可以创建新用户，并采集面部图像；单击 FACIAL AUTHENTICATION 可以进行用户面部认证。

图 5-29　Demo 初始界面

单击图 5-29 中的 CREATE NEW ID，出现图 5-30 所示创建新用户界面。ID NAME 是新用户的用户名，按照提示输入一个数据库中不存在的用户 ID 后，系统调用计算机自带的摄像头，以及 OpenCV 的人脸检测接口为用户进行照片采集。在限定时间内（检测 100 次），如果持续在摄像头中检测到人脸，就以固定的时间间隔（检测 5 次）将获取到的人脸图片进行简单的处理（裁剪、更改像素）并保存至数据库。在采集 5 张照片后退出，成功创建用户。成功采集面部数据后会自动在 datas 目录下创建以该用户名命名的文件夹，该文件夹中保存了采集到的用户面部数据。如果超时，则创建用户失败。当检测到人脸时，界面显示当前采集的照片数。VIDEO 指定采集用户面部数据的视频文件路径，如果不填，则从摄像头采集数据。如果用户面部数据采集成功，则出现图 5-31 所示界面。

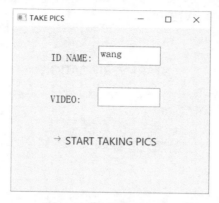

图 5-30　创建新用户界面

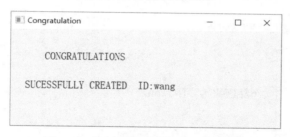

图 5-31　新用户面部数据采集成功界面

单击图 5-29 中的 FACIAL AUTHENTICATION，出现图 5-32 所示界面。在 VIDEO 中填写要进行面部认证的视频文件路径，如果不填，则表示从摄像头获取用户面部数据并进行认证。在面部认证时，系统同样从计算机自带的摄像头，以及 OpenCV 的人脸检测接口采集用户照片。在成功采集后，遍历数据库中的用户信息，用数据库中的人脸图像与待认证人的人脸图像一一生成样本对，送入本案例实现的 Siamese 网络模型计算相似度。遍历完成后，计算待认证人与数据库中各用户的平均相似度，当最大平均相似度大于 80%时，视为其对应的用户被检测到 1 次。在限定时间内（检测 100 次），当某一用户被检测到 5 次时，关闭检测，该用户面部认证成功，出现图 5-33 所示界面；反之则面部认证失败，出现图 5-34 所示界面。

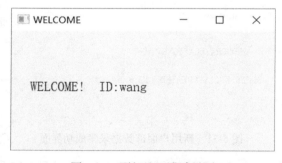

图 5-32 面部认证界面

图 5-33 面部认证成功界面

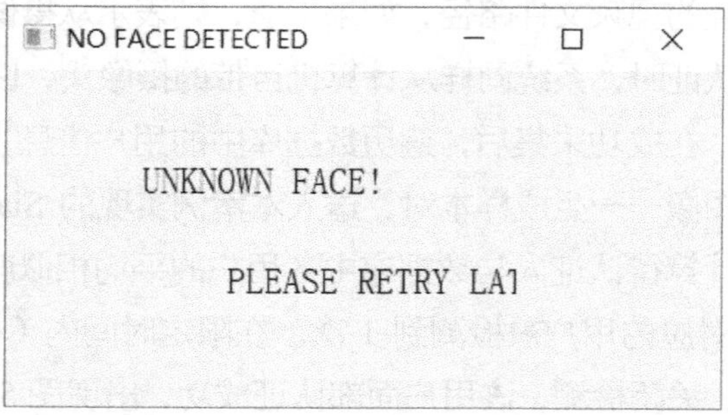

图 5-34 面部认证失败界面

5.3 本章小结

本章介绍了场景文本检测和面部认证这两个综合案例。这两个案例除了使用到前面学习的 SVM 和 *k*-means 聚类算法，还涉及图像处理、特征提取、深度学习、UI 界面等方面的内容。通过本章内容，读者应对基于机器学习的人工智能软件系统的构建过程有一个基本的认识。另外，建议读者选择一个感兴趣的应用问题，尝试基于前面介绍的机器学习方法，设计并实现一个简单的人工智能软件系统，以通过实践更好地理解如何应用机器学习解决实际中的问题。

5.4 参考文献

[1] David G Lowe. Distinctive Image Features from Scale-Invariant Keypoints[J]. IJCV, 2004: 91-110.

[2] Dalal N, Triggs B. Histograms of Oriented Gradients for Human Detection[J]. CVPR, 2005: 886-893.

[3] Ojala T, Harwood I. A Comparative Study of Texture Measures with Classification Based on Feature Distributions[J]. Pattern Recognition, 1996: 51-59.

[4] Shitala Prasad. Using Object Information for Spotting Text[J]. ECCV, 2018: 559-576.

[5] C Dance, J Willamowski, L Fan, C Bray, G Csurka. Visual Categorization with Bags of Keypoints.[J] ECCV, 2004.

[6] Corinna Cortes, Vladimir Vapnik. Support-Vector Network[J]. Machine Learning, 1995: 273-297.

[7] J R R Uijlings. Selective Search for Object Recognition[J]. IJCV, 2012.

[8] John Platt. Sequential Minimal Optimization: A Fast Algorithm for Training Support Vector Machines[J]. Technical Report, 1998.

[9] Canjie Luo, Lianwen Jin, Zenghui Sun. MORAN: A Muti-Object Rectified Attention Network for Scene Text Recognition[J]. Pattern Recognition, 2019.

[10] 邹北骥, 郭建京, 朱承璋. BOW-HOG 特征图像分类[J]. 浙江大学学报, 2017.

[11] 黄梅玲. 复杂自然场景中文本检测技术研究[D]. 南京：南京邮电大学, 2018.

[12] 熊海朋. 复杂自然场景图像中的文本检测与识别技术研究[D]. 杭州：杭州电子科技大学, 2017.

[13] Chopra S, Hadsell R, Lecun Y. Learning a Similarity Metric Discriminatively, with Application to Face Verification[J]. CVPR, 2005.

[14] Bromley J, Bentz J W, BOTTOU, LéON, et al. Signature Verification Using a "Siamese" Time Delay Neural Network[J]. International Journal of Pattern Recognition and Artificial Intelligence, 1993, 07(04): 669-688.

[15] 万士宁. 基于卷积神经网络的人脸识别研究与实现[D]. 成都：电子科技大学, 2016.

[16] Hu G, Yang Y, Dong Y, et al. When Face Recognition Meets with Deep Learning: An Evaluation of Convolutional Neural Networks for Face Recognition. 2015.

[17] Ketkar N. Convolutional Neural Networks. 2017.

[18] 曹东旭. 基于卷积神经网络的人脸识别系统设计与实现[D]. 南京：南京邮电大学, 2017.

附 录 A

A.1 逻辑回归分类器原理介绍

对于分类问题，需要一个函数能够通过所有的输入预测出类别。考虑较为简单的二分类情况，给定一个数据集 $D=\{(x_i,y_i)\}_{i=1}^m$，其中 $x_i \in R$，$y_i \in \{0,1\}$。

从线性回归模型产生的预测值 $z=\boldsymbol{w}^T x+b$，为了分类，需要将 z 转换为 0/1 值。此时可以采用单位阶跃函数进行 z 到 0/1 的映射：

$$y=\begin{cases}0, & z<0\\ 0.5, & z=0\\ 1, & z>0\end{cases} \quad (A.1)$$

即当预测值 $z>0$ 时，将其判为正例；当预测值 $z<0$ 时，将其判为负例。

但该单位阶跃函数不连续，为了便于后续计算，希望得到一个连续可微的近似替代函数。这里可以选取对数几率函数（Logistic Regression）作为替代函数，对数几率函数是一种 sigmoid 函数（图 A-1）。

$$y=\frac{1}{1+\exp(-z)} \quad (A.2)$$

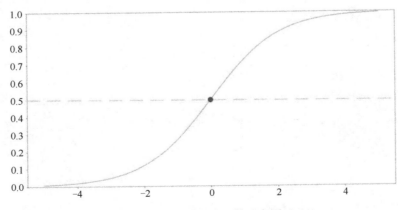

图 A-1 对数几率函数示意图

附录 A

这样，就可以将任意输入映射到区间[0,1]内，实现由值到概率的转换。为便于讨论，使 $b = w_0 x_0$，其中 $x_0 = 1$，此时 $w = \{w_0, w_1, \cdots, w_d\}$，原来的 $z = w^T x + b$ 就可以重写为 $z = w^T x$，也可以写为 $-z = (-w)^T x$。w 是要学习的参数，因此可以将其前面的负号去掉，写为 $-z = w^T x$，代入式（A.2）中可得：

$$y = \frac{1}{1 + \exp(w^T x)} \quad (A.3)$$

根据式（A.3）可得：

$$\ln \frac{y}{1-y} = \ln \frac{1}{\exp(w^T x)} = w^T x \quad (A.4)$$

若将 y 视作样本 x 为 0 类样本的概率，则 $1-y$ 为样本 x 为 1 类样本的概率，两者的比值称为"几率（Odds）"。一个事件的几率就是指该事件发生的概率与该事件不发生的概率的比值，反映了 x 作为 0 类样本的相对可能性。对几率取对数得到对数几率 $\ln \frac{y}{1-y}$（Log Odds，亦称 Logit）。

此时，若将式（A.3）中的 y 视作类后验概率 $p\{y = 0 | x\}$（用 S 型函数的结果作为样本 x 属于 0 类样本的概率），则式（A.4）可重写为

$$\ln \frac{p\{y = 0 | x; w\}}{p\{y = 1 | x; w\}} = w^T x \quad (A.5)$$

同时，根据式（A.3）可得：

$$p\{y = 0 | x; w\} = \frac{1}{1 + \exp(w^T x)} \quad (A.6)$$

$$p\{y = 1 | x; w\} = \frac{\exp(w^T x)}{1 + \exp(w^T x)} \quad (A.7)$$

令 $p\{y = 1 | x; w\} = \pi(x)$，则 $p\{y = 0 | x; w\} = 1 - \pi(x)$。将 x 重写为 x_i、y 重写为 y_i 以分别表示第 i 个样本的输入和输出，则根据式（A.6）和式（A.7）可得到在已知参数向量 w 和样本 x_i 的情况下，y_i 为预测值的条件概率：

$$p\{y_i | x_i; w\} = (\pi(x_i))^{y_i} (1 - \pi(x_i))^{1 - y_i} \quad (A.8)$$

式（A.8）可解释为：当 $y_i = 0$ 时，$p\{y_i = 0 | x_i; w\} = 1 - \pi(x_i)$；当 $y_i = 1$ 时，$p\{y_i = 1 | x_i; w\} = \pi(x_i)$。即将式（A.6）和式（A.7）统一成了一个表示形式。

将式（A.8）连乘，在得到已知参数向量和所有训练样本（x, y）的情况下，得到其优化的目标函数（称为似然函数）：

$$L(w) = \prod_{i=1}^{m} p\{y_i | x_i; w\} = \prod_{i=1}^{m} (\pi(x_i))^{y_i} (1 - \pi(x_i))^{1-y_i} \quad (A.9)$$

在优化时，式（A.9）中$L(w)$的值越大，则说明优化效果越好。

由于乘法难以求解，通过取对数可以将乘法转换为加法，简化计算。对数似然函数为

$$\ln L(w) = \ln \prod_{i=1}^{m} (\pi(x_i))^{y_i} (1 - \pi(x_i))^{1-y_i} \quad (A.10)$$

化简得：

$$\begin{aligned} \ln L(w) &= \sum_{i=1}^{m} (y_i \ln(\pi(x_i)) + (1 - y_i) \ln(1 - \pi(x_i))) \\ &= \sum_{i=1}^{m} \left(y_i \ln \frac{\exp(w^T x_i)}{1 + \exp(w^T x_i)} + (1 - y_i) \ln \frac{1}{1 + \exp(w^T x_i)} \right) \\ &= \sum_{i=1}^{m} (-y_i \ln(1 + \exp(w^T x_i)) + y_i \ln \exp(w^T x_i) - (1 - y_i) \ln(1 + \exp(w^T x_i))) \\ &= \sum_{i=1}^{m} (y_i w^T x_i - \ln(1 + \exp(w^T x_i))) \end{aligned} \quad (A.11)$$

式（A.11）是关于w的高阶可导连续凸函数，可以引入一个负号转换为梯度下降法来求解。代价函数为

$$J(w) = -\sum_{i=1}^{m} (y_i w^T x_i - \ln(1 + \exp(w^T x_i))) \quad (A.12)$$

对参数向量w求偏导可得到w的迭代公式，请读者自己完成具体计算过程。

A.2 自己编程实现决策树分类器

```
from sklearn.datasets import load_iris
import numpy as np
```

附录 A

```python
import math
from collections import Counter

class decisionnode:  #定义节点类
    def __init__(self, d=None, thre=None, results=None, min_sample_number=None, lb=None, rb=None, max_label=None):
        self.d = d    # d 表示用于划分的属性索引
        self.thre = thre   # thre 表示划分所使用的阈值，每次分裂将样本集分为两个子集
        self.results = results   # 叶节点所代表的类别
        self.min_sample_number = min_sample_number   # 存储分支节点的最小样本量
        self.lb = lb   # 左子节点，对应属性值不大于 thre 的那些样本所在的节点
        self.rb = rb   # 右子节点，对应属性值大于 thre 的那些样本所在的节点
        self.max_label = max_label   # 记录当前节点包含的样本中样本比例最高的类别

min_sample_number = 10  #设置分支节点中包含的最小样本数（如果一个节点中包含的样本数小于该值，则停止分裂）

def entropy(y):
    # 计算信息熵，y 为 labels
    if y.size > 1:
        category = list(set(y))
    else:
        category = [y.item()]
        y = [y.item()]
    ent = 0
    for label in category:
        p = len([label_ for label_ in y if label_ == label]) / len(y)
        ent += -p * math.log(p, 2)
    return ent

def Gini(y):
```

```python
        # 计算基尼指数, y 为 labels
        category = list(set(y))
        gini = 1
        for label in category:
            p = len([label_ for label_ in y if label_ == label]) / len(y)
            gini += -p * p
        return gini

    def GainEnt_max(X, y, d):
        # 基于最大信息增益计算最优划分阈值, X 为样本集的属性值, y 为目标值, d 是当前划分使用的属性索引
        ent_X = entropy(y)
        X_attr = X[:, d]
        X_attr = list(set(X_attr))
        X_attr = sorted(X_attr)
        Gain = 0
        thre = 0

        for i in range(len(X_attr) - 1):
            thre_temp = (X_attr[i] + X_attr[i + 1]) / 2
            y_small_index = [i_arg for i_arg in range(len(X[:, d])) if X[i_arg, d] <= thre_temp]
            y_big_index = [i_arg for i_arg in range(len(X[:, d])) if X[i_arg, d] > thre_temp]
            y_small = y[y_small_index]
            y_big = y[y_big_index]
            Gain_temp = ent_X - (len(y_small) / len(y)) * entropy(y_small) - (len(y_big) / len(y)) * entropy(y_big)
            if Gain < Gain_temp:
                Gain = Gain_temp
                thre = thre_temp
        return Gain, thre

    def Gini_index_min(X, y, d):
```

```python
        # 基于最小基尼指数计算最优划分阈值，X为样本集的属性值，y为目标值，d是当前划分使用的属性索引
        X_attr = X[:, d]
        X_attr = list(set(X_attr))
        X_attr = sorted(X_attr)
        Gini_index = 1
        thre = 0
        for i in range(len(X_attr) - 1):
            thre_temp = (X_attr[i] + X_attr[i + 1]) / 2
            y_small_index = [i_arg for i_arg in range(len(X[:, d])) if X[i_arg, d] <= thre_temp]
            y_big_index = [i_arg for i_arg in range(len(X[:, d])) if X[i_arg, d] > thre_temp]
            y_small = y[y_small_index]
            y_big = y[y_big_index]
            Gini_index_temp = (len(y_small) / len(y)) * Gini(y_small) + (len(y_big) / len(y)) * Gini(y_big)
            if Gini_index > Gini_index_temp:
                Gini_index = Gini_index_temp
                thre = thre_temp
        return Gini_index, thre

    def attribute_based_on_GainEnt(X, y):
        # 基于信息增益选择最优属性，X为样本集的属性值，y为目标值
        D = np.arange(len(X[0]))
        Gain_max = 0
        thre_ = 0
        d_ = 0
        for d in D:
            Gain, thre = GainEnt_max(X, y, d)  # 计算该属性的最优划分阈值
            if Gain_max < Gain:
                Gain_max = Gain
                thre_ = thre  # 划分阈值
                d_ = d  # 属性索引
```

```python
        return Gain_max, thre_, d_

    def attribute_based_on_Giniindex(X, y):
        # 基于基尼指数选择最优属性,X为样本集的属性值,y为目标值
        D = np.arange(len(X[0]))
        Gini_Index_Min = 1
        thre_ = 0
        d_ = 0
        for d in D:
            Gini_index, thre = Gini_index_min(X, y, d)  #计算该属性的最优划分阈值
            if Gini_Index_Min > Gini_index:
                Gini_Index_Min = Gini_index
                thre_ = thre  # 划分阈值
                d_ = d  # 属性索引
        return Gini_Index_Min, thre_, d_

    def devide_group(X, y, thre, d):
        # 按照索引为d的属性,以thre为阈值将数据分为两个子集并返回
        X_in_d = X[:, d]
        x_small_index = [i_arg for i_arg in range(len(X[:, d])) if X[i_arg, d] <= thre]
        x_big_index = [i_arg for i_arg in range(len(X[:, d])) if X[i_arg, d] > thre]

        X_small = X[x_small_index]
        y_small = y[x_small_index]
        X_big = X[x_big_index]
        y_big = y[x_big_index]
        return X_small, y_small, X_big, y_big

    def maxlabel(y):  # 计算样本集中样本占比最多的类别
        label_ = Counter(y).most_common(1)
        return label_[0][0]
```

```python
def buildtree(X, y, method='Gini'):
    # 以递归的方式构建决策树
    if y.size > 1:
        if method == 'Gini':
            Gain_max, thre, d = attribute_based_on_Giniindex(X, y)
        elif method == 'GainEnt':
            Gain_max, thre, d = attribute_based_on_GainEnt(X, y)
        if len(list(y)) >= min_sample_number and ((Gain_max > 0 and method == 'GainEnt') or (Gain_max >= 0 and method == 'Gini')):
            X_small, y_small, X_big, y_big = devide_group(X, y, thre, d)
            left_branch = buildtree(X_small, y_small, method=method)
            right_branch = buildtree(X_big, y_big, method=method)
            max_label = maxlabel(y)
            return decisionnode(d=d, thre=thre, min_sample_number=min_sample_number, lb=left_branch, rb=right_branch, max_label=max_label)
        else:
            max_label = maxlabel(y)
            return decisionnode(results=y[0], min_sample_number=min_sample_number, max_label=max_label)
    else:
        max_label = maxlabel(y)
        return decisionnode(results=y.item(), min_sample_number=min_sample_number, max_label=max_label)

def classify(observation, tree):  # 利用决策树对样本进行分类
    if tree.results != None:
        return tree.results
    else:
        v = observation[tree.d]
        branch = None

        if v > tree.thre:
            branch = tree.rb
```

```python
        else:
            branch = tree.lb

        return classify(observation, branch)

if __name__ == '__main__':
    iris = load_iris()
    X = iris.data
    y = iris.target
    np.random.seed(0)
    permutation = np.random.permutation(X.shape[0])
    shuffled_dataset = X[permutation, :]
    shuffled_labels = y[permutation]

    train_data = shuffled_dataset[:100, :]
    train_label = shuffled_labels[:100]

    test_data = shuffled_dataset[100:150, :]
    test_label = shuffled_labels[100:150]

    tree1 = buildtree(train_data, train_label, method='Gini')
    tree2 = buildtree(train_data, train_label, method='GainEnt')

    true_count = 0
    for i in range(len(test_label)):
        predict = classify(test_data[i], tree1)
        if predict == test_label[i]:
            true_count += 1
    acc=true_count/len(test_label)
    print("CARTTree:{}".format(acc))
    true_count = 0
    for i in range(len(test_label)):
        predict = classify(test_data[i], tree2)
        if predict == test_label[i]:
```

```
            true_count += 1
    acc=true_count/len(test_label)
    print("C3Tree:{}".format(acc))
```

程序运行结束后，可在屏幕上输出 CART 决策树（使用基尼指数）和 C3 决策树（使用信息增益）在测试集上的分类准确率：

```
CARTTree:0.96
C3Tree:0.96
```

A.3 支持向量机的数学推导

A.3.1 最小间隔最大化

最小间隔最大化是 SVM 的一个重要特点，其可表示为

$$\max \text{margin}(\boldsymbol{w},b) = \max_{\boldsymbol{w},b} \min_{\substack{\boldsymbol{x}_i \\ i=1,2,\cdots,m}} \text{distance}(\boldsymbol{w},b,\boldsymbol{x}_i)$$

$$= \max_{\boldsymbol{w},b} \min_{\substack{\boldsymbol{x}_i \\ i=1,2,\cdots,m}} \frac{|\boldsymbol{w}^\text{T}\boldsymbol{x}_i + b|}{\|\boldsymbol{w}\|} \quad (\text{A.13})$$

$$= \max_{\boldsymbol{w},b} \frac{1}{\|\boldsymbol{w}\|} \min_{\substack{\boldsymbol{x}_i \\ i=1,2,\cdots,m}} y_i(\boldsymbol{w}^\text{T}\boldsymbol{x}_i + b)$$

对超平面$(\boldsymbol{w}', b')$，总存在缩放变换$\varsigma\boldsymbol{w} \to \boldsymbol{w}'$和$\varsigma b \to b'$（$\varsigma$为缩放因子），使得原超平面不变，且下式成立：

$$\min_{\substack{\boldsymbol{x}_i \\ i=1,2,\cdots,m}} y_i(\boldsymbol{w}^\text{T}\boldsymbol{x}_i + b) = 1 \quad (\text{A.14})$$

因此，问题可以转化成

$$\max_{\boldsymbol{w},b} \frac{1}{\|\boldsymbol{w}\|}$$
$$\text{s.t.} \ y_i\left(\boldsymbol{w}^\text{T}\boldsymbol{x}_i + b\right) \geqslant 1, \ i=1,2,\cdots,m \quad (\text{A.15})$$

显然，最大化间隔可转化为最小化$\|\boldsymbol{w}\|^2$。于是，式（A.15）可重写为

$$\min_{w,b} \frac{1}{2}\|w\|^2 \tag{A.16}$$
$$\text{s.t. } y_i(w^T x_i + b) \geq 1, i = 1, 2, \cdots, m$$

这就是支持向量机的基本型。

A.3.2 对偶问题

1. 从原始问题到对偶问题的求解

因为现在的目标函数是二次的，约束条件是线性的，所以它是一个凸二次规划问题。这个问题可以用现成的 QP（Quadratic Programming）优化包进行求解。但由于这个问题的特殊结构，还可以通过拉格朗日对偶性（Lagrange Duality）变换到对偶变量（Dual Variable）的优化问题，即通过求解与原问题等价的对偶问题（Dual Problem）得到原始问题的最优解，这就是线性可分条件下支持向量机的对偶算法。

首先定义拉格朗日函数。通过拉格朗日函数将约束条件融合到目标函数中，从而只用一个函数表达式便能清楚地表达问题：

$$L(w,b,\lambda) = \frac{1}{2}w^T w + \sum_{i=1}^{m} \lambda_i (1 - y_i(w^T x_i + b)) \tag{A.17}$$

然后令：

$$\theta(w) = \max_{\lambda_i > 0} L(w,b,\lambda) \tag{A.18}$$

容易验证，当某个约束条件不满足时，有 $\theta(w) = \infty$。例如，如果 $y_i(w^T x_i + b) < 1$，则只要令 $\lambda_i = \infty$ 即可。当所有约束条件都满足时，为了使 $\theta(w)$ 最大，所有 λ_i 都应等于 0，此时最优值为 $\theta(w) = \frac{1}{2}w^T w$，即最初要最小化的量。

因此，在要求约束条件得到满足的情况下最小化 $\frac{1}{2}w^T w$，实际上等价于直接最小化 $\theta(w)$。因为如果约束条件没有得到满足，$\theta(w)$ 会等于无穷大，自然不会是所要求的最小值。

可得到如下优化目标函数：

附录 A

$$\min_{w,b} \theta(w) = \min_{w,b} \max_{\lambda} L(w,b,\lambda) = p^*$$
$$\text{s.t.} \quad \lambda_i \geq 0$$
（A.19）

这里用 p^* 表示这个问题的最优值，且和最初的问题等价。但是如果直接求解，那么初始就需要面对 w 和 b 两个参数，而 λ 又是不等式约束，这个求解过程难以完成。这里将最小和最大的位置交换一下，得到：

$$\max_{\lambda} \min_{w,b} L(w,b,\lambda) = d^*$$
$$\text{s.t.} \quad \lambda_i \geq 0$$
（A.20）

交换以后的新问题是原始问题的对偶问题，这个新问题的最优值用 d^* 来表示，而且有 $d^* \leq p^*$。但在满足此问题的条件下（目标函数为二次函数，并且约束条件为线性条件），二者满足强对偶关系，即等号成立。此时，就可以通过求解对偶问题来间接地求解原始问题。

2. 对偶问题求解

首先固定 λ_i，使 L 关于 w 和 b 最小化，对 b 求偏导数：

$$\begin{aligned}
\frac{\partial L}{\partial b} &= \frac{\partial}{\partial b}\left[\frac{1}{2} w^\mathrm{T} w + \sum_{i=1}^{m} \lambda_i - \sum_{i=1}^{m} \lambda_i y_i (w^\mathrm{T} x_i + b)\right] \\
&= \frac{\partial}{\partial b}\left(-\sum_{i=1}^{m} \lambda_i y_i b\right) \\
&= -\sum_{i=1}^{m} \lambda_i y_i
\end{aligned}$$
（A.21）

由 $\frac{\partial L}{\partial b} = 0$，可得：

$$\sum_{i=1}^{m} \lambda_i y_i = 0$$
（A.22）

将其代回式（A.17）中的 $L(w,b,\lambda)$，可得：

$$\begin{aligned}
L(w,b,\lambda) &= \frac{1}{2} w^\mathrm{T} w + \sum_{i=1}^{m} \lambda_i - \sum_{i=1}^{m} \lambda_i y_i w^\mathrm{T} x_i - \sum_{i=1}^{m} \lambda_i y_i b \\
&= \frac{1}{2} w^\mathrm{T} w + \sum_{i=1}^{m} \lambda_i - \sum_{i=1}^{m} \lambda_i y_i w^\mathrm{T} x_i
\end{aligned}$$
（A.23）

然后对 w 求偏导数：

$$\frac{\partial L}{\partial w} = \frac{1}{2} \cdot 2 \cdot w - \sum_{i=1}^{m} \lambda_i y_i \boldsymbol{x}_i \quad (\text{A.24})$$

由 $\dfrac{\partial L}{\partial w} = 0$，解得：

$$w^* = \sum_{i=1}^{m} \lambda_i y_i \boldsymbol{x}_i \quad (\text{A.25})$$

将其代回式（A.17）中的 $L(w,b,\lambda)$，可得：

$$\begin{aligned}
L(w,b,\lambda) &= \frac{1}{2}\left(\sum_{i=1}^{m} \lambda_i y_i \boldsymbol{x}_i\right)^{\mathrm{T}} \left(\sum_{j=1}^{m} \lambda_j y_j \boldsymbol{x}_j\right) + \sum_{i=1}^{m}\lambda_i - \sum_{i=1}^{m}\lambda_i y_i \left(\sum_{j=1}^{m}\lambda_j y_j \boldsymbol{x}_j\right)^{\mathrm{T}} \boldsymbol{x}_i \\
&= \frac{1}{2}\sum_{i=1}^{m}\lambda_i y_i \boldsymbol{x}_i^{\mathrm{T}} \sum_{j=1}^{m}\lambda_j y_j \boldsymbol{x}_j + \sum_{i=1}^{m}\lambda_i - \sum_{i=1}^{m}\lambda_i y_i \left(\sum_{j=1}^{m}\lambda_j y_j \boldsymbol{x}_j^{\mathrm{T}}\right)\boldsymbol{x}_i \\
&= \sum_{i=1}^{m}\lambda_i - \frac{1}{2}\sum_{i=1}^{m}\sum_{j=1}^{m}\lambda_i \lambda_j y_i y_j \boldsymbol{x}_i^{\mathrm{T}} \boldsymbol{x}_j
\end{aligned} \quad (\text{A.26})$$

这样，就可以得到式（A.16）的对偶问题：

$$\begin{aligned}
&\min_{\lambda} \frac{1}{2}\sum_{i=1}^{m}\sum_{j=1}^{m}\lambda_i \lambda_j y_i y_j \boldsymbol{x}_i^{\mathrm{T}} \boldsymbol{x}_j - \sum_{i=1}^{m}\lambda_i \\
&\text{s.t.} \quad \lambda_i \geq 0, \quad i=1,2,\cdots,m \\
&\quad\quad \sum_{i=1}^{m}\lambda_i y_i = 0
\end{aligned} \quad (\text{A.27})$$

解出 λ_i，$i=1,2,\cdots,m$ 后，求出 w^* 就可以得到模型：

$$\begin{aligned}
f(\boldsymbol{x}) &= w^{*\mathrm{T}} \boldsymbol{x} + b \\
&= \sum_{i=1}^{m} \lambda_i y_i \boldsymbol{x}_i^{\mathrm{T}} \boldsymbol{x} + b
\end{aligned} \quad (\text{A.28})$$

3. KKT 条件与 SMO 算法

由于原对偶问题具有强对偶关系，故其必定满足 KKT（Karush-Kuhn-Tucker）条件，即要求：

$$\begin{cases} \lambda_i \geqslant 0 \\ \lambda_i \left[y_i(\boldsymbol{w}^\mathrm{T}\boldsymbol{x}_i + b) - 1 \right] = 0 \\ y_i(\boldsymbol{w}^\mathrm{T}\boldsymbol{x}_i + b) - 1 \geqslant 0 \end{cases} \quad (\text{A.29})$$

因此，对于训练样本 $(\boldsymbol{x}_i, y_i)$，总有 $\lambda_i = 0$ 或者 $y_i(\boldsymbol{w}^\mathrm{T}\boldsymbol{x}_i + b) = 1$。若 $\lambda_i = 0$，则该样本不会在式（A.28）的求和运算中出现，也就不会对 $(\boldsymbol{w}, b)$ 有任何影响；若 $\lambda_i > 0$，则必有 $y_i(\boldsymbol{w}^\mathrm{T}\boldsymbol{x}_i + b) = 1$，即所对应的样本点位于最大间隔边界上，是一个支持向量。这显示出一个支持向量机的重要性质：训练完成后，大部分训练样本都不需要保留，最终模型仅与支持向量有关，这也是支持向量机名字的由来。

式（A.27）是一个二次规划问题，为了减小计算开销，通常使用 SMO 算法来进行计算。SMO 算法的基本思路是先固定 λ_i 以外的其他参数，然后求 λ_i 上的极值。由于存在约束 $\sum_{i=1}^{m} \lambda_i y_i = 0$，若固定 λ_i 以外的其他变量，则 λ_i 可由其他变量导出。因此，SMO 算法每次选择两个变量 λ_i 和 λ_j，并固定其他参数。在参数初始化后，SMO 算法不断执行如下两个步骤直至收敛：

- 选取一对需要更新的变量 λ_i 和 λ_j；
- 固定 λ_i 和 λ_j 以外的其他参数，求解获得更新后的 λ_i 和 λ_j。

另外，对于偏移项 b，则可以用上文中提到的位于最大间隔边界上的支持向量样本点来计算。如果 $\lambda_i > 0$，则必有 $y_i(\boldsymbol{w}^\mathrm{T}\boldsymbol{x}_i + b) = 1$，即：

$$\exists (\boldsymbol{x}_k, y_k),\ \text{s.t.}\ 1 - y_k(\boldsymbol{w}^\mathrm{T}\boldsymbol{x}_k + b) = 0 \quad (\text{A.30})$$

因 y_k 等于 1 或 -1，即 $y_k^2 = 1$，则有：

$$\begin{aligned} y_k(\boldsymbol{w}^\mathrm{T}\boldsymbol{x}_k + b) &= 1 \\ y_k^2(\boldsymbol{w}^\mathrm{T}\boldsymbol{x}_k + b) &= y_k \\ b &= y_k - \boldsymbol{w}^\mathrm{T}\boldsymbol{x}_k \end{aligned} \quad (\text{A.31})$$

将式（A.25）代入其中，则有：

$$b^* = y_k - \sum_{i=1}^{m} \lambda_i y_i \boldsymbol{x}_i^\mathrm{T} \boldsymbol{x}_k \quad (\text{A.32})$$

这样，就可以得到最终的模型：

$$f(\boldsymbol{x}) = \boldsymbol{w}^{*\mathrm{T}}\boldsymbol{x} + b^* \quad (\text{A.33})$$

其中，$w^* = \sum_{i=1}^{m} \lambda_i y_i \boldsymbol{x}_i$，$b^* = y_k - \sum_{i=1}^{m} \lambda_i y_i \boldsymbol{x}_i^{\mathrm{T}} \boldsymbol{x}_k$。

A.4 Adaboost 的数学推导和代码实现

A.4.1 数学推导

Adaboost 选定指数损失函数作为损失函数，其最终模型是弱学习器的加权组合，即：

$$H(x) = \sum_{i=1}^{T} \alpha_i h_i(x) \quad (\text{A.34})$$

其中，$h_i(x)$ 是第 i 个弱学习器，α_i 是第 i 个弱学习器的权重。$H(x)$ 的输出是 T 个弱学习器的加权和。

对应的指数损失函数（Exponential Loss Function）表示为

$$l_{\exp}(y, H(x)) = \mathrm{e}^{-yH(x)} \quad (\text{A.35})$$

其中，y 为对应于输入 x 的实际类别取值。这里考虑 y 只有 1 和 -1 两种取值的情况（两类分类问题），式（A.35）可以转换为

$$l_{\exp}(y, H(x)) = \mathrm{e}^{-H(x)} P(y=1|x) + \mathrm{e}^{H(x)} P(y=-1|x) \quad (\text{A.36})$$

为了使 $H(x)$ 能令指数损失最小化，计算式（A.36）对 $H(x)$ 的偏导：

$$\frac{\partial l_{\exp}(y, H(x))}{\partial H(x)} = -\mathrm{e}^{-H(x)} P(y=1|x) + \mathrm{e}^{H(x)} P(y=-1|x) \quad (\text{A.37})$$

令式（A.37）等于 0，可解得：

$$H(x) = \frac{1}{2} \ln \frac{P(y=1|x)}{P(y=-1|x)} \quad (\text{A.38})$$

因此有：

$$\operatorname{sign}(H(x)) = \operatorname{sign}\left(\frac{1}{2}\ln\frac{P(y=1|x)}{P(y=-1|x)}\right)$$
$$= \begin{cases} 1, & P(y=1|x) > P(y=-1|x) \\ -1, & P(y=1|x) < P(y=-1|x) \end{cases} \tag{A.39}$$

这说明最小化指数损失函数等价于最小化分类误差率，而这个指数损失函数具有更好的数学性质（如连续可微）。确定选择指数损失函数后，分类器权重和数据权重的推导过程如下。

首先设定第 i 个弱分类器的数据权重 $D_i = (w_{i1}, w_{i2}, \cdots, w_{im})$，$w_{ij}$ 即构建第 i 个弱分类器时第 j 个数据的权重。另由式（A.34）可以得到 $H_t(x) = H_{t-1}(x) + \alpha_t h_t(x)$。

训练到第 t 轮时的损失函数为

$$\begin{aligned} l_{\exp}(y, H_t) &= \mathrm{e}^{-yH_t(x)} \\ &= \sum_{i=1}^m \mathrm{e}^{-y_i H_t(x_i)} \\ &= \sum_{i=1}^m \mathrm{e}^{-y_i(H_{t-1}(x_i) + \alpha_t h_t(x_i))} \\ &= \sum_{i=1}^m \mathrm{e}^{-y_i H_{t-1}(x_i)} \mathrm{e}^{-y_i \alpha_t h_t(x_i)} \end{aligned} \tag{A.40}$$

其中，m 是训练样本数，x_i 和 y_i 分别是第 i 个样本的特征值和目标值。令 $\overline{w_{ti}} = \mathrm{e}^{-y_i H_{t-1}(x_i)}$，则式（A.40）可以转化为

$$l_{\exp}(y, H_t) = \sum_{i=1}^m \overline{w_{ti}} \mathrm{e}^{-y_i \alpha_t h_t(x_i)} \tag{A.41}$$

y_i 和 $h_t(x_i)$ 的取值为 1 或 -1，因此上式可以进一步化简为

$$\begin{aligned} l_{\exp}(y, H_t) &= \sum_{i=1}^m \overline{w_{ti}} \mathrm{e}^{-y_i \alpha_t h_t(x_i)} \\ &= \mathrm{e}^{-\alpha_t} \sum_{i=1}^m \overline{w_{ti}} I(y_i = h_t(x_i)) + \mathrm{e}^{\alpha_t} \sum_{i=1}^m \overline{w_{ti}} I(y_i \neq h_t(x_i)) \end{aligned} \tag{A.42}$$

其中，$I(\cdot)$ 是指示函数，如果参数值为真则返回 1，否则返回 0。

式（A.42）对 α_t 求偏导并使该偏导值为 0，可得到 α_t：

$$\alpha_t = \frac{1}{2}\ln\frac{\sum_{i=1}^{m}\overline{w_{ti}}I(y_i = h_t(x_i))}{\sum_{i=1}^{m}\overline{w_{ti}}I(y_i \neq h_t(x_i))} = \frac{1}{2}\ln(\frac{1-\epsilon_t}{\epsilon_t}) \quad (A.43)$$

其中，$\epsilon_t = \dfrac{\sum_{i=1}^{m}\overline{w_{ti}}I(y_i \neq h_t(x_i))}{\sum_{i=1}^{m}\overline{w_{ti}}}$，对应分类错误率。其物理意义是，对于前 t-1 个弱分类器分类错误的数据，第 t 个弱分类器如果也分类错误，则将产生较大的分类损失（使 ϵ_t 增加 $\dfrac{\mathrm{e}}{\sum_{i=1}^{m}\overline{w_{ti}}}$）；而对于前 t-1 个弱分类器分类正确的数据，第 t 个弱分类器如果分类错误，则将产生较小的分类损失（使 ϵ_t 增加 $\dfrac{\frac{1}{\mathrm{e}}}{\sum_{i=1}^{m}\overline{w_{ti}}}$）。

式（A.43）就是第 t 个弱分类器权重的更新公式。当 $\epsilon_t > 0.5$ 时，$\alpha_t < 0$，表示该弱分类器对于集成模型的分类结果并没有改善作用，因此应舍弃该弱分类器。当 $\epsilon_t < 0.5$ 时，$\alpha_t > 0$，且 α_t 随 ϵ_t 减小而增大，符合错误率越低的弱分类器的权重越大的原则。

下面分析每一轮数据权重的更新。由 $\overline{w_{ti}} = \mathrm{e}^{-y_i H_{t-1}(x_i)}$ 和 $H_t(x) = H_{t-1}(x) + \alpha_t h_t(x)$，可以得到 $\overline{w_{t+1,i}} = \overline{w_{ti}}\mathrm{e}^{-y_i \alpha_t h_t(x_i)}$。为使权重是一个分布（第 t+1 次迭代中所有数据权重之和为 1），等式右侧除以一个规范化因子 $Z_t = \sum_{i=1}^{m}\overline{w_{ti}}\mathrm{e}^{-y_i \alpha_t h_t(x_i)}$，则有数据权重更新公式：

$$\overline{w_{t+1,i}} = \frac{\overline{w_{ti}}}{Z_t}\mathrm{e}^{-y_i \alpha_t h_t(x_i)} \quad (A.44)$$

A.4.2 代码实现

```
from sklearn.model_selection import train_test_split
from sklearn.metrics import classification_report
import pickle
import numpy as np
from sklearn import tree

#全局变量classes 代表类型个数
classes = 12
#Adaboost 的实现
```

```python
class AdaBoost:
    # 基分类器为决策树
    def __init__(self, m, clf = tree.DecisionTreeClassifier()):
        # 基分类器数量
        self.m = m
        # 基分类器模型
        self.clf = clf
        # 缓存基分类器和权重参数
        self.clf_arr = []
        self.alpha_arr = []

    # 指定训练数据集、基分类器、迭代次数
    def fit(self, X, Y):
        # 获得数据个数
        num = X.shape[0]
        # 初始化样本权重
        W = np.ones(num) / num

        # 迭代
        for i in range(self.m):
            # 基分类器训练
            self.clf.fit(X, Y, sample_weight=W)
            # 缓存基分类器
            self.clf_arr.extend([self.clf])
            # 基分类器预测
            Y_pred = self.clf.predict(X)
            print(Y_pred)

            # 分类错误率，即 Adaboost.M1 算法的步骤 5
            indic_arr = [1 if Y_pred[i] != Y[i] else 0 for i in range(num)]
            err = np.dot(W, np.array(indic_arr))

            # 分类器权重，即 Adaboost.M1 算法的步骤 6
            alpha = err / (1 - err)
```

```python
            # 此处可以加一些alpha小于0的处理

            self.alpha_arr.extend([alpha])

            # 更新数据权重，即Adaboost.M1算法的步骤8和步骤9
            temp = W * (alpha ** [1 - i for i in indic_arr])
            W = temp / np.sum(temp)
        return self
    #预测函数
    def predict(self, X):
        # 获得数据个数
        num = X.shape[0]
        # 声明结果数组
        result=[]
        # 初始化分类器权重数组
        temp=np.zeros(classes)
        # 分类器预测输出的矩阵
        mulit_Y_pred = []
        for i in range(self.m):
            Y_pred = self.clf_arr[i].predict(X)
            mulit_Y_pred.append(Y_pred.tolist())
        mulit_Y_pred=np.array(mulit_Y_pred)
        print(mulit_Y_pred)
        # 最外层循环针对每个数据
        for i in range(num):
            # 中间层循环针对每个标签
            for j in range(classes):
                # 最内层循环针对每个基分类器
                for k in range(self.m):
                    # 当基分类器预测标签为j时，temp数组第j个分量加上该分类器权重
                    if mulit_Y_pred[k][i] == j :
                        temp[j] += np.log(1/self.alpha_arr[k])
            # 获得temp数组中最大值的索引
```

```python
            t=np.array(temp).argmax(axis=0)
            # 将该标签加入结果数组
            result.append(t)
            # 将 temp 数组全部赋 0,为下一层循环做准备
            temp=np.zeros(classes)
        print("result", result)
        return result

    # 得分函数
    def score(self, X, Y):
        Y_pred = self.predict(X)
        count = 0.
        for i in range(Y.shape[0]):
            if Y_pred[i] == Y[i]:
                count += 1
        return count / np.float(Y.shape[0])


# 打开模型文件
with open('tfidf_feature.pkl', 'rb') as file:
    tfidf_feature = pickle.load(file)
    X = tfidf_feature['featureMatrix']
    Y = tfidf_feature['label']
# 划分数据集
X_train,X_test, Y_train, Y_test = train_test_split(X, Y, test_size=0.2, random_state=1)
print("the shape of dataset is ", Y_train.shape, Y_test.shape)

# 自编 Adaboost
adaboost = AdaBoost(10)
# 训练
adaboost.fit(X_train, Y_train)
# 输出 score 精度
print("test accuracy is ",adaboost.score(X_test,Y_test))
# 测试集的预测值
```

```
Y_pred = adaboost.predict(X_test)
# 输出结果
print(classification_report(y_true=Y_test, y_pred=Y_pred))
```

程序运行后，基于 TF-IDF 特征的分类结果如图 A-2 所示。

```
              precision    recall  f1-score   support

           0       0.83      0.83      0.83       394
           1       0.93      0.91      0.92       418
           2       0.92      0.90      0.91       387
           3       0.95      0.90      0.93       420
           4       0.67      0.72      0.69       415
           5       0.91      0.91      0.91       383
           6       0.87      0.86      0.87       395
           7       0.70      0.76      0.73       391
           8       0.77      0.88      0.82       379
           9       0.83      0.80      0.82       360
          10       0.87      0.83      0.85       443
          11       0.86      0.77      0.81       415

   micro avg       0.84      0.84      0.84      4800
   macro avg       0.84      0.84      0.84      4800
weighted avg       0.84      0.84      0.84      4800
```

图 A-2　基于 TF-IDF 特征的分类结果

A.5　神经网络的数学推导和代码实现

A.5.1　数学推导

根据 2.4.2 节，假设训练集为 $\{(x^1,y^1),(x^2,y^2),\cdots,(x^i,y^i),\cdots,(x^N,y^N)\}$，即共有 N 个训练样本，神经网络模型对这 N 个训练样本的输出为 $\{a^1,a^2,\cdots,a^N\}$（为了书写方便，输出层的输出省略了上标 L），每一个目标输出 $y^i = (y_1^i, y_2^i, \cdots, y_n^i)^{\mathrm{T}}$。对于某个数据 (x^i, y^i) 来说，其代价函数定义为

$$E_i = \frac{1}{2} \| y^i - a^i \|$$
$$= \frac{1}{2} \sum_{k=1}^{n^{(L)}} (y_k^i - a_k^i)^2 \qquad (\text{A.45})$$

模型在训练数据上的总体代价可表示为

$$E_t = \frac{1}{N}\sum_{i=1}^{N} E_i \quad \text{(A.46)}$$

目标就是不断调整权重和偏差使总体代价最小。根据梯度下降算法，可以用如下公式来更新参数。

$$\begin{aligned}\boldsymbol{W}^l &= \boldsymbol{W}^l - \eta\frac{\partial E_t}{\partial \boldsymbol{W}^l} \\ &= \boldsymbol{W}^l - \frac{\eta}{N}\sum_{i=1}^{N}\frac{\partial E_i}{\partial \boldsymbol{W}^l}\end{aligned} \quad \text{(A.47)}$$

$$\begin{aligned}\boldsymbol{b}^l &= \boldsymbol{b}^l - \eta\frac{\partial E_t}{\partial \boldsymbol{b}^l} \\ &= \boldsymbol{b}^l - \frac{\eta}{N}\sum_{i=1}^{N}\frac{\partial E_i}{\partial \boldsymbol{b}^l}\end{aligned} \quad \text{(A.48)}$$

由式（A.47）和式（A.48）可知，只需要计算每一个训练数据的代价函数 E_i 对参数的偏导数 $\frac{\partial E_i}{\partial \boldsymbol{W}^l}$ 和 $\frac{\partial E_i}{\partial \boldsymbol{b}^l}$，即可得到参数更新公式。这里考虑每次只根据一个数据 $(\boldsymbol{x}^i, \boldsymbol{y}^i)$ 进行参数调整，通过循环（遍历每一个数据）完成基于所有数据的一轮参数更新。下面给出参数更新方法的推导过程，为叙述方便，用 E、a 和 y 来代替上文中的 E_i、a_i 和 y_i。

首先计算输出层权重的梯度。由求导链式法则，结合式(A.45)，对输出层权重参数求偏导，有：

$$\begin{aligned}\frac{\partial E}{\partial w_{ij}^L} &= \frac{\partial E}{\partial a_i^L}\frac{\partial a_i^L}{\partial w_{ij}^L} \\ &= \frac{1}{2}*2(y_i - a_i^L)(-\frac{\partial a_i^L}{\partial w_{ij}^L}) \\ &= -\frac{1}{2}*2(y_i - a_i^L)\frac{\partial a_i^L}{\partial z_i^L}\frac{\partial z_i^L}{\partial w_{ij}^L} \\ &= -(y_i - a_i^L)g^{L\prime}(z_i^L)\frac{\partial z_i^L}{\partial w_{ij}^L} \\ &= -(y_i - a_i^L)g^{L\prime}(z_i^L)a_j^{L-1}\end{aligned} \quad \text{(A.49)}$$

如果把 $\dfrac{\partial E}{\partial z_i^l}$ 记为 δ_i^l，即：

$$\delta_i^l = \dfrac{\partial E}{\partial z_i^l} \tag{A.50}$$

则 $\dfrac{\partial E}{\partial w_{ij}^L}$ 可以写为

$$\begin{aligned}\dfrac{\partial E}{\partial w_{ij}^L} &= \dfrac{\partial E}{\partial z_i^L}\dfrac{\partial z_i^L}{\partial w_{ij}^L} \\ &= \delta_i^L a_j^{L-1}\end{aligned} \tag{A.51}$$

在后续的推导中会看到第 l 层的 δ^l 可以由第 $l+1$ 层的 δ^{l+1} 得到，这是一个非常重要的性质。此时，可以得到输出层权重矩阵更新的两个公式：

$$\delta_i^L = -(y_i - a_i^L)g^{L'}(z_i^L), (1 \leqslant i \leqslant n^L) \tag{A.52}$$

$$\dfrac{\partial E}{\partial w_{ij}^L} = \delta_i^L a_j^{L-1}, (1 \leqslant i \leqslant n^L, 1 \leqslant j \leqslant n^{L-1}) \tag{A.53}$$

将其表示成矩阵（向量）形式，则式（A.52）和式（A.53）可重写为

$$\boldsymbol{\delta}^L = -(\boldsymbol{y} - \boldsymbol{a}^L) \odot g^{L'}(\boldsymbol{z}^L) \tag{A.54}$$

$$\nabla_{\boldsymbol{w}^L} E = \boldsymbol{\delta}^L (\boldsymbol{a}^{L-1})^{\mathrm{T}} \tag{A.55}$$

其中，$\odot$ 为哈达玛积，表示同型矩阵对应项相乘得到新的矩阵；$\boldsymbol{\delta}^L$ 是一个 n^L 维列向量；$\nabla_{\boldsymbol{w}^L} E$ 是一个 n^L 行 n^{L-1} 列的矩阵；$g^{L'}(\boldsymbol{z}^L)$ 表示 $g^L(\boldsymbol{z}^L)$ 的导数，是一个 n^L 维列向量。

同理，可对隐层神经元的权重参数求偏导得到这些权重参数的更新公式。利用 δ_i^l 的定义，有：

$$\dfrac{\partial E}{\partial w_{ij}^l} = \delta_i^l a_j^{l-1}, (2 \leqslant l \leqslant L-1) \tag{A.56}$$

其中，δ_i^l 的推导如下：

$$\delta_i^l = \frac{\partial E}{\partial z_i^l}$$

$$= \sum_{j=1}^{n_{l+1}} \frac{\partial E}{\partial z_j^{l+1}} \frac{\partial z_j^{l+1}}{\partial z_i^l} \quad\quad (A.57)$$

$$= \sum_{j=1}^{n_{l+1}} \delta_j^{l+1} \frac{\partial z_j^{l+1}}{\partial z_i^l}$$

由于 $z_j^{l+1} = \sum_{i=1}^{n^l} w_{ji}^{l+1} a_i^l + b_j^{l+1} = \sum_{i=1}^{n^l} w_{ji}^{l+1} g^l(z_i^l) + b_j^{l+1}$ ，因此有 $\frac{\partial z_j^{l+1}}{\partial z_i^l} = \frac{\partial z_j^{l+1}}{\partial a_i^l} \frac{\partial a_i^l}{\partial z_i^l} = w_{ji}^{l+1} g^l{'}(z_i^l)$ 。将其代入式（A.57），则有：

$$\delta_i^l = \sum_{j=1}^{n_{l+1}} \delta_j^{l+1} w_{ji}^{l+1} g^l{'}(z_i^l)$$

$$= (\sum_{j=1}^{n_{l+1}} \delta_j^{l+1} w_{ji}^{l+1}) g^l{'}(z_i^l) \quad\quad (A.58)$$

其中，$g^l{'}(z_i^l)$ 是 $g^l(z_i^l)$ 的导数。式（A.58）是反向传播算法中最核心的公式，其利用第 $l+1$ 层的 $\boldsymbol{\delta}^{l+1}$ 来计算第 l 层的 $\boldsymbol{\delta}^l$，将它表示为矩阵形式：

$$\boldsymbol{\delta}^l = ((\boldsymbol{W}^{l+1})^T \boldsymbol{\delta}^{l+1}) \odot g^l{'}(\boldsymbol{z}^l) \quad\quad (A.59)$$

读者可通过分析式（A.59）中各矩阵和向量的维度，对从式（A.58）至式（A.59）的转换的正确性进行校验。

采用同样的推导过程，可得到输出层和隐层的偏置参数偏导结果：

$$\frac{\partial E}{\partial b_i^l} = \frac{\partial E}{\partial z_i^l} \frac{\partial z_i^l}{\partial b_i^l} = \delta_i^l \quad\quad (A.60)$$

对应的矩阵（向量）形式为

$$\nabla_{b^l} E = \boldsymbol{\delta}^l \quad\quad (A.61)$$

最后，将上述所求参数代入式（A.47）和式（A.48）即可得到权重和偏置参数的更新公式：

$$\boldsymbol{W}^l = \boldsymbol{W}^l - \eta \boldsymbol{\delta}^l (\boldsymbol{a}^{l-1})^T \quad\quad (A.62)$$

$$\boldsymbol{b}^l = \boldsymbol{b}^l - \eta \boldsymbol{\delta}^l \quad\quad (A.63)$$

$$\boldsymbol{\delta}^L = -(\boldsymbol{y} - \boldsymbol{a}^L) \odot g^L{'}(\boldsymbol{z}^L) \quad\quad (A.64)$$

$$\boldsymbol{\delta}^l = ((\boldsymbol{W}^{l+1})^{\mathrm{T}} \boldsymbol{\delta}^{l+1}) \odot g^{l\prime}(z^l), l = 2,3,\cdots,L-1 \qquad (\text{A.65})$$

其中，η 是学习率。学习率越大，模型收敛越快。但需要注意，学习率过大有可能无法达到局部极小值。在实际应用中，通常初始设置一个较大的学习率，再设置一个衰减值，每迭代若干轮通过衰减值降低学习率，从而使得模型在初期能够快速调整参数，而后期能够对参数进行微调以达到局部极小值。

这里仅考虑了每次根据一个样本进行参数更新的情况，如果希望一次能够根据多个样本进行参数更新，则须将式（A.64）改写为

$$\boldsymbol{\delta}^L = -\frac{1}{|S|}\sum_{s \in S}(\boldsymbol{y}^s - \boldsymbol{a}^{s,L}) \odot g^{L\prime}(z^L) \qquad (\text{A.66})$$

其中，S 是当前参数更新所使用的样本集合。

A.5.2 代码实现

BP 网络的实现代码中用到了 SciPy 模块，以 sigmoid 函数作为隐层和输出层神经元的激活函数。在 Jupyter Notebook 中依次输入以下代码并运行。

1. 导入包

代码清单 A-1　导入包

```
import numpy as np
import scipy.special
import matplotlib.pyplot as plt
from pylab import mpl
```

2. 创建神经网络类 NeuralNetwork

输入以下代码创建 NeuralNetwork 类（实现中每个神经元没有设置偏置参数，读者可尝试修改下面的代码，添加偏置参数）。

代码清单 A-2　创建神经网络类

```
# 创建神经网络类，以便于实例化成不同的实例
class NeuralNetwork:
    # 初始函数
```

```python
        def __init__(self,input_nodes,hidden_nodes,output_nodes,learning_rate):
            # 初始化输入层、隐层、输出层的节点个数
            self.inodes=input_nodes
            self.hnodes=hidden_nodes
            self.onodes=output_nodes
            # 初始化输入层与隐层之间的初始权重参数
            self.wih=np.random.normal(0.0,pow(self.hnodes,-0.5),
            (self.hnodes,self.inodes))
            # 初始化隐层与输出层之间的初始权重参数
            self.who=np.random.normal(0.0,pow(self.hnodes,-0.5),
            (self.onodes,self.hnodes))
            # 初始化学习率
            self.lr=learning_rate
            # 定义激活函数为sigmoid
            self.activation_function=lambda x: scipy.special.expit(x)
    # 训练函数
    def train(self,input_list,target_list):
        # 将数据的输入和标签转化为列向量
        inputs = np.array(input_list, ndmin=2).T
        targets = np.array(target_list, ndmin=2).T
        # 前向传播过程，隐层输入为权重矩阵和输入矩阵做点积
        hidden_inputs = np.dot(self.wih, inputs)
        # 隐层接收的输入经激活函数处理得到隐层输出，此处未考虑偏置
        hidden_outputs = self.activation_function(hidden_inputs)
        # 同理前向传播得到最终输出层
        final_inputs = np.dot(self.who, hidden_outputs)
        final_outputs = self.activation_function(final_inputs)
        # 预测与实际相减得到偏差矩阵
        output_errors = targets - final_outputs
        # 根据式(A.62)计算得到delta
        delta = output_errors * final_outputs * (1 - final_outputs)
        # 根据式(A.60)更新隐层到输出层的权重矩阵
        self.who += self.lr * np.dot(delta,
```

```python
            np.transpose(hidden_outputs))
        # 根据式(A.60)和式(A.63)更新输入层到隐层的权重矩阵
        self.wih += self.lr * np.dot((np.dot(self.who.T, delta) *
hidden_outputs * (1 - hidden_outputs)), (np.transpose(inputs)))

    # predict 功能，预测新样本的种类
    def predict(self,inputs_list):
        # 转换输入矩阵为列向量
        inputs=np.array(inputs_list,ndmin=2).T
        # 前向传播得到最终输出结果
        hidden_inputs=np.dot(self.wih,inputs)
        hidden_outputs=self.activation_function(hidden_inputs)
        final_inputs=np.dot(self.who,hidden_outputs)
        final_outputs=self.activation_function(final_inputs)
        return final_outputs

    # 得分函数，在测试集上进行一次测试
    def score(self, inputs, targets):
        # 通过类方法 query 输出 test 数据集中的每一个样本的目标值和预测值进行对比
        scorecord = []
        for i in range(len(inputs)):
            # 每个数据的目标值
            correct_label = np.argmax(targets[i])
            # 每个数据的预测值
            outputs = self.predict(inputs[i])
            label = np.argmax(outputs)
            # 预测正确则将 1 加入 scorecord 数组，错误则加 0
            if (label == correct_label):
                scorecord.append(1)
            else:
                scorecord.append(0)
        # 将列表转化为 array
        scorecord_array = np.asarray(scorecord)
```

```
            # 返回精度
            return scorecord_array.sum() / scorecord_array.size
```

3. 训练和测试神经网络

输入以下代码训练和测试神经网络。

代码清单 A-3　训练和测试神经网络

```
# 手写数字为 28×28 大小,所以在变成一维数据之后,需要有这么多的输入点,隐层神经
元可以自行定义,输出层神经元为分类的总个数
    input_nodes = 784
    hidden_nodes = 50
    output_nodes = 10
    # 定义学习率
    learning_rate = 0.1
    # 进行 epochs 设定
    epochs=50

    def splitdata(datalist):
        inputs_list = []
        targets_list = []
        for record in datalist:
            # 将输入去掉',',转化为向量
            all_values=record.split(',')
            # 对数据进行归一化操作,转化为 0 与 1 之间 float 类型的数字
            inputs=np.asfarray(all_values[1:])/255
            # 定义并初始化标签向量
            targets=np.zeros(output_nodes)
            # 将 targets 数组中标签对应的分量的输出置为 1,即编码成 One-Hot 形式
            targets[int(all_values[0])]=1
            inputs_list.append(inputs)
            targets_list.append(targets)
        return inputs_list, targets_list
```

```python
# 打开训练数据集
train_data_file=open('./mnist_dataset_csv/mnist_train.csv','r')
# 得到数据,一行代表一个输入
train_data_list=train_data_file.readlines()
train_data_file.close()
train_inputs,train_targets = splitdata(train_data_list)

# 打开测试数据集
test_data_file = open('./mnist_dataset_csv/mnist_test.csv', 'r')
test_data_list = test_data_file.readlines()
test_data_file.close()
test_inputs,test_targets = splitdata(test_data_list)

# 用类创建一个神经网络实例
nn=NeuralNetwork(input_nodes, hidden_nodes, output_nodes, learning_rate)
# 定义分数矩阵,方便后续画图
train_scores=[]
test_scores=[]
for e in range(epochs):
    print('第%d次迭代...'%(e+1))
    # 对每个数据进行一次训练
    for i in range(len(train_inputs)):
        # 训练网络更新权重值
        nn.train(train_inputs[i],train_targets[i])
    # 将分数加入分数数组
    train_scores.append(nn.score(train_inputs,train_targets))
    test_scores.append(nn.score(test_inputs,test_targets))
    print('训练准确率: %f'%train_scores[e])
    print('测试准确率: %f'%test_scores[e])
```

上面的代码运行后,将开始进行网络训练,迭代 50 轮。输出结果如图 A-3 所示。

```
训练准确率: 0.989683
测试准确率: 0.967700
第45次迭代...
训练准确率: 0.989817
测试准确率: 0.967700
第46次迭代...
训练准确率: 0.989867
测试准确率: 0.968300
第47次迭代...
训练准确率: 0.990000
测试准确率: 0.968500
第48次迭代...
训练准确率: 0.990050
测试准确率: 0.968800
第49次迭代...
训练准确率: 0.990083
测试准确率: 0.969000
第50次迭代...
训练准确率: 0.990133
测试准确率: 0.969000
```

图 A-3　输出结果

4. 结果的图形化展示

代码清单 A-4　结果展示

```python
#优化 Matplotlib 汉字显示乱码的问题
mpl.rcParams['font.sans-serif'] = ['FangSong']
mpl.rcParams['axes.unicode_minus'] = False

plt.figure(figsize=(10,4))
plt.xlabel('迭代轮数')   # x轴标签
plt.ylabel('准确率')    # y轴标签
plt.plot(range(1,51),train_scores,c='red',label='训练准确率')
plt.plot(range(1,51),test_scores,c='blue',label='测试准确率')
plt.legend(loc='best')
plt.grid(True)   # 产生网格
plt.show()   # 显示图像
```

代码中,隐层节点数设置为 50,训练准确率和测试准确率随迭代轮数的变化如图 A-4 所示。

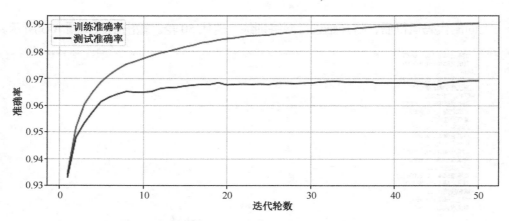

图 A-4 训练准确率和测试准确率随迭代轮数的变化

A.6 期望最大化算法和高斯混合模型

A.6.1 EM 算法的原理和数学推导

1. Jensen 不等式

在介绍期望最大化算法之前，因后面的推导需要，先介绍 Jensen 不等式。

如果 f 是定义在实数域上的函数，且对于所有的实数 x，都有 $f(x)$ 的二阶导数 $f''(x) \geqslant 0$，则 $f(x)$ 是一个凸函数。当 x 是向量时，如果其 Hessian 矩阵 H 是半正定的（$H \geqslant 0$），则 f 是凸函数。如果 $f''(x) > 0$ 或者 $H > 0$，那么称 f 是严格凸函数。

Jensen 不等式表述如下：如果 f 是凸函数，X 是随机变量，则有 $E[f(X)] \geqslant f(E[X])$，即函数的期望大于或等于期望的函数。反之，若 f 为凹函数，则 $E[f(X)] \leqslant f(E[X])$。类似地，如果 $f''(x) < 0$，那么称 f 是严格凹函数。

特别地，如果 f 是严格凸函数（或严格凹函数），则当且仅当 $P(X = E[X]) = 1$（X 是常量）时，等号才成立，即 $E[f(X)] = f(E[X])$。

2. EM 算法中的公式推导

如果样本 x_i 对应的隐变量表示为 z_i（如男生女生身高分布例子中 z_i 即对应性别信息），

则 $p(x_i, z_i | \theta)$ 是参数 θ 条件下样本 x_i 和因变量 z_i 的联合概率分布。因 $p(x_i|\theta) = \sum_{z_i} p(x_i, z_i | \theta)$，所以可得：

$$L(\theta) = \sum_{i=1}^{N} \log p(x_i | \theta) = \sum_{i=1}^{N} \log \sum_{z_i} p(x_i, z_i | \theta) \qquad (A.67)$$

式（A.67）即引入隐变量后得到的似然估计函数。该函数的对数运算中存在基于隐变量 z_i 的求和，求导后形式会非常复杂（类比复合函数的求导），因此很难直接求解。这里引入隐变量 z_i 的概率分布函数 $Q_i(z_i)$：

$$Q_i(z_i) = \frac{p(x_i, z_i | \theta)}{\sum_{z_i} p(x_i, z_i | \theta)} \qquad (A.68)$$

显然，其概率之和等于 1，即 $\sum_{z_i} Q_i(z_i) = 1$。将式（A.67）改写为

$$L(\theta) = \sum_{i=1}^{N} \log \sum_{z_i} Q_i(z_i) \frac{p(x_i, z_i | \theta)}{Q_i(z_i)} \qquad (A.69)$$

因 $Q_i(z_i)$ 是隐变量 z_i 的概率分布函数，所以有：

$$E\left[\frac{p(x_i, z_i | \theta)}{Q_i(z_i)}\right] = \sum_{z_i} Q_i(z_i) \frac{p(x_i, z_i | \theta)}{Q_i(z_i)} \qquad (A.70)$$

令 $A = \frac{p(x_i, z_i | \theta)}{Q_i(z_i)}$，$f(A) = \log A$ 是严格凹函数（$f''(A) = -\frac{1}{A^2} < 0$），因此根据 Jensen 不等式，可得：

$$\begin{aligned} f(E[A]) &= \log \sum_{z_i} Q_i(z_i) \frac{p(x_i, z_i | \theta)}{Q_i(z_i)} \\ &\geq E[f(A)] \\ &= E\left[\log \frac{p(x_i, z_i | \theta)}{Q_i(z_i)}\right] \\ &= \sum_{z_i} Q_i(z_i) \log \frac{p(x_i, z_i | \theta)}{Q_i(z_i)} \end{aligned} \qquad (A.71)$$

将式（A.71）带入式（A.69），可得：

$$L(\theta) \geq \sum_{i=1}^{N}\sum_{z_i} Q_i(z_i)\ln\frac{p(x_i,z_i\mid\theta)}{Q_i(z_i)} \quad (\text{A.72})$$

令：

$$J(z,Q) = \sum_{i=1}^{N}\sum_{z_i} Q_i(z_i)\ln\frac{p(x_i,z_i\mid\theta)}{Q_i(z_i)} \quad (\text{A.73})$$

则 $J(z,Q)$ 是 $L(\theta)$ 的下界函数，该函数将 $L(\theta)$ 中的"和的对数"转换成了"对数的和"，因此可以通过对 $J(z,Q)$ 求导完成参数求解。通过不断地最大化下界 $J(z,Q)$，使得 $L(\theta)$ 也不断变大，从而间接实现 $L(\theta)$ 的最大化。

下面结合图 A-5 分析具体的优化过程。首先是 E 步，固定 θ、调整 $Q(z)$，对于第 t 步（对应的参数记为 θ^t），使 $J(z,Q)$ 与 $L(\theta)$ 在 θ^t 处相等（图 A-5 中从曲线 J 调整到下方曲线的过程）；然后是 M 步，固定 $Q(z)$、调整 θ，使 $J(z,Q)$ 达到最大值（图 A-5 中参数 θ 从 θ^t 调整到 θ^{t+1} 的过程）；然后又是 E 步，固定 θ、调整 $Q(z)$，……；E 步和 M 步迭代进行，直至收敛到似然函数 $L(\theta)$ 的最大值处，此时得到最优参数 θ^*。

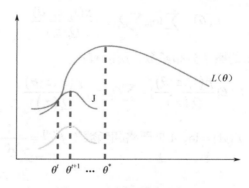

图 A-5 迭代优化过程示例

A.6.2　EM 算法估计高斯混合模型参数的数学推导

1. E 步

在 $\boldsymbol{\mu}_k$、$\boldsymbol{\Sigma}_k$ 和 π_k 这 3 个参数不变的情况下，估计第 i 个数据由每个分量生成的概率（前面提到的 $Q_i(z_i)$）。在 GMM 中，数据 $\boldsymbol{x}_i$ 由第 k 个分量生成的概率的计算方法为

$$\gamma_{i,k} = \frac{\pi_k N(x_i | \mu_k, \Sigma_k)}{\sum_{k=1}^{K} \pi_k N(x_i | \mu_k, \Sigma_k)} \tag{A.74}$$

显然，$\sum_{k=1}^{K} \gamma_{i,k} = 1$。

2. M步

对下界函数求极值就可以进行 μ_k、Σ_k 和 π_k 这 3 个参数的更新，d 维 GMM 中的下界函数可写为

$$\begin{aligned}
&\sum_{i=1}^{N}\sum_{z_i} Q_i(z_i) \ln \frac{p(x_i, z_i | \theta)}{Q_i(z_i)} \\
&= \sum_{i=1}^{N}\sum_{k=1}^{K} \gamma_{i,k} \ln \frac{\pi_k N(x_i | \mu_k, \Sigma_k)}{\gamma_{i,k}} \\
&= \sum_{i=1}^{N}\sum_{k=1}^{K} \gamma_{i,k} \ln \left[\frac{\pi_k \left(\frac{1}{(2\pi)^{d/2} |\Sigma_k|^{1/2}} \exp(-\frac{1}{2}(x_i - \mu_k)^T \Sigma_k^{-1}(x_i - \mu_k)) \right)}{\gamma_{i,k}} \right] \\
&= \sum_{i=1}^{N}\sum_{k=1}^{K} \gamma_{i,k} (\ln \pi_k - \frac{d}{2} \ln 2\pi - \frac{1}{2} \ln |\Sigma_k| + (-\frac{1}{2}(x_i - \mu_k)^T \Sigma_k^{-1}(x_i - \mu_k)) - \ln \gamma_{i,k})
\end{aligned} \tag{A.75}$$

按式（A.75）依次对 μ_k 和 Σ_k 求偏导，可得：

$$\begin{aligned}
\nabla \mu_k &= \sum_{i=1}^{N} \gamma_{i,k} (-\frac{1}{2}(x_i - \mu_k)^T \Sigma_k^{-1}(x_i - \mu_k)) \\
&= \sum_{i=1}^{N} \gamma_{i,k} \Sigma_k^{-1}(x_i - \mu_k) \\
&= \mathbf{0} \\
&\Rightarrow \mu_k = \frac{\sum_{i=1}^{N} \gamma_{i,k} x_i}{\sum_{i=1}^{N} \gamma_{i,k}}
\end{aligned} \tag{A.76}$$

$$\begin{aligned}
\nabla \Sigma_k &= \sum_{i=1}^{N} \gamma_{i,k} (-\frac{1}{2}\Sigma_k^{-1} + \frac{1}{2}\Sigma_k^{-1}(x_i - \mu_k)(x_i - \mu_k)^T \Sigma_k^{-1}) = \mathbf{0} \\
&\Rightarrow \Sigma_k = \frac{\sum_{i=1}^{N} \gamma_{i,k}(x_i - \mu_k)(x_i - \mu_k)^T}{\sum_{i=1}^{N} \gamma_{i,k}}
\end{aligned} \tag{A.77}$$

对 π_k 需要考虑其约束条件,即 $\sum_{i=1}^{N}\pi_k=1$。将式(A.75)中与 π_k 无关的项取出,可得:

$$\sum_{i=1}^{N}\sum_{k=1}^{K}\gamma_{i,k}\ln\pi_k,\ \text{s.t.}\ \sum_{i=1}^{N}\pi_k=1 \quad (\text{A.78})$$

采用拉格朗日乘数法,则有:

$$L(\pi_k)=\sum_{i=1}^{N}\sum_{k=1}^{K}\gamma_{i,k}\ln\pi_k+\beta(\sum_{i=1}^{N}\pi_k-1) \quad (\text{A.79})$$

再对 π_k 求偏导,可得:

$$\begin{aligned}
\frac{\partial L}{\partial \pi_k} &= \sum_{i=1}^{N}\gamma_{i,k}\frac{1}{\pi_k}+\beta=0 \\
&\Rightarrow -\beta\pi_k=\sum_{i=1}^{N}\gamma_{i,k} \\
&\Rightarrow \sum_{k=1}^{K}\sum_{i=1}^{N}\gamma_{i,k}=\sum_{k=1}^{K}-\beta\pi_k \\
&\Rightarrow \sum_{i=1}^{N}\sum_{k=1}^{K}\gamma_{i,k}=-\beta\sum_{k=1}^{K}\pi_k \\
&\Rightarrow \beta=-N \\
&\Rightarrow \pi_k=\frac{1}{N}\sum_{i=1}^{N}\gamma_{i,k}
\end{aligned} \quad (\text{A.80})$$

A.7 基于波士顿房价数据集的房价预测代码实现

```
import pandas as pd
import numpy as np
from sklearn.model_selection import train_test_split    #划分数据集
from sklearn.preprocessing import StandardScaler    #数据标准化处理
from sklearn.datasets import load_boston
import warnings
warnings.filterwarnings('ignore')
from sklearn.linear_model import LinearRegression    #线性回归
from sklearn.linear_model import Ridge    #岭回归
```

```python
import seaborn as sns          #绘制热力图
import matplotlib.pyplot as plt

boston = load_boston()   #调用sklearn包中的波士顿房价数据集
x = boston.data         #构造特征矩阵
y = boston.target       #构造目标变量
x_train,x_test,y_train,y_test=train_test_split(x,y,test_size=0.3,random_state = 1)   #划分数据集

#对原始数据进行线性回归
linear = LinearRegression()
linear.fit(x_train,y_train)
y_pre_linear = linear.predict(x_test)
score_linear = linear.score(x_test,y_test)
print('线性回归：')
print(score_linear)
#对原始数据进行岭回归
ridge = Ridge()
ridge.fit(x_train,y_train)
y_pre_ridge = ridge.predict(x_test)
score_ridge = ridge.score(x_test,y_test)
print('岭回归：')
print(score_ridge)

y_log=np.log(y)          #对目标变量进行平滑处理
x_train,x_test,y_train_log,y_test_log=train_test_split(x,y_log,test_size = 0.3,random_state = 1)
#对平滑处理过的数据进行线性回归
linear = LinearRegression()
linear.fit(x_train,y_train_log)
y_pre_linear = linear.predict(x_test)
score_linear = linear.score(x_test,y_test_log)
print('线性回归(log处理)：')
print(score_linear)
```

```python
#对平滑处理过的数据进行岭回归
ridge = Ridge()
ridge.fit(x_train,y_train_log)
y_pre_ridge = ridge.predict(x_test)
score_ridge = ridge.score(x_test,y_test_log)
print('岭回归(log处理):')
print(score_ridge)
#将数据标准化
x_train1,x_test1,y_train1,y_test1 = train_test_split(x,y,test_size = 0.3,random_state = 1)
scale_x = StandardScaler()
scale_y = StandardScaler()
x_train1 = scale_x.fit_transform(x_train1)
x_test1 = scale_x.fit_transform(x_test1)
y_train1 = scale_y.fit_transform(y_train1.reshape(-1,1))
y_test1 = scale_y.fit_transform(y_test1.reshape(-1,1))
#对标准化数据进行线性回归
linear = LinearRegression()
linear.fit(x_train1,y_train1)
y_pre_linear = linear.predict(x_test1)
score_linear = linear.score(x_test1,y_test1)
print('线性回归(标准化处理):')
print(score_linear)
#对标准化数据进行岭回归
ridge = Ridge()
ridge.fit(x_train1,y_train1)
y_pre_ridge = ridge.predict(x_test1)
score_ridge = ridge.score(x_test1,y_test1)
print('岭回归(标准化处理):')
print(score_ridge)

data = pd.read_csv('Boston_house_price.csv')    # 读取数据
fig, ax = plt.subplots(figsize=(12, 10))   # 分辨率为1200×1000
corr = data.corr(method='pearson')   # 使用皮尔逊系数计算列与列的相关性
```

附录 A

```python
# 在两种 HUSL 颜色之间制作不同的调色板。图的正负色彩范围为 220、10，结果为真则返回 Matplotlib 的 colormap 对象
cmap = sns.diverging_palette(220, 10, as_cmap=True)
fig = sns.heatmap(
    corr,  # 使用 Pandas DataFrame 数据，索引/列信息用于标记列和行
    cmap=cmap,  # 数据值到颜色空间的映射
    square=True,  # 每个单元格都是正方形
    cbar_kws={'shrink': .9},  # fig.colorbar 的关键字参数
    fmt='.2f',
    ax=ax,  # 绘制图的轴
    annot=True,  # 在单元格中标注数据值
    annot_kws={'fontsize': 12})  # 热图，将矩形数据绘制为颜色编码矩阵
plt.show()   #显示热力图

data_x=data.loc[:,('LSTAT','PTRATIO','TAX','RM','NOX','INDUS')]
        #观察热力图，手动选取相关系数大的特征
data_y = data.loc[:,('MEDV')]          #构造目标变量
x_train2,x_test2,y_train2,y_test2=train_test_split(data_x,data_y,test_size=0.3,random_state=1)
#对特征选取后的数据进行线性回归
linear = LinearRegression()
linear.fit(x_train2,y_train2)
y_pre_linear = linear.predict(x_test2)
score_linear = linear.score(x_test2,y_test2)
print('线性回归(特征选取)：')
print(score_linear)
#对特征选取后的数据进行岭回归
ridge = Ridge()
ridge.fit(x_train2,y_train2)
y_pre_ridge = ridge.predict(x_test2)
score_ridge = ridge.score(x_test2,y_test2)
print('岭回归(特征选取)：')
print(score_ridge)
```

反侵权盗版声明

电子工业出版社依法对本作品享有专有出版权。任何未经权利人书面许可，复制、销售或通过信息网络传播本作品的行为；歪曲、篡改、剽窃本作品的行为，均违反《中华人民共和国著作权法》，其行为人应承担相应的民事责任和行政责任，构成犯罪的，将被依法追究刑事责任。

为了维护市场秩序，保护权利人的合法权益，我社将依法查处和打击侵权盗版的单位和个人。欢迎社会各界人士积极举报侵权盗版行为，本社将奖励举报有功人员，并保证举报人的信息不被泄露。

举报电话：（010）88254396；（010）88258888

传　　真：（010）88254397

E-mail：　dbqq@phei.com.cn

通信地址：北京市万寿路173信箱

　　　　　电子工业出版社总编办公室

邮　　编：100036